奇妙な音の謎を科学で解き明かす

トレヴァー・コックス 著　田沢恭子 訳

世界の不思議な音

The Sound Book

The Science of the Sonic Wonders of the World

Trevor Cox

白揚社

デボラへ

目次

グリッサンドで鳴く
アゴヒゲアザラシ
スヴァールバル島群
バイカル湖の融氷
シベリア
トイフェルスベルクの
レードーム跡
ベルリン
イマーム・モスクのエコー
イスファハン
エピダウロスの
古代劇場
ギリシャ
聖徳大王神鐘
韓国
ゴール・グンバズの
ささやきの回廊
インド
ロックゴング
（岩石の銅鑼）
セレンゲティ国立公園
華麗なコトドリ
オーストラリア

世界の“音の驚異”

沸き立つ熱泥泉
アイスランド
世界で最も
残響時間の長い場所
インチンダウン
無響室
ソルフォード
ケルソー砂丘の鳴き砂
モハーヴェ砂漠
グレート・
スタラクパイプ・
オルガン
ヴァージニア
エコー・ブリッジ
マサチューセッツ
メロディーロード
カリフォルニア
マヤ文明の
さえずるピラミッド
メキシコ
反響定位する
アブラヨタカ
ベネズエラ
「強力な音」の潮津波
ブラジル
0 1000 2000 3000 4000 mi
0 2000 4000 6000 km

プロローグ

「危なくない？」開いたマンホールをのぞき込むと、強烈な臭気が鼻を襲う。金属製のはしごが闇の中へ伸びている。下水道の音響に関するラジオ番組の取材だと聞いていたので、正式に許可をもらってそれなりの場所へ出向くのだと思い込んでいた。ところが最初にやらされたのは、夏の夜にロンドン市内の公園まで歩くことだった。取材を担当するブルーノがナップザックから大きな鍵を取り出して手近なマンホールのふたを開けると、降りてくださいと言った。無許可で下水道を歩き回るのは違法ではないのか。いきなりトンネルに下水が押し寄せたらどうなる？　有毒ガスを探知してくれるカナリアは連れてこなかったのか。あたりを行き交う勤め人たちは、暗がりを見下ろす私たちの姿など目に入らぬふりをした。

私は不安を押し殺し、地下六メートルほどの下水道まで恐る恐るはしごを降りていった。ヴィクトリア時代に敷設された雨水管で、円筒状の長いトンネルの内壁はレンガ張りになっている。足元は滑りやすく危険で、悪臭に鳥肌が立った。ゴム手袋をはめた手を思い切り叩くと、頭の中でゆっくり「一、二、三……」と数えて、音が消えるまでの時間を計った。九秒後、遠くからうなるようなエコーが返ってきた。音は三秒で一キロ進むから、この音は往復三キロの道のりを行って戻ってきたことになる。それからトンネルの奥へと進んだ私たちは、先ほどの音が反射した階段を見つけた。胸の悪くなるような堆積物がびっしりとこびりついている。

低い天井からぶら下がる鍾乳石に頭をぶつけないようにするのは難しかった。厄介なことに、この鍾乳石はもろい石ではなく、堆積物が硬くて太いつらら状になってレンガに固着したものだった。この悪臭を放つ鍾乳石が折れてシャツの背中に入り、肌を引っかいた。私は長身なので、頭が天井のすぐ近くにあった。不快きわまりない鍾乳石にはひどく参ったが、思いがけない音響効果を観察するには絶好の位置だった。番組の取材が始まると、自分の声が円筒状のトンネルの内壁に沿ってらせんを描きながら遠ざかっていくのに気づいた。壁面をオートバイで疾走するウォール・オブ・デスのライダーさながら、湾曲した下水道の内壁をなでるようにして声がらせん状に進む。ほかの感覚はすべて不快感にやられていたが、聴覚だけは奇跡のような珠玉の音響を堪能していた。この効果がどのように生じているのか突き止めようとしたが、見事な音のスパイラルにもてあそばれるばかりだった。それまでに聞いたことのあるどんな音ともまったく違うので、私は自分の聞いている音に疑いを抱き始めた。ただの錯覚だろうか。円筒状の下水道の光景に脳がだまされ、音がカーブを描いていると思い込んでいるだけなのか。いや、違う。目を閉じてもなお私の声は反響に包み込まれ、トンネル内をうねりながら進んでいる。音が下水道の内壁から離れず、中心に出ていかないのはなぜなのか。私は二五年間も建築音響学の研究に携わってきたが、この下水道ではそれまでに経験したことのない音響効果が起きていた。ブルーノの声が下水道内で反響するとき、ビーンという金属的な音が加わるのにも気づいた。ここには金属などないのに、なぜこんなことが起きるのか。周囲はレンガばかりなのに。

下水道の音を聞いていた数時間に、私は音響について一つの啓示を得た。私が専門としているのは室内音響学、つまり部屋の中で音が示す作用を扱う分野だ。私の研究の大半は、望ましくない音や音響作用を隠したり抑えたりする方法の発見に焦点を当ててきた。博士号を取ってまもないころ、私は室内表面の新たな形状をいくつか開発した。それが今では世界各地の劇場や録音スタジオで音の改善に貢献している。マサチューセッツ工科大学のクレスゲ講堂でステージの上方に目をやれば、ゆるやかな波状の反射板が見えるが、これは演奏家たちが互いの音を聴きやすくなるように私が設計したものだ。イングランドのヒッチンにあるベンスロー・ミュージック・トラストの稽古場では、反射した音が室内の一点に集中して楽器の音色を変えてしまうのを防ぐために、ひだ状の構造物を設計して凹面状の壁に取り付けた。

近年は、教室の音響が劣悪で騒音がひどいと学習にどんな影響が生じるかを調べている。生徒が学習するうえで、教師の声が聞こえてある程度の静けさが保たれることが必要なのは言うまでもないはずなのに、悲惨な音響の校舎を生み出す設計者もいる。私はオープンプラン型の校舎には大反対だ。ドアや壁がなく、音をさえぎるものがないので、よそのクラスの音で授業が邪魔される。ロンドンで二〇〇二年に開校したビジネス・アカデミー・ベクスリーの校舎は、権威ある王立英国建築家協会のスターリング賞の最終候補となった。ところがオープンプラン型の設計は雑音問題が多すぎて、学校と地元教育当局は六〇万ポンド（およそ一億円）を投じてガラスの仕切りを設置するはめになった。(1)

私は校舎研究の一環として、生徒が読解や暗算などの単純なタスクを遂行しているときに雑音を聞かせる実験をした。ある実験では、一四歳から一六歳の集団にざわついてうるさい教室の音を聞かせると認知能力が低下し、静かな環境でタスクをおこなう一一歳から一三歳の対照群と同程度になった。

現在は、一般ユーザーの作成するオンラインコンテンツの質を改善するプロジェクトに同僚と共同で取り組んでいる。インターネット上の動画を見ていたときに、乱れてノイズの入った音声にいらだちを覚えたことがきっかけだった。録音条件が悪いとき、たとえばマイクロフォンに吹きつける風の音が入ってしまうような場合に、それを自動的に検出するソフトウェアの開発を進めている。録音を始める前に音の条件が悪いことをユーザーに知らせたり、あるいはデジタルカメラが問題点を見つけて自動的に露光時間やピントを調節するのと同じように、オーディオ処理によって邪魔な音の一部を除去したりできればと考えている。しかしそのようなソフトウェアを作成するための前段階として、今は音の質に対する認識について研究している。学芸会の舞台に立つわが子を撮影するとき、録音の質はどのくらい重要だろう。個人的には、画像の乱れよりも音声の乱れのほうがはるかに重大な場合もあると思う。かわいいわが子の歌声はきれいに録音できたが画像は不鮮明なビデオのほうが、画像はクリアだが歌詞がよく聞き取れず声もひずんでいるビデオよりも、特別な瞬間をはるかによくとらえているのではないだろうか。

しかし、しぶきを跳ね上げながら下水道を歩き回るうちに、音のひずみのなかには感嘆すべきものもあるということに思い至った。何十年間も音の研究に没頭していながら、大事なことを見落としていた。望ましくない雑音の除去に力を入れるあまり、音そのものに耳を傾けるのを忘れていた。音が一点に集まるとか下水道で金属的なエコーがらせんを描くなどといった「問題」が、場所によっては聞く者を魅了することもあるのだ。耳障りで奇妙にゆがんだ音からも、日常的な状況で音響がもたらす作用や、さらには脳が音を処理する方法について、何か学べるかもしれない。下水道からマンホールを抜けて緑豊かな郊外の街へ出てくるころには、こうした風変わりな音響効果をもっと見つけたいと心に決めていた。耳障りなものばかりではない。とびきり驚くべき音、思いがけない音、荘厳な音、つまり世界の〝音の驚異《ソニックワンダー》〟を体験したいと思った。

体験すべき変わった音のリストなど、広大なインターネットを探せばどこかで見つかるはずだと思っていた。ところがゆっくりシャワーを浴びて悪臭まみれの下水道の記憶をこすり落とし、何時間かネット検索をした段階で、どうやらそれほどたやすくはないらしいと悟った。私たちはもっぱら視覚に支配されているせいで、それ以外のすべての感覚が、とりわけ聴覚が鈍くなってしまった。目で見ることへのこだわりから、私たちは奇怪な場所や美しい場所の画像は山ほど作成しているが、驚異的な音の記録はあきれるほど少ないのだ。ノートン・ジャスターの古典的児童文学『マイロのふしぎな冒険』（斉藤健一訳、PHP研究所）に登場する「音の管理人」が言うとおり、私も周囲の人たちが微妙な音を聞き取る能力に欠け、耳障りな騒音が増えていると感じる。(2) しかし私は音の管理人のように音をどこかにしまい込んで静寂を押しつけるのではなく、すばらしい音響効果を探し出し、体験し、世に知らしめたいと思った。私たちがただ耳を「開く」だけで、どんな魅惑的な音が聞こえてくるのだろう。不要な雑音やそれを軽減する方法を扱った本はたくさんあるが、聴く力を高める方法、音響エコロジストが「イヤークリーニング」と呼ぶプロセスについて書かれた本はなかなかない。

さあ、本を広げて、ページをそっと開いて、その音に耳を傾けよう……とても複雑な音だ……まず、ページをめくる前に指がページの端をこする音がして、それからページをめくるときにも音がする。(3)

ここで音響生態学《エコロジー》の創始者マリー・シェーファーは、手に持った本のように単純な物体からもさまざまな音が発せられるということを示している。単純な物体も「可能性に満ちている」と彼は言う。右の引用は、一九七〇年代にカナダのラジオ番組で放送されたイヤークリーニングのエクササイズからとったものである。イヤークリーニング（耳掃除）といっても、綿棒は使わない。耳を物理的に掃除するのではなく、脳で音を処理する方法を変えることによって、聴く能力を高めるのだ。

シェーファーはリスナーに対し、気を散らすものをすべて除くように指示し（「飲み食いやタバコはだめ。まあ、どうしてもタバコがやめられないなら吸ってもいいが、そっちに気をとられないように」）、呼吸をコントロールして「視覚を遮断する」ために目を閉じよと言う。聞いた人は面食らうかもしれない。なぜなら、文字で書き起こせば瞑想のCDを思わせるような内容だが、横柄な口調は安らぎには程遠いからだ。私はこの録音を聞くと、古い白黒のスパイ映画で悪党が主人公を洗脳しようとするシーンが頭に浮かぶ。

怖気づかせるような口調とはうらはらに、番組ではおもしろいエクササイズをやっていた。ハードカバーの本を勢いよく閉じたときの音を表す擬音を考える（「パタン」や「バタ」はいまひとつだ）とか、紙を丸めて壁に投げつけたときの音を予想して口まねでその音を出すといったことをする。今なら何か別の音にしたほうがよいかもしれない。電子書籍端末を浴槽に落とした音などどうだろう。

シェーファーは音への感受性を高めるため子どもにイヤークリーニングをさせるべきだと思い、都市設計者など私たちの音の世界を形づくる者にも定期的にさせるべきだと考えて、イヤークリーニングを熱心に推奨していた。独創的な著書『世界の調律』(鳥越けい子ほか訳、平凡社)では、イヤークリーニングの別のやり方も提案している。彼が最もよく用いるのは、口を利かずに一日を過ごすという宣言を参加者にさせて、ほかの人の出す音に耳を澄まさせるというやり方だ。彼いわく、「それはなかなかむずかしい、ちょっと恐ろしささえ伴う課題」だが、見事にやり遂げた参加者は「後に、自分の人生の中でも特別な出来事であったと語っている」[4]。しかし私の同僚で音響エンジニア仲間のビル・デイヴィーズに言わせれば、このやり方は極端すぎる。「音響の本質を理解させたければ、ちょっとサウンドウォークに出かけるほうがいい」[5]のだそうだ。

サウンドウォークは簡単にできる活動だ。一言も話さず、都会や田舎の音に意識をしっかり集中して、数時間ひたすら歩き回るだけでよい。私が初めて参加したときのグループは三〇人で、エンジニア、アーティスト、音響エコロジストといった多彩な顔ぶれだった。ロンドンの街並みを縫うように、長い列をつくってへとへとになるまでゆっくりと歩いた。自動車や飛行機、それにほかの人たちの発する不協和音が、私たちの自ら課した静寂と強烈なコントラストをなしていた。古いB級映画のエキストラとして、何かにとりつかれて異界の力に呼び出された人々の行列の中にいるような、あるいは迫り来る破滅に向かって歩む物言わぬゾンビの一員になったような気がした。

一行は、マリー・シェーファーと彼の仲間が一九七〇年代に初めておこなったサウンドウォークを再現しようとしていた。リージェンツ・パークの格調高い庭園の上空を飛ぶプロペラ機を数えることから(今ではプロペラ機は無理だが、代わりにジェット機を数えることはできる)、大きな騒音を意識的に無視することでその音を抑えようと試みることまで、私たちは当時のやり方に従った。私は周囲で最も大きな騒音として、ユーストン・ロードで作業中の工事用ドリルの音を選んだ。

ドリルの音を無視するのは困難をきわめた。困難どころか、最初のうちは不可能だと思った。路面を砕く音を無視しようとすると、逆にすぐさま音がいっそうはっきりと聞こえた。これは聴覚の仕組みのせいだ。水中にもぐるとき外耳を閉じることのできるアシカと違って、人間には音を遮断する構造が備わっていない。まぶたならぬ「耳ぶた」がないので、目を閉じたり視線をそらしたりするのに相当する動作を聴覚に対してすることができず、聴覚は常に音を拾っている。鼓膜、中耳の耳小骨、内耳にある小さな有毛細胞が振動するのを、物理的に妨げることはできない。内耳で生じた電気信号が聴神経を経て脳に達するのを止めることもできない。黒板を爪で引っかく音や、ベートーヴェンの交響曲のクライマックスなど、よい音もいやな音も聴覚は脳に送り届ける。そこで脳は、注意を払うべき大事な音はどれか、あるいは無視しても平気な音はどれか、判断しなくてはならない。トラのうなり声や自動車の急ブレーキなど、不意に大きな音がしたら、戦うか逃げるかを決められるように、私たちの注意力は即座にその音に引きつけられる。さほど脅威を感じさせない音が聞こえたときには、どの音に注意を向けるべきか考えて判断する必要がある。

聴覚の注意力について最初の研究がおこなわれたのは、第二次世界大戦が終わってからだった。戦闘機のパイロットが、聞こえているはずのきわめて重要な指示に従わないことがある。なぜそうなるのか、その仕組みを軍が解明しようとしたのだ。(6) ある典型的な実験では、被験者にヘッドフォンで音声を聞かせて、一方のイヤフォンから聞こえた言葉を口頭で答えさせた。同時に反対側の耳には注意力を散漫にさせるメッセージを聞かせた。この実験のあと、被験者は気を散らすメッセージについてはほとんど思い出せなかった。実験では気を散らすメッセージの話者や言語を替えたり、音声を逆回転で再生したりといった変更を加えたが、ほとんどの被験者はその変化に気づかなかった。(7) 私たちの多くは自分が複数の音声を同時に聞き取っていると思い込み、女性のほうが男性よりもそうしたマルチタスクが得意だと思っていることさえあるが、そんな能力は幻想だということが、今紹介した実験によって証明される。私たちが聞き取れる音声は一度に一つだけで、注意を向ける先をある音声から別の音声へとすばやく切り替えているのだ。

そんなわけで話をユーストン・ロードに戻すと、ドリルの音を静めるには、別の音に意識を強く集中するしかなかった。私はパブの外で騒々しくしゃべる二人の見知らぬ人たちを利用した。わざとドリルの音を抑えようとすればその音はかえって大きくなるだけだが、ほかの音に注意を向ければ、脳の驚くべき認知能力を利用して背景の騒音を抑えることができるのだ。

私が周囲の音風景《サウンドスケープ》に意識を集中していた数時間に聞いたのは、鳥の鳴き声が奏でるつかのまのメロディー、大英図書館前の広場の意外な静けさ、ユーストン・ロードの地下トンネルに入るときに聴覚でとらえた閉塞感、空気の抜けた自転車タイヤが舗装道路を走るときのガボガボというかすかな音だった。興味深い音がにわかに前よりもはっきりと聞こえるようになった。駅によって聞こえる音が違うのには驚いた。キングズ・クロス駅は、アイドリングするディーゼル列車の振動音のせいでセント・パンクラス駅やユーストン駅よりも駅らしく感じられた。もちろん、心地よい音ばかりではない。ホームや通路で安物のスーツケースが引きずられるときのガタガタいう音はひどく気に障った。

音響エコロジストは、そうした微妙な音に対して驚異的な耳をもっている。しかしサウンドウォークやイヤークリーニングをすれば、「それまで見過ごしてきたこのような楽しみに、誰でも耳を意識的に」傾けられるようになる。私たちは膨大な認知能力を駆使して音を分析することができる。なんといっても、音楽や言葉を聴いて意味を理解するのは信じがたいほど複雑な作業なのだが、私たちはそんなことなどできて当たり前だと思っている。サウンドウォークをすると、日常生活の中にもさまざまな音が存在し、聞く気になれば驚くほどの多様性や個性があることに気づく。足音のように身近なものでも、大理石の床を歩くハイヒールのコツコツという音や、スポーツジムのフロアをきしませるスニーカーの音など、じつに幅広い音がある。廊下を歩いてくる同僚の姿が見えなくても足音のリズムからそれが誰か無意識のうちにわかるのだから、積極的に努力したら私たちにできることはどれほど広がるだろう。聴覚は、私たちが世界を認識するうえできわめて重要な役割を果たす。本書では、これまでとは違うフィルターを通して世界を知覚する方法を示し、視覚への過剰な依存からの脱却を図りたいと考えている。そしてこのように注意の向け方を変えることで、私たちの暮らす空間をもっと楽しみ、もっと理解できるようになるということを示したい。

音響エコロジストは音の保全にも心を砕く。サウンドスケープをゼラチンで固めるかのようにして保存する必要はないが、無関心によってすばらしい音が失われることは防がねばならない。絶滅危惧種の叫び声のほかにも、私たちにとって大事な音は存在するのだ。私はサウンドウォークの初体験からまもなく、BBCの番組で香港在住のアーティストたちにインタビューをして、絶滅の危機に瀕する音について話を聞いた。彼らは九龍のスターフェリー埠頭でウェストミンスター・チャイムを奏でていた時計塔の鐘が二〇〇六年になくなったことを嘆いた。再開発や悪意のない改修が、貴重な音響効果を台無しにしてしまうこともある。たとえば、かつてアメリカのワシントンDCにある連邦議会議事堂では、上院議員の発言する声が一点に集まる集音効果が起きていたが、今から一〇〇年ほど前に建築家がドームの形状を変えたせいでその効果が弱まってしまった。最近になってようやく音響学者や歴史学者が重要な場所での音響の記録や保存や再現に取り組み始めたが、その数はまだごくわずかだ。科学者たちは建造物の音響を予測する最新の手法や三次元の音響再生、新たな考古学的調査を組み合わせて、古代ギリシャの劇場や先史時代の環状列石《ストーンサークル》で聞こえていた太古の音を解明し始めている。

サウンドスケープに対する重大な脅威としては、乗り物による音害もある。たとえば水中のヒゲクジラは、船の騒音があればそれに負けないように鳴き声を大きくする必要がある。都会では、シジュウカラなどの鳥は交通騒音の中でも声が通るように鳴き方を変えている。もちろん、人間にも影響は及んでいる。アメリカでは国民の四割近くが騒音のせいで転居を望んでいるし、ＥＵでは八〇〇〇万人の市民が許容できないほどうるさい地域で暮らし、イギリス国民の三人に一人は近所の騒音に悩まされている(8)。駅のアナウンスは聞き取りづらく、レストランでは大声を張り上げないと会話ができず、携帯電話は耳障りな着信音を発する、といった具合で、私たちは本来なら起こるべきでない数々の音の問題に直面している。

こうした過剰な音のなかには、私たちが自ら発生させているものもある。私たちの多くは、ヘッドフォンで毎日大量の音楽やトークを聴くことによって、周囲の環境の音から切り離されている。これは日常の当たり前の行動となっており、若者が音楽などの音声を聴く時間はほんの五年前と比べて一日あたり四七分も増えている(9)。車での移動中にも、ポータブルで制御可能な自分だけのサウンドスケープにこもる。しかしそうすることによって、私たちはシンプルな音の楽しみを味わい損ねている。

車の轟音に負けじと声を張り上げる鳥のさえずりや、遊び場に響く子どもの笑い声、通りを行き交う見知らぬ人たちから漏れ聞こえるうわさ話の断片ばかりでなく、私たちが日々通り過ぎる場所に特有のすばらしい音響も聞き逃しているのだ。都会には見た目に醜悪な地区もあるが、そんな場所でも落書きだらけの薄汚い一角に、生気のあふれるきわめて非凡な音響効果が宿っているかもしれない。

何十年も前から、音響エンジニアは不要な騒音を抑える努力を続けているが、その取り組みの多くは社会の変化に打ち負かされている。最近の自動車は昔のぽんこつ車と比べれば格段に静かだが、車の数が増えているせいで都市の平均的な騒音レベルはほとんど変わっていない。ラッシュアワーが延び、マイカー運転者がより静かな道へと進出するにつれて、静穏な場所や時間はどんどん消えている。この騒音に対して、どんな手を打つべきか。私の考えでは、騒音の伴う行為をやめるように命じても無駄である。音に耳を傾けさせ、好奇心を抱くように仕向けるほうがよい。テクノロジーは往々にして好ましくないノイズを発生させるが、風変わりな音やすばらしい音を出す新しい装置も日々生まれている。最近の機械装置の発する独特なピーンとかブンブンなどという音も、心に大切にしまわれ、いつかふとノスタルジーをかき立てたりするに違いない。私はピンボールマシンの音を聞くと、友人たちと過ごした若いころを思い出す。私の子どもたちは、ｉＰｈｏｎｅがもっと高度なテクノロジーに駆逐されて何年も経ったころに、あのクリック音を懐かしく思い出すのではないだろうか。〝音の驚異〟をもっとよく知れば、人は日常の中でも、もっと良質なサウンドスケープを求めるようになるはずだ。私はそう期待している。

下水道を散策して以来、〝音の驚異〟を追う私の探求は本格的な探検へと変貌した。自分の発見した音のリストをつくるとともに、さらに調査すべき魅惑的な音をほかの人たちから提案してもらう場にもなるように、インタラクティブなウェブサイト（www.sonicwonders.org）を開設した。ロンドンでの会議で講演したあと、ボストンのメアリー・ベーカー・エディ図書館にマッパリウムという大きな球形のスペースがあると出席者が教えてくれた。そこでは腹話術師でなくても声をあらぬ方向から響かせることができるという。この錯覚は、本来は背後から忍び寄る捕食者に対して身を守るために進化した「音源の位置特定」という情報処理を混乱させる。ソルフォードで開催されたＴＥＤｘのイベントで会話を交わした相手からは、反響定位《エコロケーション》するコウモリをあざむくためにおとりの尾を進化させた蛾がいると聞いて、それについてもっと知りたいと思った。さらに、古い学会の講演録をあさると、興味深い音響現象の金脈が見つかった。熱心な科学者たちが日々の仕事のかたわら探究した現象が、顧みられぬまま埋もれていたのだ。

友人や同僚から、そしてまったく面識のない人からも、奇妙な音響現象や魅惑的な研究の事例が寄せられた。私は調査をおこない、音がどのようにしてミュージシャン、アーティスト、作家にインスピレーションを与えてきたかを解明した。典礼で用いる言語がラテン語から英語に変わったとき、教会の音響にはどんな調節が求められたか。ストーンヘンジでは実際には屋外にいるのに建物の中にいるように感じられるといった微妙な音響効果を、作家はどのように描写しているか。周囲の騒音を新たな枠組みでとらえ直す立体作品「ソニック結晶」（第8章を参照）を手がけたアーティストたちが、いかに豊かな発想で作品をつくり出してきたのか。私はこれらを明らかにした。

私は科学者として、起きている事象の正体を突き止めたいという思いに駆られる。何年も前に休暇でアイスランドへ行ったときには、沸き立つ熱泥泉にただ驚嘆した。しかし今では、あのボコボコという音がなぜ生じていたのかに関心が向く。手を叩くとライフルの銃声のように反響するリチャード・セラの巨大な立体作品をインターネット上の動画で見たことがあるが、あれはいったいどういう仕組みなのか。凍った貯水池に石を投げつけると、びっくりするような甲高いビーンという音が響くのはなぜだろう。これらの疑問のなかには容易に答えの見つからないものもあるが、私は説明を探し求めながら、こうした特殊な場所と日常生活の両方で私たちの聴覚が作用する仕組みについて洞察を得たいと思っている。

世界クラスの〝音の驚異〟と認められるほどの尋常ならざる音というのは、どのようにして生じるのか。そうした珠玉の音を追う探求において、私はそれなりの訓練を積んだ音響エンジニアとしての直感に従うこともあるだろう。専門家が立ち止まって考え込むほど驚異的な音、あるいは奇妙な音といえば、どんなものがあるだろう。その一例が、ワシントン州フォート・ワーデンにある古い貯水槽で観察される音のふるまいかもしれない。ある音響エンジニアは、ここを「自分がこれまでに訪れたうちで最も音響的にとまどいを覚える場所」と言い表している。[10] あるいは、私たちに時間をさかのぼらせて祖先の経験を追体験させる音かもしれない。メキシコにあるマヤ族のピラミッドは、さえずりのような音を出すことを意図して設計されたのだろうか。そして、その音は儀式の一部として用いられたのか。また、〝音の驚異〟のなかにはきわめてまれな音響効果もあるかもしれない。プロペラ機のように低音でうなるめずらしい砂丘があり、その現象にはチャールズ・ダーウィンもマルコ・ポーロも驚愕した。

旅行ガイドブックは役立ちそうにない。私たちの書く文章のほとんどと同じで、ガイドブックも視覚に重きを置き、美しい眺望やその土地の象徴的な建造物を紹介する一方で、音や変わった音響現象には注意を払わない。私は自分のもっていたロンドンのガイドブックにセント・ポール大聖堂の「ささやきの回廊」が載っているのを見つけたときはうれしかったが、これはまれな例外である。ささやきの回廊には物理学者として気持ちをそそられる。ドームを伝う音の動きが聞く者をだまし、反射した声が壁から聞こえてくるように思わせるからだ。

この探求では音楽が重要な役割を担うが、それはなんといっても音楽には強い感情を喚起する力があるからだ。ウィーン楽友協会の大ホールのような場所でマーラーの壮大な交響曲を聴けば、背すじに震えが走るのを感じるかもしれない。音楽はきわめて有効な研究ツールであり、心理学者や神経科学者は人間の感情を操作して脳の働きを解明するために音楽を使っている。音楽の研究は、不快に聞こえる音と心地よく聞こえる音が存在する理由や、進化によって私たちの聴覚が形成されたプロセスなど、「聞く」ことにまつわる多くのことを教えてくれている。音そのものについて、そして私たちが音を認識する仕組みについて科学的に解明しようとする場合、最良の答えはしばしば音楽の研究から得られる。しかし音楽や話し声が私たちの心をとらえるのは、科学的解明とは別の次元だ。音楽や発話に見出されるパターンにばかり気をとられると、実際の音響や自然界の音そのものから注意がそれてしまうこともある。そのため本書では、音楽や話し声だけにとどまらず、見過ごされている音や顧みられていない音を発掘していきたい。

音の現象を記述するには、当然ながら視覚的世界の言葉やアナロジーを使わざるをえないだろう。私たちはあまりにも長きにわたって視覚に頼ってきたので、それ以外の方法で言語を発達させることができなかったのだ。アーティストのデイヴィッド・ホックニーが新聞のインタビューで「見ること」について語った言葉を、私は忘れることができない。

われわれが何かを見るとき、使うのは目だけではない。心と感情も使うのだ、と（ホックニーは）主張する。この点が、カメラの生み出す画像——固定した視点からとらえたコンマ数秒の記録——と、実際に見るという経験、絶えず全体を見渡して焦点を切り替えながら風景を体感するという経験との違いだ。これは受動的な傍観者と能動的な参加者との違いであり、彼が私たちに求めるのは参加者になることだ。参加者は対象をただ幾何学的対象として見るのではなく、心理的対象としても見る。(11)

こうした考え方を視覚から聴覚に移したらどうなるだろう。私はそれを探ってみたい。どんな魅惑的な音が出現するか確かめ、その音が私たちに及ぼす作用を明らかにしたい。本書は、物理学者であり音響エンジニアでもある私が観察し探索した「聞くこと」の心理学と神経科学を扱っている。これらの学問分野の組み合わせを体現するのに、何よりもぴったりな場所といえばコンサートホールしかない。不思議なことに、私たちはホールで聴衆がクラシック音楽に対して示す反応について、もっとありふれたさまざまな音よりもよく知っている。そこで、コンサートホールの最も重要な特性から話を始めよう。つまり残響からだ。

1 世界で一番よく音の響く場所

『ギネス世界記録』は音の世界記録をいくつか認定している。世界一うるさい音でのどを鳴らす飼い猫（ちなみに六七・七デシベル）、世界一うるさい男性のげっぷ（一〇九・九デシベル）、これまでに計測されたなかで世界最大の拍手（一一三デシベル）――どれも確かにすごい。しかし建築音響学者の私としては、世界で一番長いエコーの生じる建造物はスコットランドにあるハミルトン霊廟の礼拝室だという記載のほうが興味をそそられる。一九七〇年度版の『ギネス』によれば、青銅製の扉を勢いよく閉めると、音が消えて静寂が戻るまでに一五秒かかったそうだ。

『ギネス』はこの現象を「世界最長のエコー」と表現しているが、これは正しくない。私のような建築音響学の専門家が「エコー」という用語を使うのは、たとえば山でヨーデルを歌ったときのように、音の反復がはっきりと聞き分けられる場合だ。音がなめらかに弱まっていく場合には「残響」という用語を使う。

「残響」とは、言葉や音楽がやんだあとも室内で反射して聞こえる音をいう。ミュージシャンやスタジオエンジニアは部屋が「生きている《ライブ》」とか「死んでいる《デッド》」などと言うことがある。ライブな部屋とは、たとえば声が響いて気分よく歌える浴室のような部屋だ。デッドな部屋とは、ホテルの豪華な客室のように、柔らかい調度品やカーテンやカーペットなどに声が吸収されて響きにくい部屋だ。部屋が音をよく反響させるか、それとも静まり返るかは、主に残響によって決まる。短い残響が生じる部屋では音がすぐには消えず、言葉や音楽が微妙に強調されて華やかになる。大聖堂などの非常にライブな場所では、残響がまるで生命をもつかのごとく鳴り響き、細部まで堪能できるほど長く持続する。残響は音楽の質を高め、壮大なコンサートホールでオーケストラの奏でる音の厚みを増すのに重要な役割を果たす。適度な残響があれば声が増幅され、部屋の両端にいる人が互いの声を聞き取りやすくなる。残響などの音響的な手がかりから感じられる部屋の広さが、ニュートラルな音や快適な音に対する情緒反応に影響するということを示す証拠も存在する。私たちは、広いスペースよりも狭い部屋のほうが静穏で安全、そして快適だと感じやすい[1]。

グラスゴーで音響学の学会が開催された折に、この世界記録をもつ霊廟を調査する機会を得た。会のプログラムに礼拝室の見学が入っていたのだ。日曜日の朝早く、霊廟の入り口の前に集まった音響学専門家二〇人の集団に私も加わった。霊廟は砂岩のブロックを組み合わせた壮大なローマ建築様式の建造物で、高さは三七メートル、巨大な獅子の石像を両側に一体ずつ従えている。慎みのない者が見たら、ずんぐりして先端がドーム状になった円筒形の建物の形状から、第一〇代ハミルトン公爵の男らしさについて何か憶測をめぐらすかもしれない。一九世紀中葉に建てられたものだが、遺骨はすべてだいぶ前に改葬されている。採鉱に伴う地盤沈下によって建物が六メートルほど沈下し、納骨室がクライド川の洪水被害を受けやすくなったからだ。

八角形の礼拝室が二階にあり、ガラスの丸天井から射し込む日光でほの明るい。壁を小部屋状にくぼませたアルコーヴが四つ設けられ、床は白と黒と茶色の大理石でモザイクが施されている。アルコーヴのうち二つには創建当時につくられた青銅製の扉（イタリアのフィレンツェにあるサン・ジョヴァンニ洗礼堂のギベルティによる扉を模している）が立てかけられている。これが世界最長のエコーの発生源だ。かつてこの青銅製の扉が使われていた戸口に現在では木製の扉が取り付けられ、その前に黒一色の大理石でできた台がある。かつてはここにエジプトの王女のためにつくられたと言われる古い雪花石膏製の棺が置かれ、防腐処置を施した公爵の遺体が納められていた。棺は公爵の遺体に対してはやや小ぶりなので、私たちを案内したガイドは、棺に入るようにどうやって遺体の丈を詰めたかというおぞましい話を喜々として語った。私が訪れた日には、台は音響測定に使うノートパソコンや音声増幅器などの機器でいっぱいになった。

礼拝室は礼拝用につくられたはずだが、実際にはその音響のせいで礼拝をするのは無理だった。ゴシック建築の広い大聖堂と同じように室内で音が反射して言葉を不明瞭にぼかしてしまうので、仲間の音響学者と話をするのもそばに行かない限り難しかった。ともあれ、本当にここが世界で最も長い残響の生じる場所なのだろうか。音響エンジニアである私にとって、この記録は重要な意味をもつ。なぜなら残響の研究が端緒となって、現代の科学的手法が建造物の音響に応用されるようになったからだ。

建築音響学という学問分野は、一九世紀終盤に才気あふれる物理学者ウォーレス・クレメント・セイビンの手がけた研究から始まった。『エンサイクロペディア・ブリタニカ』によると、彼は「あえて博士号を取ろうとしなかった。論文の数はさほど多くないが、内容は卓越していた」そうだ。[2] 一八九五年、ハーヴァード大学の若手教授だったセイビンは、(彼自身の言葉によれば)「実用に適さず、使い物にならないので見放された」フォッグ美術館の講堂の悲惨な音響をなんとかしてほしいと頼まれた。[3] 講堂は半円形の広い部屋で、天井はドーム状になっていた。室内の話し声はほとんど聞き取れない。適正に設計された講堂の音響ではなく、ハミルトン霊廟と同じように、まるでくぐもった音のごった煮だった。この場所について最も辛辣な批判を展開したのは、古参の美術教授、チャールズ・エリオット・ノートンだ。

ノートンがこの広い講堂で学生の前に立ち、美術について語ろうとしているところを想像してほしい。堅苦しい服に身を包み、豊かな口ひげともみ上げをたくわえているが、額の生え際は後退している。ノートン教授の声がまずは直接、学生の耳に届く。これは最短ルートで直進する音である。この直接音から少し遅れて、今度は反射音が届く。壁やドーム状の天井や机など、室内にある硬い物体の表面から跳ね返った音だ。

これらの反射音が「建築音響」を支配する。つまり、室内での音の聞こえ方を決定づける。エンジニアは、部屋の広さや形状、レイアウトを変えることで音響を操作する。私のような音響学者が、自分で手を叩いて反射音のパターンを耳で確かめたいという欲求を抑えられないのはそのせいだ(私はフランスの大聖堂の地下納骨堂で手を叩いて妻の度肝を抜いたことがある。これは配偶者を困惑させるきわめて不可解なふるまいの一つとして語り継がれるに違いない)。私は手を叩くと耳を澄まし、反射音が聞こえなくなるまでの時間を調べる。音が消えるまでの時間が長ければ、つまり残響があまりにも長く続くなら、前後の言葉が入り混じって識別不能になるので話し声は聞き取りにくくなる。一九世紀にヘンリー・マシューズが音を論じた小冊子で述べたとおり、残響は「話し手が話し終えるまで行儀よく待ったりしない。話し手が口を開いたとたん、まだ一語も言い終わらぬうちに、残響は無数の舌をもつかのように話し手の言葉をまねしてあざ笑う」のだ。(4) ノートンが講義をしようとすると、いつもこれが起きた。たとえ部屋が邪魔しなくても講義なんてものはたいていわけのわからぬものではないかと皮肉を言う学生がいるかもしれないが、ノートンは話のうまい人気教授だった。だからこの例ではまさしく問題は部屋にあり、話し手に非はなかった。

各地の大聖堂やハミルトン霊廟、あるいはフォッグ美術館の広大な講堂のように、硬い面を備えた広いスペースでは、反射音が長時間にわたって消えずに聞き取れる。室内に柔らかい調度があると音が吸収されて反射音が抑えられるので、音が減衰して静寂に至るまでの時間が短くなる。ウォーレス・セイビンは実験をおこない、講堂内に吸音性のある柔らかい材料を持ち込んで、その量をいろいろに変えてみた。そのやり方は熱狂的なクッションマニアと思われかねないものだった。近くの劇場から長さ一メートルの座席クッションを五五〇枚もらってフォッグ美術館の講堂に少しずつ運び込み、どうなるか観察した。音が完全に消えるまでの時間を計るのに静寂が必要だったので、学生が帰宅して路面電車が運行を終えるのを待って徹夜で作業した。プロのフラメンコ演奏家でない限りいつも同じように手を叩くのは難しいからか、手の音は使わず、代わりにオルガンパイプを使って実験用の音を出した。

セイビンは音が消えて無音状態になるまでの時間を「残響時間」と呼んだ。彼の研究は、音響学におけるきわめて重要な方程式を確立した。その方程式というのは残響時間が部屋の大きさと吸音材の量によって決まることを示すもので、吸音材とはセイビンが実験で使った座席クッションや、最終的に講堂の音響を改善するために使った厚さ二五ミリのフェルトの壁装材のことである。立派な講堂であれ法廷であれ、あるいはオープンプラン型オフィスであれ、エンジニアが音響のすぐれた部屋を設計しようとする際に下す重大な判断の一つは、残響時間をどのくらいにすべきかということだ。ここでセイビンの方程式を使えば、柔らかい吸音材の必要量が特定できる(5)。

設計者は、残響時間のほかに周波数も考慮する必要がある。周波数は耳に聞こえる音の高さと直接的に関係する。ヴァイオリンを弓で演奏すると、弦は小さな縄跳びの縄のように円を描きながら回転する。「中央C音」と呼ばれる音を出す場合、弦は一秒間に二六二回転する。ヴァイオリンの胴体が振動することによって毎秒二六二回の音の波が空気中に放たれ、これが二六二ヘルツ（Hz）の周波数となる。この単位の名称は、史上初めて電波の発信と受信に成功した一九世紀のドイツ人物理学者、ハインリヒ・ヘルツに由来する。人間が聞き取ることのできる周波数の下限は一般に二〇ヘルツ付近で、若年成人の場合、上限は二万ヘルツ付近である。しかし、人間にとって特に重要な音の周波数は、可聴域の限界付近には存在しない。たとえばグランドピアノの音域はだいたい三〇ヘルツから四〇〇〇ヘルツくらいに収まるが、この範囲を超えると私たちは容易に音高が識別できず、どの音も同じように聞こえてしまう。四〇〇〇ヘルツを超えると、メロディーは音痴な人がでたらめに吹く口笛のように聞こえる。楽音〔訳注　音楽に使われる音。規則的な振動が持続し、音の高さが認識できる〕の存在する中周波数の音域は、私たちの耳が最も効率的に音を増幅して聞き取ることのできる領域でもある。話し声もたいていこの範囲に入る。このため、音楽を演奏する予定の部屋を設計する場合、音響エンジニアは一〇〇ヘルツから五〇〇〇ヘルツの周波数帯域に狙いを定める。
二〇〇五年、ブライアン・カッツとユーアート・ウェザリルはコンピューターモデルを使って、フォッグ美術館でセイビンの施した処置の効果を調べた。講堂のサイズと形状をコンピューターにプログラムし、室内で音が動き回って部屋の表面や物体に反射するようすを方程式で記述した。それからセイビンが使ったフェルトの壁装材を再現するために、シミュレートした講堂の壁と天井に仮想の材料を加えた。吸音材で音響は改善されたが、場所によっては言葉の聞き取りやすさにまだ問題が残っていた。ある学生の報告によれば、聞き取りやすい席もあったが、逆に「聞き取るのがしばしばきわめて難しいデッドスポットもあった」[6]。セイビンの処置は完璧ではなかったが、彼の実験によって多様な音響研究の扉が開かれた。彼の考案した方程式は、今日でも建築音響学の基礎をなしている。

私はコンサートホールに入って、入り口の狭い通路と広々した客席スペースとのコントラストを耳で感じるのが好きだ。窮屈な通路から広さを実感できるホール内に入ると、期待に満ちた聴衆が小声で話したり、ときおり大きな物音が強い残響を起こしたりするのが聞こえてくる。ボストンのシンフォニー・ホールに足を踏み入れるときは、とりわけ気分が高揚する。多くの音響学者にとって、シンフォニー・ホールはいわば聖地である。なぜならこのホールこそ、ウォーレス・セイビンが自ら新たに発見した科学を応用してつくったものだからだ。ここはクラシック音楽を聴くのに適したホールとして、今でも世界で三指に入ると目《もく》される。一九〇〇年に竣工したこのホールは、奥行きと高さがあって横幅は狭いというシューボックス（靴箱）型で、古代ギリシャやローマの彫像のレプリカ一六体が階上席の上の壁に飾られている。そこを訪れた私は、一段高くなったステージでボストン交響楽団が金色に輝くパイプオルガンを背に音合わせをしているあいだに、きしむ黒い革張りの座席に腰を落ち着けた。一曲目の演奏が始まると、客や批評家がこのホールを絶賛する理由がすぐに理解できた。残響時間が約一・九秒で、(7)音楽が美しく装飾されるのだ。音量のやや大きめな楽句が終わって演奏がやむと、音が聞こえなくなるまでに二秒近くかかった。

屋外のコンサートでは、テントの張られたステージでオーケストラが演奏するあいだに聴衆は外での飲食を楽しむということもあるかもしれない。夜の催しの終わりにはシャンパンがふるまわれ、花火が打ち上げられることも多い。この種のコンサートは楽しいが、オーケストラの音は遠くから聞こえるようで厚みがない。対照的に、シンフォニー・ホールのような一流の会場では、音楽が室内を満たして聴衆をあらゆる方向から包み込むように感じられる。室内の残響でオーケストラの音が増幅されるので、より印象的で音量の大きな演奏が可能になる。また、音が少し持続するので、音から音への移行がなめらかにできる。残響のおかげで、いっそう調和した豊かな音色が生まれる。二〇世紀の指揮者エイドリアン・ボールトは、こんなふうに表現している。「理想的なコンサートホールとは明らかに、あまり愉快でない音を出しても聴く方ではそれを非常に美しいと感ずるようなホールのことをいう(8)」

残響によって音が変わるのは、クラシック音楽ばかりではない。この効果はポピュラー音楽でも広く利用されている。一九四七年のナンバーワンヒットとなったハーモニキャッツの〈ペグ・オ・マイ・ハート〉(ジェリー・ムラッド率いるハーモニカ・トリオが大きなハーモニカで演奏するスローなインストルメント曲)は、残響をアートとして使った最初のレコーディングである。(9)それ以来、「残響《リバーブ》」は多くの音楽プロデューサーに愛用されるようになった。この音響効果は歌声を豊かに力強く響かせ、劇場のステージで歌っているように感じさせる。ひどい音痴の人が歌に挑戦するテレビ番組の多くでは、出演者が第一声を発したとたんにオーディオエンジニアが歌声をなんとかしようと思い切り残響を加えるのがわかる。

よいホールの大事な条件は残響だけではない。コンサートホールの失敗例として最もよく知られているのは、おそらく一九六二年にニューヨークで開館したリンカーン・センターの初代フィルハーモニック・ホールだろう（のちにエイヴリー・フィッシャー・ホールとして再建された）。音響学者のマイク・バロンはこのホールを「二〇世紀で最も広く喧伝された、音響界の大失態」と評している。[10] 強い影響力をもつ音楽評論家のハロルド・C・ショーンバーグはことに辛辣で、「一六〇〇万ドルの値札をつけた、ばかでかい黄色のがらくた」と言った。[11] 音響専門家のクリス・ジャフィは、ショーンバーグが「『オール・マイ・チルドレン』みたいなホームドラマと大差ないものとしてこのホールの音響をこき下ろし、そんな記事を次々に書くのを楽しんでいた」と記している。[12] 皮肉なことに、ホールの音響顧問はおそらく二〇世紀最大の影響力をもっていた建築音響学者のレオ・ベラネクで、彼はまた音響学関連の学会で熱心なファンに追いかけられるほど有名な唯一の人物だった。私は若手研究者だったころに学会の朝食の席でレオと初めて会ったときのことを覚えている。スーパースターを相手に、自分のやっているコンサートホールの音響研究について話す絶好の機会だった。ところが残念ながら彼は開口一番、君はなぜアヒルの鳴き声のエコー測定などしているのかねと訊いてきたのだったた（第4章を参照）。

ベラネクによれば、終盤になって設計を変更したことがフィルハーモニック・ホールの失敗を招いたらしい。当初はボストンのシンフォニー・ホールと同様のシンプルなシューボックス型を予定していたが、それでは客席数が十分に確保できないという声が上がった。ニューヨークのいくつかの新聞が収容力の増強を求めるキャンペーンを展開し、ベラネクが言うには建設を監督していた委員会が「折れた」らしい。[13] 新しい設計では階上席と側壁の形状が変更され、客席の頭上に多数の反射板を設置する必要が生じた。ホールがオープンすると、批評家は高音域が強すぎるし低音域が足りないと批判し、演奏者は互いの音が聞き取りづらいのでオーケストラ全体としての響きを調和させるのに苦労した。ベラネクは現在の科学的知識をふまえて当時を振り返り、あんな変更をしなければ「われわれはニューヨーク市民の称賛の的となっていたはずなのに」と述べている。[14]

室内の形状は、コンサートホールの質に大きく影響する。左右の耳にはそれぞれ異なる音波が届くので、横から聞こえる反射音は非常に重要である。側方から来る反射音は、音源の反対側の耳に届くまでに時間が余分にかかる。そのうえ反対側の耳は音波が頭にさえぎられる「音の陰」に入るので、高周波音が聞き取りにくくなる。というのは、高周波音は頭のまわりを回折（回り込み）しにくいからだ。この「時間差」と「聞き取りにくさ」が手がかりとなって、音楽がステージからの直接音としてだけでなく室内からの反射音としても伝わってきているという情報が脳に送られる。側方からの反射音のおかげで、私たちは遠くのステージにいる演奏者から音が届いているのではなく、音楽に包み込まれているように感じるのだ。このような反射音には、オーケストラの物理的な幅を実際より広く感じさせる効果もある。この効果は「見かけの音源の広がり」と呼ばれ、聴衆に好まれやすい。[15] ボストンのシンフォニー・ホールでは、側方からの反射音が大量に生じる横幅の狭いシューボックス型の形状によってこの効果を実現している。側方からの反射音についての科学的な解明が進んだおかげで、ホールの設計や形状に新たな発想が生まれている。イングランドのマンチェスターにある私の自宅の近くには、一九九〇年代に建てられてハレ管弦楽団が本拠地とするブリッジウォーター・ホールがある。客席の後ろ半分は、いくつかの区画に分けてあいだに壁を設けた「ワインヤード(ブドウの段々畑)型」と呼ばれるパターンが採用され、側方からの反射音が生じるように区画壁の角度は慎重に設計されている。

残響については、不足(屋外での演奏時など)と過剰とのあいだでうまくバランスを見出すことに尽きる。作曲家でミュージシャンのブライアン・イーノは、改修前のロイヤル・アルバート・ホールで過剰な残響の引き起こした結果をこんなふうに説明している。

ひどいものだった。リズムのある曲や少しでも速めの曲は、あそこではことごとく失敗に終わった。どんな音も、鳴りやむべきときを過ぎても延々と続くのだ。美術学校に通っていたころ、ものすごく太ったモデルがいたのを思い出す。ポーズが決まるまでに二〇分もかかるから、あんなモデルを描くのは無理だと私たちは言ったものだ。そう、大量の残響の中でテンポの速い音楽を演奏するのは、ちょっとあれに似ている。(16)

どの程度の残響が望ましいかは、聴いている音楽によって決まる。ハイドンやモーツァルトの複雑な室内楽は、宮廷や貴族の屋敷で鑑賞するために作曲されたので、一・五秒くらいの短い残響時間をもつ狭い場所で演奏するのがベストだ。フランス・ロマン派の作曲家エクトル・ベルリオーズは、ハイドンやモーツァルトの作品が「あまりにも広すぎて音響的に不適切な建物で」演奏されるのを聴いて、これなら屋外で演奏するほうがましだと不満を書き残している。「弱くて平板で、調和を欠いた音だった[17]」

ベルリオーズやチャイコフスキーによるロマン派の音楽、あるいはベートーヴェンの音楽には、室内楽よりも豊かな響きが求められるので、たとえば二秒ほどの残響時間が必要となる。オルガンや合唱団の楽曲ではさらに長い残響が求められる。著名なアメリカ人コンサートオルガニストのE・パワー・ビッグズは、こんなふうに語っている。「オルガン奏者は与えられた残響を目いっぱい利用し、さらにもっと欲しいと言うでしょう。……多くのバッハのオルガン曲は残響を利用するように考えられています。有名なニ短調のトッカータの冒頭の装飾音に続く休止を考えてみてください。明らかに、これはなおも空中に漂っている音符を味わうためにあります[18]」

一九五一年、第二次世界大戦の戦中から戦後にかけて何年間も配給と耐乏生活が続いたあとの国を活気づけようとイギリス祭が開催され、その一環としてロンドンにロイヤル・フェスティバル・ホールが建てられた[19]。建物は評論家から絶賛されたが、コンサートホールの音響については賛否両論があり、最終的には残響時間が一秒半というのは短すぎるという点で意見がまとまった。一九九九年、指揮者のサイモン・ラトルは「ロイヤル・フェスティバル・ホールはヨーロッパの主要なコンサートホールのなかで最悪だ。リハーサルを始めて三〇分でやる気が失せる」と述べた[20]。このホールで初代の上席音響顧問を務めたホープ・バグナルは、意外にも科学者としての専門教育を受けていなかった。しかし音響エンジニアのデイヴィッド・トレヴァー＝ジョーンズによると、バグナルには「幅広い教養」があり、それが重要な役割を果たした。そのおかげで彼は「旺盛な好奇心や……必要に応じて音響の物理学に取り組む力」をもつことができたからだ[21]。バグナルはセイビンの方程式によって、ホールの味気ない音響を解決する方法を二つ見出したに違いない。一つは室内を広げて、音が跳ね返る空間を増やすことである。屋根を高くできれば効果的だが、それは費用がかかりすぎるので無理だ。もう一つの解決策として、室内の音の吸収を抑えるという手があった。コンサートホールでは、吸音のほとんどは聴衆によるものだ。バグナルは残響時間を延ばすために座席を五〇〇個撤去することを提案したが、これは実現しなかった。[22] 代わりに画期的な解決策が試みられた。電子機器を使って人工的に音響を改善するという方法だ。

共鳴器に入れたマイクをホールの天井裏に設置して、特定の周波数の音を拾わせる。マイクからの電子信号を増幅し、天井裏の別の場所に設置したスピーカーに送って放射する。音はマイクから増幅装置を経てスピーカーへ、そしてスピーカーから空気を伝ってマイクへと、ループ状に循環する。この装置を使うとホール内で音の残存時間が長くなり、人工的に残響を生じさせることができる。一九六〇年代のことで、まだ初歩的な電子装置しかなかったことを考えれば、これは瞠目すべき工学の技だった。この「残響付加」システムを舞台裏で指揮したのはピーター・パーキンである。彼は第二次世界大戦中に音響学の研究を始め、水中の音響魚雷を無効化するプロジェクトに加わっていた。ロイヤル・フェスティバル・ホールの仕事については、ホールから自宅まで専用の電話回線を引き、ホールのようすを聴取してシステムがきちんと作動しているか確かめられるようにした。[23] 装置に不具合が起きていないか監視し、マイクとスピーカーのあいだを循環する音がどんどん大きくなってヘビーメタルの音楽を思わせるハウリングや金切り音などのフィードバックを起こしたりしないか見張っていたのだ。

ピーター・パーキンの装置のおかげで、一・四秒前後だった低周波音の残響時間は二秒以上まで延び、音の温かみが大きく改善された。しかしパーキンはこれを秘密にした。クラシック音楽に電子装置で手を加えるというのは賛否両論を招くやり方なので、残響付加システムを初めて導入したときにはオーケストラの団員にも聴衆にも指揮者にも知らせず、少しずつ機材を持ち込んだ。完成したシステムをひそかに使ったコンサートが八回を数えたところで、エンジニアたちはシステムの存在をようやく明かした。このシステムは一九九八年一二月まで使用されていたが、その後、今度は電子装置以外の解決策が試みられた。

電子装置を使ってクラシック音楽に細工などすべきでないという考えには、私も同感だ。二〇年ほど前にロンドン近郊の劇場で別の電子装置のデモンストレーションを聴いたことがあるので、なおさらそう思う。エンジニアが設定を切り替えると、機械的で不自然な、奇妙きわまりないひずみが聞こえた。しかも音がステージではなく背後から聞こえるように感じられるときがあった。驚いたことに、これはそのシステムの売り込みを狙ったデモだった。もっとも昨今では、多くの新しい劇場で使われる最新のデジタルシステムが、感心してしまうほどの効果を発揮することもある。昨年、音響学の学会で聴いたデモでは、スイッチ一つでレクチャーホールが自然な音響の歌劇場や立派なコンサートホールに早変わりした。

残響時間の非常に長い場所のリストをつくるとすれば、霊廟がたくさん載るだろう。インドのタージ・マハルとゴール・グンバズ、スコットランドのハミルトン霊廟、ノルウェーのオスロにあるトンバ・エマヌエルなどだ(24)。これらの場所は広い室内空間と石造りの硬い壁のおかげで、音がとてもよく響く。

トンバ・エマヌエルは、彫刻家のエマヌエル・ヴィーゲランが自身の作品を収蔵する美術館として一九二六年に建てたものだが、彼はのちにこれを自らの永眠の場にしようと決めた。ノルウェーの音響学者で作曲家でもあり、人並み外れた体軀と聴覚をもつトール・ハルムラストが、身をかがめてトンバ・エマヌエルの中に入ったときのことを語ってくれた。ヴィーゲランの遺灰の入った壺が戸口の上に置かれているので、その下でお辞儀をするかっこうになったらしい。半円筒形の高い天井を備えた部屋に入ると、いたるところにフレスコ画が描かれていた。彼の説明によると、「壁はとても暗いので、入ってすぐにはほとんど何も見えない。しばらくすると、壁と湾曲した天井を埋めつくす絵が見えてくる。誕生(それより前の性交さえも)から死に至るまでのあらゆる場面が描かれている」[25]。あるフレスコ画には、立ち昇る煙と、正常位で横たわる二体の骸骨から立ち上がる子どもたちの姿が描かれている。中周波音の残響時間は八秒で、これはかなり広い教会で観測される程度の長さである。ハルムラストの考えでは、室内が比較的狭いことを考慮すれば、驚くほど長い残響時間だ[26]。

露骨に性を描いたトンバ・エマヌエルのフレスコ画と好対照をなすのが、ハミルトン霊廟内部の厳粛さだ。それはさておき、音がよく響くのはどちらだろう。『ギネス』の世界記録は、霊廟の礼拝室にある青銅製の扉を勢いよく閉めるという、きわめて非科学的なテストで判定されていた。このやり方で残響を適正に比較するには、エコーの発端となる音の質と強さをそろえる必要がある[27]。ヒレア・ベロックの教訓詩「レベッカ　ふざけて扉を閉めて、悲惨な死を遂げる」に登場するレベッカ・オッフェンドートが測定したら、彼女が「扉をバタンと閉め」てから音が消失するまでにずいぶん長くかかるに違いない[28]。レベッカほど乱暴でない人が実験すれば、記録される時間はもっと短くなるだろう。

ハミルトン霊廟を訪れたとき、音響学者のビル・マクタガートが本格的な測定装置を持ってきてくれた。部屋の一角に三脚を立てて、ノイズを全方向に送り出すという変わった外観のスピーカーを取

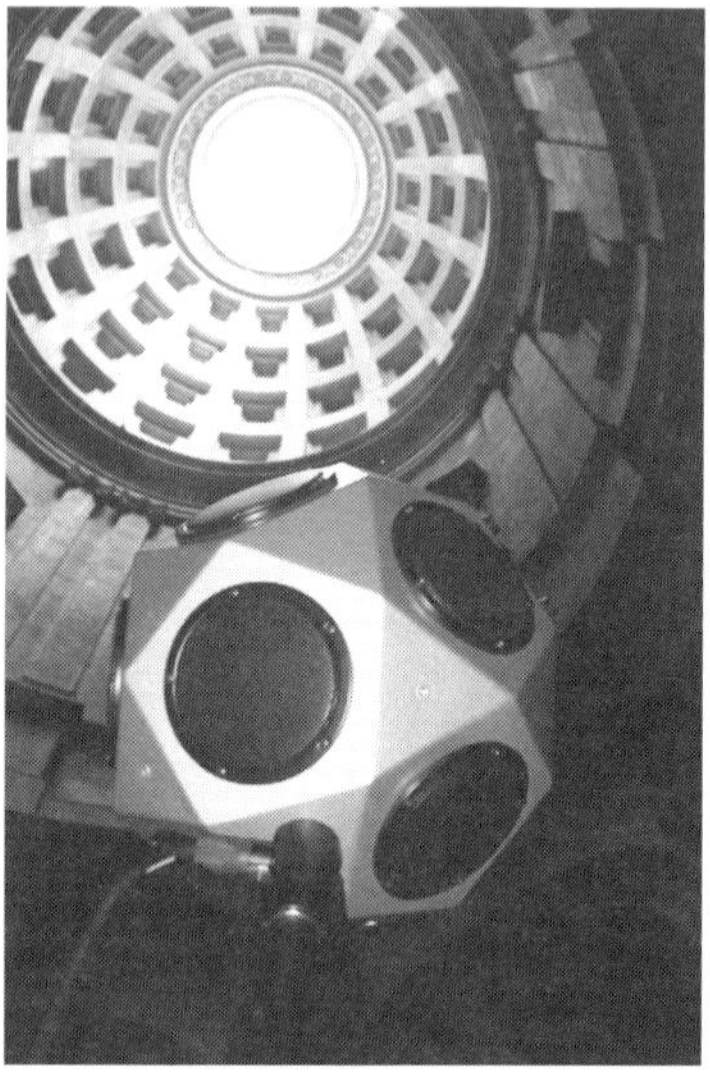

図1.1　ハミルトン霊廟で実験に使ったスピーカー。頭上に丸天井が見える

り付けた（図1・1）。スピーカーはビーチボールほどの大きさの二〇・一二面体である。数メートル離れたところに、マイクをつけた別の三脚を設置した。これらをすべてアナライザーに接続する。アナライザーの画面にはグラフが表示され、減衰する音に特徴的な、右肩下がりのジグザグ線が映し出される。この装置はふつう、壁から隣の家に漏れる音がうるさすぎないか、あるいは授業に支障が生じるほど教室の音が響きすぎないかを調べるために使われる。

ビルから合図をもらうと、私は鼓膜を守るためにすばやく指を耳に突っ込んだ。スピーカーがうなりを上げて作動し、吠えるようなノイズを吐き出した。耳の穴をふさいでいても、その音は猛烈に響いた。一〇秒後、ビルが不意にスピーカーを止めて音の減衰の測定を始めた。私は渦巻く残響を堪能しようと、すぐさま耳から指を抜いた。堅固で広い壁は音の反射率が非常に高いので、音が完全に消えるまでにはかなりの時間がかかった。

最初のザーッという強烈な音が重低音に変化して頭上へ立ち昇り、丸天井のあたりで消えていった。つかのまの静寂があり、それから音響学の専門家たちが白熱した議論を始めた。

結局、ハミルトン霊廟の残響時間はどのくらいだったのか。主に石でつくられた広いスペースなので、低周波音と高周波音では残響時間が大きく異なる。低周波音、具体的には中央C音より一オクターブ低い一二五ヘルツ（ベースギターの中心的な音域）では、残響時間は一八・七秒となり、中周波音では九秒を少し超えるくらいだった。[29] 確かにすごいが、これが世界最長の残響だとしたら、かなり納得しがたい気がする。

話し声が最も強くなるのが中周波音域で、私たちの聴覚の感度が最も高いのもこの音域なので、声をはっきりと聞き取るにはこの音域の残響時間が最も重要となる。この礼拝室で儀式をおこなうという考えが実現しなかったのは当然だ。ふつうに話す人は一秒間におよそ三音節を発音する。この霊廟では、そのペースで話すと最初に発した言葉が消えるまでの九秒間にいくつもの単語を発音することになる。必然的に、さまざまな単語の音が入り混じって溶け合う。この礼拝室で話すにしても、相手がすぐそばにいれば別に問題はない。近くにいる相手からの直接音のほうがずっと大きいので、反射音を無視するのはさほど難しくないのだ。また、話す速度を落とすのも助けとなる。しかし話したい相手から離れすぎると、直接音が反射音より弱くなり、音節間の無音の時間が残響で埋められてしまうので、音波の振幅の山と谷がぼやけて話し声が聞き取りにくくなる。

大聖堂のなかには、ハミルトン霊廟の礼拝室より一〇倍ほど大きなものもある。セイビンの方程式によれば、サイズが大きくなるほど残響時間が長くなる。壮大な威容を誇る大聖堂は、神の栄光をたたえるために建てられたものなので、当然のこととして畏敬の念をかき立てるような音響を備えている。その音響上の特質は敬神の念と結びつく。残響が過剰なら、会衆は黙るか声をひそめてささやかざるをえない。そうしなければ、話し声がたちまち反射で増幅されて、神をも恐れぬ耳障りな騒音が生じてしまうからだ。礼拝中には、あがめる対象である遍在の神のごとく、音楽や言葉が信者を包み込むように感じられる。音響は礼拝の様式にも影響し、たとえば残響時間の長い場所では言葉が不明瞭にならないように、礼拝を執りおこなう者がゆっくり語ったり詠唱したりすることがある。[30]

何世紀も前の礼拝では、司祭は祭壇前の内陣と呼ばれる聖職者用の場所に立ち、会衆は大聖堂の入り口から内陣に至る身廊に集まり、両者のあいだは内陣障壁でほぼ切り離されていた。一般に、内陣障壁とその上部にあるティンパヌムという半円形の小壁とのあいだに設けられた狭いすき間から、司祭の声が信者に届くだけだった。司祭は信者に背を向け、祭壇に向かって詠唱するので、声はすべて壁や天井から反射して間接的に届くことになり、会衆の聞く声はいつも反射音でくぐもっていた。もっとも、礼拝ではたいていラテン語が使われたので、理解できなかったのは音響のせいではなかったとも考えられる。

一六世紀の宗教改革とともに、状況は一変した。英国国教会の司祭は、声がもっと明瞭に聞き取れる位置で話すようにと『聖公会祈禱書』で指示された。[31]礼拝を英語でおこなうとなれば、説教も理解できるものにしなくてはならない。身廊に説教壇を設けるなどの改革によって、声は以前よりも明瞭に聞こえるようになった。反射音が完全になくなったわけではないが、直接音が信者の耳にすぐ届き、直後に強い反射音が届くので、この設計は伝達の助けとなることが多かった。しかし時間をおいて反射音が届くと、音が聞き取りにくくなる。

役に立つ反射音と邪魔な反射音があるのはなぜなのか。突き詰めれば、この問題は私たちの聴覚が複雑なサウンドスケープに対処するためにどのように進化してきたかということになる。たいていの場所と同じく大聖堂でも、耳はあらゆる方向から、つまり床や壁、天井、信者席、ほかの信者などから反射音に襲われる。広い大聖堂では、一秒間に何千回もの反射が起きる。[32] 個々の反射音をいちいち認識していたら、聴覚はすぐにパンクしてしまう。そこで、内耳と脳は多数の反射音をまとめて、単一の音の事象として認識する。そのおかげで、室内で手を叩いたときに実際にはわずかな間隔で微妙に異なる何千もの反射音が耳に入っていても、通常は「パン」という音が一回だけ聞こえるのだ。一回しか手を叩いていないのに、部屋の反射作用でその音が拍手喝采に変わることはない。

聴覚はやや反応が鈍いという点で、ヘビー級のボクサーと似ているかもしれない。手を叩いた場合のようなごく短い音が耳に届いたときには、ボクサーが高速のパンチを食らったときと同様、システムが刺激に反応するまでに少し時間がかかる。耳もボクサーも、最初の刺激が去ったあとも反応し続ける。ヘビー級のボクサーは、パンチを受けてからしばらくふらふらとよろめく。これと同様に内耳の有毛細胞も、手を叩いた音がやんでからしばらくは脳に信号を送り続ける。このように耳は器官としての反応が緩慢であるのに加えて、脳も聴神経から送られてくる電気信号の意味を絶えず把握しようとしている。大聖堂内で反響しながら遅れて届く反射音の泥沼から司祭の声の直接音を区別するために、脳はいくつかの手段を用いる。[33]

司祭の位置が聞き手の正面ではなく右か左に寄っていたら、司祭に近い側の耳のほうが強い音波を受け取る。反対側の耳には頭を回り込んでくる声しか届かないからだ。このため脳は、司祭に近い側の耳に、つまり音量が大きくて反射音のなかから司祭の声を聞き取りやすいほうの耳に、多くの注意を傾ける。このように注意を集中しても、さまざまな方向から大量の反射音が届く場合にはあまり効果がなくなる。おびただしい不要な反響のせいで、どちらの耳にも負荷がかかりすぎてしまうからだ。

司祭が正面に立っているときには、別の方法が使える。この場合、脳は両方の耳に聞こえた音を足し合わせる。頭は左右対称なので、司祭の声の直接音はまったく同じ距離を経て左右の耳に届き、両方の耳で同じ信号を発生させる。両耳からの信号を足し合わせることによって、直接音が増幅される。一方、側方から来る反射音は左右の耳への届き方が異なるので、両耳の信号を足し合わせると、反射音の一部が互いを打ち消し合うことになる。このように両耳で音を処理することによって、話し声の大きさは残響と比べて相対的に大きくなる。[34]

古い大きな教会では、説教壇のすぐ上に小さな木製の屋根（天蓋）が設けられていることが多い。天蓋には、直接音を補強できるようにすばやく反射音を生じさせる効果がある。また、司祭の声が天井方向に進むのを妨げるので、時間をおいて戻ってくる反射音のせいで説教が聞き取りにくくなるのも防ぐことができる。

最近では、教会で司祭の声を聞き取りやすくするためにスピーカーが使われている。天蓋と同様、スピーカーも声を会衆のほうへ向けることにより、反射音に対する直接音の比率を上げる。以前のシステムでは、多数のスピーカーを縦一列に積み重ね、各スピーカーから出る音声をまとめて、会衆に向けて説教を流すというやり方をしていた。しかしもっと新しいシステムでは、高度な信号処理をおこない、電子的に加工した音を各スピーカーから出すことにより、音声をごく細いビームにして会衆だけに集中させている。[35]

広い教会は説教の場としては悪夢のようだが、オルガンを演奏するにはすばらしい場所となる。著述家のピーター・スミスはこんなふうに記している。「メロディーラインが際立っているが、残存する先行和音が弱まっていくなかで新たな和音が奏でられる。その結果、適度な衝突や不協和が生じ、かなりの小気味よい刺激が加わる。広い大聖堂には……コンサートホールにはない豊かさがある」[36]

教会は音楽の発展に大きな影響を与えた。ドイツのライプツィヒにあるルター派の聖トーマス教会は、その重要な例である。宗教改革以前には、この教会で司祭の声が消えるまでに八秒かかっていた。一六世紀の半ば、説教を信者に聞き取りやすくするために改築がおこなわれた。木製の回廊と垂れ布を加えると残響が弱まり、減衰時間は一・六秒まで短縮された。一八世紀になると、残響が短くなったことを生かして、聖歌隊長だったヨハン・セバスティアン・バッハがそれまでよりもテンポの速い複雑な曲をつくるようになった。ロンドンのロイヤル・フェスティバル・ホールの上席音響顧問を務めていたホープ・バグナルは、ルター派の教会に回廊が設置されて、それによって残響が抑えられたことが「音楽史上で最も重要な出来事である。……まさにそのおかげで《マタイ受難曲》や《ロ短調ミサ》が生まれたのだ」と考えた。[37]

広い大聖堂ではどのくらいの残響が生じるのだろう。ロンドンのセント・ポール大聖堂は、ロンドン大火で焼失したあと一六七五年から一七一〇年にかけて再建された。クリストファー・レンが設計し、一五万二〇〇〇立方メートルという莫大な容積の建物だ。残響時間は中周波音が九・二秒で、低周波音はこれより少し長く、一二五ヘルツで一〇・九秒である。[38] これらの時間は長いが、低周波音ではハミルトン霊廟のほうがもっと長い。これはおそらくハミルトン霊廟のほうが窓が少ないせいだろう（窓は低周波音をよく吸収する）。ゴシック様式の広い大聖堂ではセント・ポール大聖堂の数値くらいがふつうなので、残響についてはどうやら霊廟のほうが教会にまさるらしい。

自然に形成された場所、たとえば洞窟などはどうだろう。アメリカ軍は、アフガニスタンでオサマ・ビン・ラディンの行方を追っていたとき、洞窟やトンネルの音響に強い関心を抱くようになった。部隊に地下道の構造を十分に把握させてから現地に送り込むことが狙いである。音響コンサルタント会社アセンテックのデイヴィッド・ボーエンは、その狙いが実現できるか調べるために、洞窟の入り口で兵士に銃を四、五回撃たせて音響の記録をとった。支洞や狭窄部、広い空洞があれば、音の反響が変わる。入り口に設置したマイクにその情報が戻ってくるので、それによって洞窟の地形を推測することができた。(39)

洞窟の地形は驚くほどの残響を生み出すことがある。スコットランド北岸のスムー洞窟は、イギリス有数の雄大で険しい地域に位置する。岩山が緑に覆われ、美しい砂浜に波が寄せては砕ける。ハミルトン霊廟で音を観測してから九カ月後、私はもっと音のよく響く場所を見つけたいと期待を抱いてこの洞窟を訪れた。切り立った石灰岩の断崖に、波に削られてできたアーチ形の入り口が大きく開いている。私はここから洞窟に入ったが、最初の空洞は期待していたほどの残響がなかった。入り口が大きく開いているうえに天盤にも大きな穴があるので、音はすぐに消えてしまうのだ。二つ目の空洞のほうがはるかに興味深かった。天盤の穴から水が二五メートルの高さを滝のように流れ落ち、窟床を水浸しにしている。その音は大きくて強烈だった。滝の轟音が洞窟のいたるところで反響しているので、目を閉じると音の発生場所はなかなか把握できなかった。

スムー洞窟から南西に二七〇キロほど離れたスタファ島（スコットランドのヘブリディーズ諸島の一つ）には、柱状の玄武岩が壮観なフィンガルの海食洞がある。一八二九年、作曲家のフェリックス・メンデルスゾーンは、この海食洞の周囲で大西洋の大波が膨れ上がり、落下し、反響する音からインスピレーションを得た。彼は序曲《フィンガルの洞窟》の冒頭二一小節の譜面を姉のファニーに送り、同封した手紙にこう記している。「ヘブリディーズ諸島からどれほどただならぬ影響を受けたか伝えたいので、そこで心に浮かんだ曲を送ります」[40]。イギリスにあるオープン・ユニヴァーシティーのデイヴィッド・シャープが測定したところ、この洞窟の残響時間は四秒で、コンサートホールよりも長く大聖堂よりは短く、両者の中間に位置した[41]。

洞窟には非常に大きなものもあるが、一般にどれほど大きな洞窟も堂々たる大聖堂ほど長く残響することはないらしい。音響学者のバリー・ブレッサーは、レバノンのジェイタ洞窟でおこなわれたカールハインツ・シュトックハウゼン作のポストモダン音楽の演奏に触れ、広い洞窟では残響時間がそれなりに長くなるが、たいていは複数のスペースがつながってできているので、減衰音は「やわらげられ、そこそこの強さにしかならない」と指摘している[42]。音波はぶつかったり反射したりするたびにエネルギーを失っていく。洞窟には、なめらかでなくでこぼこの壁面をもつわき道がたくさんある。この凹凸が音の進行を邪魔し、わき道を横切るように何度も跳ね返らせるので、音はすぐに消えてしまう。最も残響の豊かな場所は、壁面がなめらかであるだけでなく、ごく単純な形状でなくてはならない。つまり人工的につくられたものということになる。

二〇〇六年、楽器製作者でシャーマンでもある日本人ミュージシャンの鈴木昭男と、サクソフォン奏者で即興演奏家、作曲家でもあるジョン・ブッチャーが、スコットランドで「レゾナント・スペーシズ」と銘打った公演ツアーをおこなった。宣伝資料によると、刺激的で信じがたいような場所で

「音を解放する」ことがツアーの目的とされ、会場の一つがウォーミットの古い貯水槽だった。「ああ、ここでは途方もない音が生まれ、巨大なとどろきが衰えていき、そして……コンクリートの壁から生じるエコーがあたりを駆けめぐる。ふつうなら演奏会場として考えられる限り最悪の場所だろう。しかし今回のツアーでは、これこそ理想の場所なのだ[43]」

これより前にマイクロソフトのゲームソフト用オーディオ部門の責任者、マイク・カヴィーゼルと話す機会があり、私はこうした空間への興味をかき立てられていた。ロンドンで開かれた会議で基調講演をした私にマイクが声をかけてきて、アメリカでウォーミットと同じような貯水槽に行ったときの話を聞かせてくれた。彼はそこが音響と暗闇のせいで「今まで行ったなかでとびきりとんでもなく、物理的に人を混乱させる場所の一つ」だと説明した。また、反射音のせいでまともに話すことさえできなくなるとも言った。「自分のしゃべっていることがたちまちわからなくなって、その場の音響にすっかり気をとられてしまう」。残響があまりにも強烈で、「明確な考えや意味のある言葉を……口にするのにひどく苦労する。たちまち誰もが口笛を吹いたり手を叩いたりして、その場所をテストし始めるんだ」という[44]。

そんな奇妙な音のする場所ならぜひ自分の耳で確かめたいものだと思った私は、ハミルトン霊廟を訪れた数日後、ウォーミットに行こうと決めた。「レゾナント・スペーシズ」の公演ツアーを企画したイベント会社のアリカに問い合わせると、貯水槽を所有するジェイムズ・パスクの連絡先を教えてくれた。パスクは大喜びで私を案内し、その土地を購入したとき地下にある二つの貯水槽も手に入れたのだと、軽いスコットランドなまりで説明してくれた。家屋の地下にある小さいほうは広い車庫にしたが、大きいほうは芝生を植えた庭の地下で空っぽのままになっている。

私たちは庭に出て、ウォーミットの公共インフラをめぐる構造的な負担と歴史について雑談した。貯水槽は町が大きくなっても水が供給できるようにと一九二三年に建設されたが、戦争のせいでウォーミットの町はあまり発展しなかった。大きすぎる貯水槽は維持費の負担も大きいので、やがて使用が中止された。

その日はとても風が強く、丘の下に広がるテイ湾が秋の陽射しにきらめいていた。湾の対岸にはダンディーの町が遠く見える。足元の芝生は見事なまでに刈りそろえられている。地面から突き出た黒い通風管を見れば、その下に何があるか察しがつく。ジェイムズは草に覆われたマンホールのふたを開けて、体調や身の安全に不安な点はないかと私に尋ねると、はしごを伝って暗がりに降りていき、灯りをつけた。

はしごは船で見かけるようなものだった。一つ目のはしごで狭い踊り場に降り立つと、次のはしごへ行くには金網の柵をこわごわと乗り越えなくてはならなかった。このはしごを降りると地下の床にたどり着いた。マンホールから射し込む光とたった一つの電球に照らされた広大な空間は、見た目に魅力的なところはほとんどなかった。奥行きがおよそ六〇メートル、幅三〇メートル、高さ五メートルのコンクリートの箱にすぎない(45)。壁のコンクリートには、工事中に使われた木枠の跡が残っている(ロンドンのナショナル・シアターの壁面と同じように)。コンクリートの天井を支えるコンクリートの柱が七メートルほどの間隔で整然と立ち並び、公営駐車場を思わせる(図1・2)。床はあちこちが濡れていて、天然の洞窟のようにひんやりと心地よい。

ジェイムズと私がしゃべりだすと、即座に音響効果が現れた。重低音のざわめきが厚みを増し始め、広がる霧のように私たちのまわりに立ち込めた。残響時間の長い場所の多くは音響的に圧迫感があり、

図1.2　ウォーミットの貯水槽（超長時間露光にて撮影）

会話をするのが難しい。ところがこの貯水槽は違った。[46] 驚いたことに、かなり離れていても会話を交わすことができた。同程度の残響をもつハミルトン霊廟では、こんなことはありえなかった。[47] この貯水槽は大聖堂を思わせるところがあるが、大聖堂とは違って、叫んでも手を叩いてもいっこうにかまわない。叫び声を上げると「途方もない」音響パワーが思い切り解き放たれ、音は延々と鳴り響いてからようやく消えた。

およその残響時間を測定するために、私は持参したいくつかの風船を破裂させた。霊廟と同じく最も目立つのは低周波音の値で、一二五ヘルツが二三・七秒だった。話し声で最も重要となる中周波音については、残響時間はそれより短めの一〇・五秒だった。

サクソフォン奏者のジョン・ブッチャーは、「レゾナント・スペーシズ」ツアーの一環としてウォーミットの貯水槽でレコーディングをおこなった。そのアルバムを取り上げた「ワイヤ」誌の批評では、彼が「空間に襲いかかる」ようすが描かれている。[48] ブッチャーの〈錆びた檻からの叫び〉という作品では、奇妙な電子ホイッスルの音、あえぐような甲高い音、船の警笛のような吹奏音のなかからサクソフォンの音を聞き分けるのがしばしば難しい。「ワイヤ」誌の記事を書いたウィル・モンゴメリーは、ブッチャーが曲の途中で「突如として絢爛たるグリッサンドを奏でながらぐるぐると旋回するような息遣いを始める（これは……《ラプソディー・イン・ブルー》の冒頭を髣髴させる）」と記している。[49]これは間違いなく、こうした残響時間の長い場所に対する音楽的アプローチの一つである。消え残る音が生み出す不協和音の霧を受け入れて、演奏を続けるのだ。

トロンボーン奏者でオーストラリア先住民の民族楽器ディジュリドゥの奏者でもあるアメリカ人のスチュアート・デンプスターは、アルバム《地下貯水槽の礼拝堂からの響き》で別のアプローチをとっている。タイトルにある「礼拝堂」とはワシントン州のフォート・ワーデン州立公園にあるダン・ハーポール貯水槽のことで、とんでもなく人を混乱させるとマイク・カヴィーゼルが称していた、あの場所だ。見た感じはウォーミットの貯水槽とよく似ているが、四角形ではなく円形だ。およそ七五〇〇万リットルの消火用水の供給施設として建設された。いくつかのウェブサイトや書籍では、音が消えるまでに四五秒かかるとされている。そうだとすると、音の大きさが半減するまでにおよそ三秒かかり、演奏者は信じがたいほどのスローテンポで演奏しないと音が混ざり合ってしまう。[50]「ビルボード」誌は、スチュアート・デンプスターと仲間のミュージシャンの楽曲について「どれほどわずかな変化も大変動のように感じられ、ゆるやかなうねりさえあたかも高波のように立ち現れる、静謐をきわめた音楽」を創造していると評した。[51]デブラ・クレインは「タイムズ」紙の記事で、この音楽が「聴く者を催眠術にかかったような高揚感で包み込む、得体の知れない荘厳な静穏」をもっと表現している。[52]数秒間隔で演奏された音は互いに重なり合った豊穣な響きを生み出すので、奏者はあいだをおいて演奏される音どうしの相互作用を考慮する必要がある。これを怠ると、強烈な不協和が生じてしまう。スチュアート・デンプスターはこうコメントしている。「ふつうは奏者がミスして演奏を止めれば、そのミスも礼儀をわきまえて演奏とともに止まるものだ。ところが（この貯水槽では）違うのだ。ミスはいつまでも居座って、奏者をあざ笑う。……奏者は巧妙な作曲家（または即興演奏家）となって、ミスをすべて作品に取り込まなくてはならない[53]」

アルバムを聴いた私は、瞑想的なポリフォニーを堪能しながらも、楽句の終わる瞬間を聞き分けようと耳を傾けていた。というのは当然ながら、奏者が演奏をやめても音は貯水槽のあちらこちらで鳴り響き続けるからだ。曲のその部分から、残響時間を推定することができる。一〇年以上前から、私は同僚とともに話し声や音楽から残響時間を推測する方法の考案に取り組んできた。コンサートホールや駅、病院などが実際に利用されている最中に測定をおこないたいからだ。従来の方法で残響を測定する場合、銃を撃つとか、スピーカーからノイズやゆるやかなグリッサンドを大音量で流すなどして、大きな音を出さなくてはならない。これらの音は聞いていて不快なうえに、聴覚を損傷するおそれもある。周囲の人も、減衰の測定中に「うわ、今のはでかい」などとノイズについて感想を述べてせっかくの測定結果をぶち壊す迷惑な性癖をもっていたりする。しかしコンサートホールで演奏するオーケストラの音や教室で話す教師の声には、完全に測定することはできないにしても部屋の音響が含まれている。難しいのは、音楽や話し声から部屋の音響効果を抽出する方法を見つけることだ。現時点できわめておもしろい研究分野の一つとして、コンピューターアルゴリズムを使って音声データから情報を抽出する研究というのがある。よく知られた例では、シャザムというスマートフォン用アプリがある。スマートフォンのマイクに曲の一部を聞かせると、アプリがタイトルを教えてくれるのだ。

音楽を自動的に譜面にしたり、未分類の音声ファイルのジャンルを特定したりするためのアルゴリズムなどもある。

私たちのアルゴリズムでスチュアート・デンプスターの楽曲を分析すると、トロンボーンとディジュリドゥの低周波音は残響時間が二七秒と推定された。[54] アメリカのダン・ハーポール貯水槽がスコットランドのウォーミット貯水槽にまさることを示す、なかなかよい数字である。しかし念のため、従来の音響評価で用いるインパルス応答〔訳注 音源から放たれた音が音響空間で示すふるまいの特性〕も知りたかった。新しいホールをつくる場合、音響エンジニアは残響時間などのパラメーターを示すグラフや表にもとづいて、ホールが設計仕様書に適合するかチェックする。しかし設計者にはそうした科学的な図表やパラメーターが飲み込みにくいので、エンジニアは提案されたホールの音響モデルをつくって音を聴かせることが増えている。この「可聴化」(音響シミュレーション)ではまず、無響室(第7章で説明する)のようにまったく反響しない場所で録音された曲を聴かせる。つまりこれは反響する室内空間をまったくもたないオーケストラの音だ。次にエンジニアは同じ曲を、建設予定のホールの音響モデルとかけ合わせて聴かせる。かつては実物の一〇分の一や五〇分の一の縮尺模型を使ってインパルス応答を測定していたが、最近ではコンピューターで予測することのほうが多い。

実在する空間で測定されたインパルス応答から可聴化データを作成することも可能であり、ミュージシャンや映画・ゲームのサウンドデザイナーが使う残響付加ソフトウェアにはその種の可聴化データも入っている。ある残響付加ソフトウェアに搭載されたインパルス応答ライブラリーに、例のアメリカの貯水槽で測定されたインパルス応答のデータが三つ入っているのを私は見つけた。低周波音については、ダン・ハーポール貯水槽の残響時間はウォーミット貯水槽と同じ二三・七秒だが、中周波音ではダン・ハーポールのほうが長く、一三・三秒である。これらの残響時間は、世界最大クラスの大聖堂で観測される数値さえも上回る。

スコットランドのインヴァーゴードンに近いインチンダウンにある石油貯蔵施設に足を踏み入れると、ジェイムズ・ボンド・シリーズの映画で悪党のアジトに踏み込むような気分になった。貯油槽へ向かう長さ二一〇メートルのトンネルは狭く、コンクリートで内壁が固められ、高さは私の身長と大差ない。丘の中腹にある入り口からトンネルに入り、ゆるやかな勾配を上っていくと、背後で日の光がだんだんと薄れ、懐中電灯で行く手を照らそうとしても無駄だった。やがて内壁のコンクリートが途切れ、トンネル内は岩がむき出しになった。左側にくぼんだ場所があり、そこが一号油槽への入り口だった。ただし、入り口といっても扉がついているわけではない。厚さ二・四メートルのコンクリートでふさがれた入り口を抜けて巨大な貯油槽へ入るには、四本ある送油パイプのいずれかを通るしかないが、パイプはどれも直径がたったの四六センチなのだ。しかし閉所恐怖の心配などしている場合ではない。なにしろパイプの向こうは、うまくいけば世界で最も残響時間の長い場所かもしれないのだ。

インチンダウンに行ったのは、ウォーミットを訪れてから九カ月後だった。かつて船舶用の重油を貯蔵していた貯油槽を見ることが目的だ。かつてこの石油貯蔵施設は、丘のふもとにあるクロマーティー湾の海軍基地に燃料を供給していた。一九三〇年代にドイツ軍の兵力増強に対する懸念と長距離爆撃機による脅威のさなか、極秘裏に建造された。丘の斜面の奥深くにつくられたのはそのためだ。巨大な施設が完成するまでに三年かかった。施設全体で一億四四〇〇万リットルの燃料が貯蔵できた。

ディーゼル車なら二五〇〇万台を満タンにできる量だ。

案内してくれたアラン・キルパトリックは、スコットランド王立古代歴史遺産委員会の考古学研究員だそうだ。この土地で過ごした少年時代に秘密のトンネルのことを知ったアランは、この貯油槽に対して信じがたいほどの思い入れを抱いている。ここを見学するという貴重な機会に恵まれた同行者が私たちのほかに八人ほどいたが、何人かは入り口があまりに狭いことをいやがって油槽本体には入らなかった。

私は、二五五〇万リットルの燃料が貯蔵できるように設計された巨大な油槽の一つに入ろうとしていた。長さ一・五メートルほどの細長い金属板でできた台車に横たわると、奥行きの深いオーブンに投げ込まれるピザのように、パイプの中へ押し込まれた。出発を待つあいだには、入り口の穴がいっそう狭く見える。実際に入っていくと、パイプの内壁に両肩がはさみ込まれ、体が圧迫されて締めつけられるのを感じた。ヘルパーたちが台車を押し続け、私の頭からヘルメットが転げ落ち、そうこうするうちに私は油槽の内側にたどり着いた。ぶざまな到着だった。両足を油槽の床につけて、胴体の半分はまだパイプの中に残った状態で、体を斜めにして止まった。アランに助けてもらって、なんとか立ち上がった。彼は登山者のようないでたちで、暗い地中の世界でもくつろいでいるように見える。すぐに私の音響測定装置も送り込まれてきた。細いパイプを通過できるように厳選したものばかりだ。

しばらく槽内のようすをうかがった。照明は自転車用ライト一つしかなかったが、光が弱すぎて半円筒形の天井をもつ広大な槽内の大半は照らせない。サイズを把握するのは難しかった。幅は九メートルほどかと推測し、それは正解だった。しかし高さはどのくらいなのか。闇の中で推測するのは難しい。天井の高さは一三・五メートルだと、あとでアランが教えてくれた。

床の大部分は水たまりと油の残留物で覆われていた。油槽の清掃という過酷な任務を解かれた作業員たちの捨てていった長靴や手袋が、悪臭を放つ茶色い液体の中で腐敗していた。幸い、背骨のように少し高くなった床材の先では、乾いた通路が油槽の中央を貫いている。

中央の通路を歩きながら旋律をいくつか口ずさむと、その音は空間内を漂い、互いに重なり合った。イタリアのピサにある聖ヨハネ洗礼堂には、ガイドが自分の声だけでハーモニーを奏でて見事に響かせるという古くからの伝統がある。一九世紀には作家のウィリアム・ディーン・ハウエルズがこう記している。「男がむせび泣くような歌声を次々に発し、それから声を止めると、それに応えて荘厳なエコーの聖歌隊がにわかに出現した。……天上の慈悲のようなその声は、こちらへ降りてきて安らぎを与えると、再び高雅で厳粛な歓呼となって舞い上がり、残されたわれわれは弱く卑しき存在として罪を悔いるのだ」(55)。貯油槽で歌う私の声は残念ながらこれよりずっと詩趣に欠けていたが、私は皿回し芸の皿を音に替えて芸をするかのごとく、同時に音をいくつ響かせられるか確かめて満足した。音はあたかも永久に響き続けるかのように、鳴りやむまでにおそらく三〇秒ほど持続したので、ハーモニーのフレーズはものすごく長くなった。ここの残響と比べれば、ウォーミットの貯水槽の音などちっぽけに感じられた。

歩き続けるうちに、奥行きがどれほど長いかわかってきた。サッカーフィールドの長辺の二倍以上、二四〇メートルくらいある。大声を張り上げると、この巨大な楽器に生気が宿った。これほど猛烈なエコーと残響は聞いたことがない。私はまるで、初めてピアノの前に座っていったいどんな音がするのかと鍵盤を叩く幼児のようだった。数分後、私は音響との戯れをしぶしぶやめて、測定の準備にかかった。べとつく黒い油の残留物に覆われた古い加熱パイプ（石油の流動性を高めるために使われた）に計器を置いた。自転車用ライトの灯りを頼りに、私はごそごそと準備をした。三脚を脇に抱え、ケーブルを首に巻きつけ、高価なマイクをそっと歯でくわえた。器具をだめにしてはならぬと必死だった。

最近の音響測定では、ノートパソコンを使うことが多い。ふつうに考えたら、そのほうが作業しやすいはずだ。ところが私のノートパソコンは笑いを取るタイミングのツボを心得ているらしい。よりによってこんな山腹の地中深くで、ウィンドウズアップデート中というダイアログボックスが現れた。別の手に変更するしかない。デジタルレコーダーで銃声を録音するのだ。

槽の入り口から中へ三分の一ほど入ったあたりでアランが空包を込めたピストルを撃ち、私は奥から三分の一くらいのところでマイクの拾った応答を録音する。これはコンサートホールの音響測定で使われる標準的なやり方だ。一九五〇年代にロンドンのロイヤル・フェスティバル・ホールで音響調査がおこなわれた際に、ステージ上で銃を撃つところを写した古い白黒写真も残っている。巧妙なノイズやさえずり音などを使った新しい測定方法もいろいろあるが、銃を撃つのは今でも有効とされる立派な方法なのだ。

しかし、これほど残響時間の長い場所で測定をするのは容易でなかった。私かアランが「準備OK」と声を出してしまったら、その音が消えて銃が撃てるようになるまで一分以上も待たないといけない。それに音が減衰するあいだも身動き一つせず、音を立てないようにする必要がある。そうしないと測定がぶち壊しになる。真っ暗闇の中で一〇〇メートルほど離れて立っているのだから、手を使った合図などとうてい無理だ。アランの提案により、懐中電灯で天井を照らして合図することにした。

コミュニケーションの問題が片づくと、アランは闇の中へ歩いていった。天井にかすかな光が見えたので、こちらも同様に合図を返して準備ができたことを伝えた。すると銃が発射された。私は手探りでレコーダーを操作しながら、アドレナリンが一気に放出されるのを感じた。しかし音量があまりにも大きすぎて、レコーダーの処理能力を超えてしまった。ちょっと調整して、二度目の発砲に備えた。しかしこのとき、アランに状況を伝える必要があることに気づいた。事情を説明するために中央の通路を苦心して歩きながら、次回はトランシーバーを持ってこなくてはと肝に銘じた。

二発目が発射され、私はヘッドフォンごしにその音を聞きながら、音が消えたらレコーダーをオフにしようと待ちかまえた。目盛盤に表示される録音時間がどんどん延びていく。一〇秒、二〇秒、三〇秒、四〇秒――残響はまだはっきり聞こえる。五〇秒、六〇秒――とんでもないことになってきた。一分半が経過したところで音が完全にやんだので、レコーダーをオフにした。

三発目のときには、ヘッドフォンを外して音に耳を傾けた。おなじみの炸裂音のあと、爆発音の波が私の体をかすめて通り過ぎ、奥の壁で跳ね返されて戻ってくると、反響しながらあらゆる方向から私に降り注いだ。世界が終末を迎えるときに黙示録に書かれているような雷鳴が起きるとしたら、まさにこんな音がするのではないだろうか。轟音はなかなか収まらず、やがてわびしげに消えていった。驚嘆の叫びを上げたい気持ちに襲われたが、録音をだめにしてはいけないので声は出せなかった。

音の寿命は並外れていた。油槽を囲む壁は厚さ四五センチのコンクリートなので、音が壁に当たって反射するときに低周波音はほとんど吸収されない。そのうえ船の燃料油がコンクリートの孔を埋めているので、壁の表面はなめらかで空気を通さない。このため高周波音の吸収もかなり少なくなっている。じつは槽内で最も吸音性の高い物質は大量に存在する空気であり、この空気のせいで高周波音は減衰が促進される。音波が分子から分子へと伝わるにつれて、エネルギーが少しずつ失われる。教科書を見れば、私が測定したなかで最も周波数の高い音は、一マイル（約一・六キロ）進むごとに数十デシベルずつ空気に吸収されると書いてある。たいていの場所では、音の進む距離はこうした吸収など問題にならないほど短い。しかしこの油槽は奥行きが四分の一キロもあるので、空気による高周波音の吸収は壁による吸収よりも影響が大きいのだ。

六発目まで録音したところで、とりあえず分析することにした。測定結果をノートパソコンに移して、プログラムを走らせた。しかし最初は信じられなかった。残響時間があまりにも長かったのだ。仲間の音響学者にこの話をするときには、ここで「残響時間はどのくらいでしょう」とクイズを出すことが多い。相手はたいてい一〇秒とか二〇秒などと、音響学的にとんでもなく長いと思われる数字を答える。それでも答えはいつも正解には程遠い。実際の残響時間は一二五ヘルツで一一二秒、つまりほぼ二分だった。中周波音でも三〇秒。すべての周波数を同時に対象とする広帯域の音では七五秒となった。私はグッドニュースを伝えようと、アランの名を呼んだ。私たちは世界で最も残響時間の長い場所を見つけたのだ。

2 鳴り響く岩

人間が音のよく響く広い大聖堂を建てて神をたたえたのはなぜか。先史時代の祖先も私たちと同じく、音の反響する場所を楽しんだりしたのだろうか。新石器時代の墳墓の正面に置かれた背の高いどっしりした四つの石のそばに立つと、こんな問いが私の頭をよぎった。そしてパーティー用風船を膨らませると、ほかの見学者たちにおずおずと笑いかけた。これを買ったときには、骸骨の印刷された黒い風船を選びたい気持ちに駆られた。死者を埋葬した石室にこれよりふさわしいものがあるだろうか。しかし気持ちを抑えて、もっと厚手のゴムでできた黄色と青の大きな風船を選んだ。これなら低い破裂音が出せるからだ。

今回のフィールド調査には、かさばる音響測定装置は持ってこなかった。幸いにも、針と風船、マイク、それにデジタルレコーダーだけでも、驚くほど役立つ測定ができる。入り口に立つ石のあいだを這って狭苦しい石室に入ると、湿っぽい土のにおいが鼻をついた。十字型の部屋の一端にマイクを設置して、反対の端で風船を割ったときの音が録音できるように準備を整えた。

科学者が先史時代の遺跡の音響について系統的な研究を始めたのは近年のことだ。この分野で特に大きな議論を招いたある論文がきっかけで、私はストーンヘンジから北へほんの五〇キロのところにある古代の墳墓にやって来たのだった。(1) この地域は先史時代の遺跡が豊富で、エイヴバリーにある世界最大の先史時代の環状列石《ストーンサークル》では、手を加えられていない一八〇個の巨石が全長一・三キロの円を描いて立ち並んでいる。また、先史時代につくられたものとしてはヨーロッパで最大の墳丘、シルベリー・ヒルもある。これは高さが四〇メートル近くあり、五〇万トンほどの白色の石灰岩で人工的につくられた丘陵だが、その目的は定かでない。一方、私が測定しようとしていたのはウェイランズ・スミシーというもっと小さな遺跡で、今から五四一〇〜五六〇〇年前につくられた新石器時代の長形《ロング》墳墓《バロー》だった（図2・1）。

晴れた寒い冬の日、私はイングランド中部を通るリッジウェイ〔訳注　イギリス最古と言われる道路。現在はハイキングコースになっている〕の泥に足をとられながら、このロングバローを目指して歩いてきた。馬を使えば足元のぬかるみが避けられたし、有名なウェイランズ・スミシーの言い伝えを確かめることもできただろう。墳墓の冠石に馬をつないで銀貨を一枚置いておくと、翌朝には馬の蹄鉄が新しくなっているという伝説があるのだ。

墳墓の面積は広いが塚の盛り上がりは低く、周囲をブナの木が円形に囲んでいる。見学者はたいてい頭を中に突っ込み、写真を何枚か撮ると去っていく。彼らは二一世紀の目で古代の遺跡を眺めているわけだが、私は耳でここの音響を調べずにはいられなかった。自分の足音を聞き、這い回りながら

図2.1　ウェイランズ・スミシーの入り口

音の変化に耳を傾けた。声がゆがむかどうかを確かめるために大声で独り言を言い、手を叩いてエコーを調べた。さらには勇気を奮って歌の一節を口ずさみ、石室の音響効果を利用してふだんは貧相な低音《バス》の歌声を力強く響かせてみた。そして言うまでもないが、パーティー用風船を割った。

音響探査は、私たちの祖先が遺跡をどんなふうに使っていたかを解明するのにきわめて重要な役割を果たす。新石器時代には、音は現代よりもさらに大きな意味をもっていただろう。文字のなかった時代には、人が話すのを聞き、その内容を覚えて伝達する能力は必要不可欠だった。鋭敏な聴力は、捕食者を避け、敵からの攻撃を防ぎ、食糧となる動物を見つけて狩りをするのに欠かせなかった。音を無視したら、古代遺跡の物語は不完全になってしまう。現代の暮らしでは視覚が支配的だが、私たちはこの支配を超えて探索し、聴覚、嗅覚、触覚という別の感覚も使う必要がある。

図2.2　エピダウロス遺跡の劇場（Ⓒ 2013 Ronny Siegel）

古代遺跡の探索に乗り出すのにふさわしい出発地点といえば、古代ギリシャ建築の傑作とされるエピダウロス遺跡の劇場がその一つであることは間違いない（図2・2）。一八三九年、ある旅行者がこう記している。

私にはありありと想像できた。そびえ立つ山の陰で、情熱と激情の権化たるギリシャ人が深遠な悲劇に気持ちを奪われながら、エウリピデスやソフォクレスの詩に耳を傾けたとき、心がいかに深く満たされたことか。このうらさびしき地で、心の奥底からの感嘆や称賛の叫びがどんなふうに響き渡ったことか。今は静寂なこの客席から、歓喜や悲哀の声がどれほど鳴り響いたことか！(2)

灰色の石でできた座席がほぼ半円形の広大な階段状に並び、円形の舞台に向かって急勾配をなしている。今日でも、ツアーガイドは喜々として「完璧」な音響のデモンストレーションをしてみせる。舞台で針を落とすと大理石でできた広い客席の上のほうまでその音が聞こえることを示して、見学者を驚かせるのだ。「この古代ギリシャの劇場ほど謎に包まれた音響空間はなかなかない」と音響学者のマイケル・バロンは書いている。「古代ギリシャ人は現代科学が依然としてつかみかねている音響効果を理解していた、と見る者もいる」[3]。残念なことに、当時のギリシャ人がどんな知識をもっていたのか明らかにしてくれる文書は現存しない。とはいえ、文字で記された証拠が皆無というわけではない。ユリウス・カエサルの軍事技師だったウィトルウィウスが、紀元前二七年から二三年にかけてギリシャとローマの劇場の設計について大量の記録を残しているのだ[4]。ウィトルウィウスの著作において顕著な点は、すぐれた音響への関心が支配的で、視覚的な見栄えにはさほど興味が示されていないことである。

ウィトルウィウスは、現在でも通用する設計上の単純な原理をいくつか挙げている。ギリシャの劇場は、音がなるべく大きくはっきり聞こえるように、観客を舞台の近くに座らせる設計となっている。客席がほぼ半円形に配置されているのはそのためだ。それでもエピダウロスの劇場で舞台のわきに座った観客には、役者のせりふがかなり小さく聞こえたはずだ。なぜなら声というのはもともと話し手の前方へ出ていくものだからだ[5]。この問題への解決策として、舞台わきの席はよそ者、遅れてきた客、婦人に与えられた。三等席の古代版というわけだ[6]。

古代の劇場は、不要な雑音で役者の声がかき消されないように、とても静かな場所に建てられた。円形の舞台の床や背景などからの反射音を利用した設計となっており、この反射音によって舞台上で演じる役者の声が強められた。古代ローマの博物学者、大プリニウスはこんなふうに書き残している。「オルケストラ（舞台の床）を麦わらで覆うと合唱隊《コロス》の声が不明瞭になるのはなぜか。床面がなめらかさを失うので、そこに当たる歌声がまとまりを欠いて乱れ、そのせいで不明瞭になるのか。……なめらかな面を照らす光のほうが障害物に邪魔されずによく輝くのと同じなのだろうか[7]」。麦わらが音を抑えたのは、おそらく音を散乱させたというより吸収したせいだろう。大プリニウスの指摘は現代の家屋にも通じる。カーペットよりも木のフローリングのほうが流行しているせいで、以前よりもはるかに音が響くようになっている。

古代の劇場はそれ自体、すぐれた音響設計が試行錯誤を重ねながら発展してきたことを示す有力な考古学的証拠となる。[8] しかし現代の科学的知見に類するものはなかったようだ。研究者のバリー・ブレッサーとリンダ＝ルース・ソルターはウィトルウィウスに関する記述の中で、「彼の洞察の一部は現代科学で立証できるだろうが、荒唐無稽としか思われない部分もある」[9] と結論している。もっと怪しげなアイデアとしては、役者の声を大きくするために、劇場のあちこちに巨大な壺をいくつか設置してはどうかという案などもあった。[10] ウィトルウィウスの記述によれば、「舞台で発した声が中心から広がり、さまざまな壺の内壁にぶつかって反射すれば、音の明瞭性が増し、もとの音と合わさって調和した音が生じるであろう[11]」。

音響工学的な解決策がこんなに安上がりで簡単ならどれほどありがたいことか。残念ながら、壺では音響はほとんど変わらなかっただろう。大きなビールびんか、あるいはもっとぴったりなのは古代ローマの大きなワイン壺（高さは四〇センチくらい）だが、その口に息を吹き込むと、うなるような低い音が共鳴するのが聞こえるかもしれない。これは内部に閉じ込められた空気の発する共鳴周波数（共振周波数ともいう）の音である。物体にはそれぞれ振動しやすい固有の周波数がある。たとえばフルートシャンパングラスを指で軽くはじくと、グラスに固有の共鳴周波数に対応する音が聞こえる。しかしエピダウロスの劇場でワイン壺を自分のそばの床に置いても、聞こえる音が変わるとは考えにくい。ワイン壺の中の空気を共鳴させるのに使われるエネルギーは、内部ですべて失われるはずだ。パブで生演奏がおこなわれているときに、空《から》のビールびんのそばを通っても音が変わらないのと同じことである。

おもしろいことに、一一世紀から一六世紀にヨーロッパや西アジアで建てられたおよそ二〇〇の教会やモスクで、共鳴用の壺を見ることができる。長さは二〇〜五〇センチで、開口部の直径は二〜一五センチだ。残念ながら、その目的を説明した当時の記録は残っていない。イスタンブールの巨大なスレイマニエ・モスクで頭上を仰ぐと、ドームの壮麗な天井のすぐ下に六四個の小さな黒っぽい円がリング状に並んでいるのが見えるが、これは共鳴器の開口部である。[12] イギリスのリディントンにあるセント・アンドリュース教会では、内陣の上方に一一個の壺が設置され、そのうち六個は北側の壁、五個は南側の壁にある。[13] 北キプロスのファマグスタにある聖ニコラ教会では、隠した壺と管につながる穴を見ることができる。しかし科学的な研究によって、これらに効果はなかったであろうことが示されている。[14] 壺に固有の共鳴周波数が人の話し声や歌声の周波数と合わない場合もあるし、それなりの効果を得るには壺が何百個も必要だったはずだ。

壺の効果をめぐる誤解が生まれて存続したのは、音というものが目に見えず、音響効果の発生源が必ずしも明白ではないからだろう。二〇世紀に入って音響の記録や分析のできる電子装置が誕生するまで、教会などの複雑な音場を計算することは不可能だった。高名な建築音響学者のレオ・ベラネクは、音響に関する誤解をいくつか書き残している。[15] 私が気に入っているのは、ヨーロッパの立派なコンサートホールのいくつかで、舞台下や天井裏、壁の裏側、舞台裏の通路などから割れたワインボトルが見つかったという話だ。一部の人が主張しているように、この遺物は昔の人々が音響を改良するためにワインボトルを用いたという証拠なのか。いや、建設作業員が酒飲みだったことを示しているにすぎない。

ベラネクはこのほかに、木製の壁はヴァイオリンの胴体のように振動するのでホールは木造が一番よいとする見方についても、思い込みだと指摘している。実際には、音が必要以上に吸収されないように、表面の材質は硬いほうがよい。現に東京芸術劇場のコンサートホールなど、内壁が木材張りになっている比較的新しいホールでは、重みと厚みのあるコンクリートなどの基材に木の薄板をしっかりと貼りつけている。

古代ギリシャおよびローマの劇場は、現代の電子装置の助けを借りなくても数千人の観客が声を聞き取れるという点で瞠目すべき〝音の驚異〟だ。これらの劇場がすぐれた音響を実現できるように設計されていたことは間違いないが、熟練した音響の名工は、古代ギリシャで初めて誕生したのだろうか。

音は寿命が短く、鳴ったとたんに消えてしまうので、太古の祖先たちがどんな音を聞いていたのか正確に突き止めるのは難しい。先史時代の音響に関する証拠はごくおおざっぱなものでしかない。それでも残された楽器からは、祖先が聞いていた音の世界に関するきわめて確かな証拠もいくらか得られる。

これまでに知られている最古の管楽器は、今からおよそ三万六〇〇〇年前の後期旧石器時代に鳥の骨と象牙でつくられた笛で、ドイツのガイセンクレステルレにある洞窟で見つかった[16]。最も保存状態のよいものは、中が空洞になったハゲワシの翼の骨でできている。長さは二〇センチほどで、一方の端がV字形に切り込まれ、指孔が五つ開いている。

この骨が楽器だったと、考古学者はなぜ断定できるのか。孔がたまたま開く可能性もゼロではない。

信じられないような話だが、ハイエナが飲み込んでから吐き出した骨に丸い孔が開いていることがある。[17] しかしガイセンクレステルレの骨には意図的で入念な作業の痕跡が見られることから、目的をもって精密に孔が開けられたことがうかがわれる。ハゲワシの翼の骨でそのレプリカが作製され、演奏されたことがある。これを笛のように構えて、端から息を吹き込むと音が出る。小さなトランペットのように、唇をブーと鳴らしながら息を吹き込んで演奏することもできる。[18]

笛以外にも、三万年前に打楽器やこすって音を出す楽器が存在したことを示す証拠がある。また、先史時代に鳴り響く岩や洞窟の音響を利用していたという証拠もある。石でシロフォンなどをつくっても、長く共鳴する音ではなく瞬時に消えるゴツンという音を出しそうだから楽器としてありえないと思われるかもしれないが、ある種の石は楽音を出すことができるのだ。その例は世界各地で見つかる。インドのハンピには叩くと鐘のように鳴り響く細く高い石柱の並ぶヴィッタラ寺院があり、アフリカのセレンゲティにある大きなロックゴング（岩石の銅鑼）には叩かれた跡が残っていて、叩くと金属的なカーンという音が出る。

オックスフォード大学のニコル・ボワヴァンは、インド南部のクプガルの丘で地表に露出した岩を調査した。この岩層には粗粒玄武岩《ドレライト》の巨礫が含まれていて、花崗岩で叩くと大きな音が鳴り響く。しかし古代人が実際に岩で演奏することなどあったのだろうか。何よりの証拠は叩いた跡のそばに残る新石器時代の岩絵であり、これによってその場所が何千年間も利用されていたことがわかる。[19] フランス南部のフュ・ア・ミエの洞窟には、銅鑼のように鳴り響く高さ二メートルの大きな石筍がある。破損した箇所があるが、それは二万年前に叩かれてできたとされている。[20] ロックゴングに残る打撃痕の年代特定は難しい場合もあるが、この石筍では破損部を覆うように新しい方解石《カルサイト》の層が形成されているので、それによっておよその年代がわかる。そのうえこの洞窟が開放されたのは最近のことであり、内部で見つかったほかの先史時代の遺物からも洞窟が使用されていた時期が推定できる。

私は若いころ洞窟探検によく出かけていたが、壊れやすい鍾乳石や石筍には十分に気をつけるようにときつく言われた。それより前の二〇世紀の半ばはもっとおおらかで、きわめて風変わりな石の楽器をつくるための「破壊行為」も許されていた。ヴァージニア州のルーレイ洞窟にあるグレート・スタラクパイプ・オルガン〔訳注　スタラクパイプはstalactite（鍾乳石）とpipeを合わせた造語〕は観光客を楽しませ、ときには花嫁が地中のバージンロードを歩くときに演奏されることもある。

ルーレイ出身のブリキ職人アンドリュー・キャンベルが、一九世紀の終盤にこの洞窟を発見した。一八八〇年にスミソニアン協会が発表した報告書には、「鍾乳石や石筍でこれほど完璧かつ盛大に飾られた洞窟は、世界中でおそらくほかに存在しないだろう」と記されている[21]。ウェイランズ・スミシーに行ってから一年後にここを訪れた私は、鍾乳石の数に驚愕した。洞窟内の全表面が覆いつくされているようだ。管理当局が洞窟内を照らす強力な照明を設置しているので、見学者は映画のセットを歩いているような印象を覚える。

オルガンは見学順路の終盤にある。洞窟の大聖堂の中央にたどり着くと、森のように密集する鍾乳石に囲まれて、見た目はふつうの教会のオルガンと似たものが置かれている。しかし鍵《けん》を押すと、圧縮された空気がオルガンパイプに送り込まれるのではなく、ゴム製の小さなピストンが鍾乳石を叩き、これが響いて音を出す。現在、この楽器が使う鍾乳石は洞窟内の一・四ヘクタールの範囲に広がっている。「天然の楽器としては世界最大です」とガイドが誇らしげにヴァージニア特有のスタッカートの口調で説明してくれたが、あまりにも早口なので半分も聞き取れなかった。

オルガンは各鍵がそれぞれ一つの鍾乳石とつながっていて、全部で三七個の音が出せる。一九五七年の雑誌記事によれば「メロディーと和音があたり一面で奏でられるなかで、見学者はうっとりと立ちつくす。きらびやかな調べではないが、朗々とした音楽が洞窟中に響き渡る」[22]。私が聴いたのはマルティン・ルターによる一六世紀の賛美歌《神はわがやぐら》を編曲したもののようだったが、メロディーらしきものはなかなか聞き取れなかった。といっても、それは私のせいである。どんな仕組みになっているのかよく見ようとして、Bフラットの音を出す鍾乳石のすぐそばに立っていたのだが、それでは各音の音量バランスが崩れてしまう。音を出す鍾乳石は広い範囲に分散しているので、遠すぎてよく聞こえない音がたくさんある。私の位置では演奏されている曲には音が五つしかないように聞こえ、賛美歌というより前衛的な実験音楽のようだった。

洞窟の中央のほうが音のバランスがよく、洞内の残響によって曲に天上的な趣が加わる。鍾乳石本来の響きと洞内の残響が合わさることで、音の開始と終止があいまいになる。一つの鍾乳石のそばに立っていた私は、一つの音の性質を詳しく調べることができた。金属製の銅鑼か教会の鐘を思い起こさせる音だった。

グレート・スタラクパイプ・オルガンは、国防総省に勤務する電子工学エンジニアのリーランド・W・スプリンクルが発案した作品である。スプリンクルは洞窟を見学した際にガイドがゴム製のハンマーで鍾乳石を叩くのを聞いて、これで楽器をつくったらどうかとひらめいた[23]。それから三年間、彼は小さなハンマーと音叉を携えて、ちょうどいい鍾乳石を探した。鍾乳石を叩くと、それぞれに固有の共鳴周波数の音が響く。そこで彼のすべき仕事は、美しく響く音を出し、なおかつ音階上の楽音に近い共鳴周波数をもつ鍾乳石を見つけることだった。見た目が立派な鍾乳石はその外観にふさわしい音を出せないことが多い、ということをスプリンクルは知った。そのままで正しい楽音を出せる鍾乳石は二つしかなかったので、それ以外のものには手を加える必要があった。スプリンクルは電動研磨機を使って鍾乳石の長さを切り詰めることで共鳴周波数を上げ、最終的に正しい音程の音階を実現した。

スプリンクルが見栄えをあまり気にしなかったのは間違いない。スタラクパイプ・オルガンは、乱暴な電気工が洞窟の配線を雑に修繕したかのように見える。機械装置は近くの鍾乳石や壁にボルトでぞんざいに留めつけられ、ワイヤがだらりと垂れ下がり、この場所全体に秩序がない。

完璧な石の楽器をつくることに夢中になったのは、リーランド・スプリンクルだけではない。一九世紀には、ジョゼフ・リチャードソンがイングランドの湖水地方で産出される変成岩のホルンフェルスの石板を使い、一三年がかりで巨大な石のシロフォンをつくった。「ジャーナル・オブ・シビライゼーション」誌によれば、リチャードソンは「平凡で控えめな人物で、高度な教育は受けていないが音楽の才能があった」らしい(24)。現在、この巨大な楽器はカンブリアのケズウィック博物館に収蔵されており、そこを訪れる見学者はぜひ演奏してみるようにと勧められる。

この「石のハルモニコン」は、石が幅四メートルにわたって二列に配置され、その上には鋼鉄製の音板とベルが二段に並べられている(図2・3)。低音域は音程が合っておらず、楽器内で音質にばらつきがある。木琴のように美しい音色を響かせる石もあれば、ビールびんを棒で叩くような音を出す石もある。私より上手な人が演奏すれば、もっと音楽的に美しい音を引き出せるのかもしれない。ある記録によると、「巧みな奏者の腕にかかれば、その音質は高級なピアノに匹敵し、まろやかさと豊かさはピアノにまさることもある」らしい(25)。うまく演奏するのに大事なテクニックの一つは、楽器

図2.3　リチャードソンの石のハルモニコン

の振動を妨げないようにマレットをすばやく跳ね返らせることである。博物館の学芸員の話では、この楽器は全体に音が「上にずれて」いるそうだ。つまり、各音の周波数が標準的な音階よりも高い。楽器の音程を調節するために、ジョゼフ・リチャードソンは石板を一つひとつ削っていったので、音の周波数が少しずつ高くなったのだ。石を削りすぎると音が高くなってしまうが、音を下げる簡単な方法はなかった。

「ジャーナル・オブ・シビライゼーション」によると、リチャードソンの石のハルモニコンは巨大だったので、演奏するには息子を三人動員する必要があった。「一人が高音部を演奏し、二人目が巧みに作用する内声部を担当し、三人目が低音を受け持つ。その音域は五オクターブ半に及び……実際、ヒバリのさえずりに匹敵する高音から弔鐘の深い低音まで網羅する」[26]

私はもたつきながらも《女王陛下万歳》をなんとか演奏した。なかなかぴったりな選曲だ。なぜならヴィクトリア女王はリチャードソンらをバッキンガム宮殿に招き、御前演奏をさせたからだ。彼らは公演の宣伝ちらしで「オリジナル・モンスター・ロック・バンド」と称されていた。[27]「タイムズ」紙によれば、最初の公演は「かつてロンドンでおこなわれたなかでとりわけ非凡で斬新な公演の一つ」だった。[28] リチャードソン一家はイギリスやヨーロッパ大陸で公演ツアーをおこない、ヘンデル、モーツァルト、ドニゼッティ、ロッシーニの曲を演奏した。[29]

ヴィクトリア時代の偉大な作家で評論家のジョン・ラスキンは、わずか八個の石からなる石琴《リソフォン》を所有していた。二〇一〇年にはイングランド湖水地方でラスキンがかつて暮らした住居のためにリソフォンが新たに製作され、打楽器界のスター、エヴェリン・グレニーが記念演奏をおこなった。このリソフォンでは、四八個の音板が奏者を囲む大きな弧の形に配置されている。近隣各地の渓谷や山から集めた緑色粘板岩、青い花崗岩、ホルンフェルス、石灰岩が使われている。マーティン・ウェインライトは「ガーディアン」紙の記事で、さまざまな音について「溶岩塊のクリンカーは歯切れよく勇ましい音を放つ。緑色粘板岩からは清らかに澄んだ柔らかな音が聞こえる」と表現した。[30]

楽器を新たにつくったのは地質学者と音楽家からなるチームで、このチームは石が鳴り響く仕組みも調べた。音の周波数は、サイズ、形状、材質によって決まる。しかし私が最も興味を引かれるのは、石のなかでもゴーンと鳴り響くものやゴツンと短い音を立てるだけのものがあるのはなぜかということだ。鳴り響くタイプの石では、奏者が打つとそのエネルギーが数秒間は石の内部にとどまり、やがて石の振動が徐々に空気中の音波へと変換されて耳に届く。鳴り響かないタイプの石では、エネルギーが内部で急速に消失する。良質なワイングラスをそっと叩くと鳴り響くが、グラスの縁に指を当てると音はほぼ瞬時に消える。グラスと指のあいだの摩擦が振動を抑えて響きを妨げるからだ。石の場合、指ではなく石の内部構造によって振動が抑制される。

二〇一〇年、私はBBCのラジオ番組でヴァイオリン製作者のジョージ・ストッパーニにインタビューし、最高の音色のヴァイオリンをつくるのにぴったりな木材はどうやって選ぶのか質問した。彼はほこりっぽい工房を歩き回りながら木材を叩き、それぞれの音質を聴かせてくれた。適切な肌理《きめ》密度と微細構造をもつ木材だけがクリアな音を出すことができ、そのような音は何秒か響き続ける。この音こそ、その木材が世界クラスのヴァイオリンの材料として使えるという証だ。石についても同じことが言える。(31) 石の内部で振動が分子から分子へと伝わっていく。ひびや微細な亀裂があると石の内部で振動が伝わりにくくなり、音の響きが抑えられる。蒸気機関の時代には、鉄道車両の車輪点検係がこの原理を応用し、小さなハンマーで車輪を叩くことによって肉眼では見えない機械的欠陥を調べていた。音がよく響かない場合には、車輪の壊滅的な破損につながりかねないひび割れがあると考えられる。ただし、音の響き方にかかわるのはひび割れの有無だけではない。砂岩を叩いても鳴り響く音は出ないが、私がケズウィック博物館で演奏したような粘板岩は銅鑼のような音を響かせることができる。どちらの石も堆積層から生じたものだが、数億年にわたって圧力を受けてきた粘板岩は規則正しい分子構造をもつ高密度の岩石に変化している。詰まり方のゆるい砂岩の粒子間よりも、きっちりと並んだ粘板岩の分子間のほうが振動は伝わりやすい。

私の妻は、家の中を歩き回りながら長電話をするのが好きだ。部屋から部屋へと移動するのに合わせて、声が興味深く変化する。それは家の中にいる家族にも電話の向こうの相手にもわかる。硬くて音が反射しやすいタイルとフローリングの張られたキッチンでは、強くてきつい声になる。リビングでは柔らかなインテリアが音を吸収するので、声はクリアで温かく聞こえる。受話器に内蔵されたマイクが、妻の口からすぐに伝わってくる直接音と、壁や床や天井や室内のいろいろなものから跳ね返る反射音の混ざった音を拾う。私と電話で話しながら、こっそりバスルームに入ることはできない。はっきりした残響が決定的な証拠になってしまうのだ。部屋のサイズも影響し、広い部屋のほうが生き生きしてよく響く音を出しやすい。

先史時代の人間になって、薄暗い洞窟群を歩き回っているとしよう。狭い入り口を抜けたり曲がりくねったトンネルを通ったりしながら洞穴から洞穴へと移動するのに合わせて、声が変化するはずだ。音質が変わるのは、岩からの反射パターンが変化するからだ。広い洞穴では深い響きがとどろくのが聞こえるかもしれない。極端な場合には、教会で耳にするような音が聞こえたりする。一方、もっと小さな洞窟や狭苦しいスペースでは音色の変化（カラーレーション）が主たる音響効果となる。

かつて私の大学にあった教職員室は、びっくりするほど音の性質を変化させることができた。飾り気のない細長い長方形の部屋で、両側の壁に沿って椅子が並んでいた。駅の待合室を思わせる部屋だった。私はこの部屋に出入りするようになってしばらくのあいだ、ほかの人の話し声が奇妙にゆがむのが気になった。頭を前後に動かすと、同僚の声の音色が著しく変わった。頭の位置によって、ごく低音の力強い声に聞こえたり、甲高くひずんだ耳障りな声に聞こえたりする。私が昼休みの雑談を聞きながら体をそっと前後に揺らしているのを見て、きっと同僚たちは私が酔っ払っているのかと思っただろう。しかし私は科学的な好奇心がまさって、人目など気にならなかった。

頭を左右に動かすと、室内の声が変化した。まるで誰かがハイファイオーディオ装置のグラフィックイコライザーの設定をあわただしく変えているようだった。このカラーレーションは、音のバランスが変化して、ある周波数が強調される一方で別の周波数が抑えられることから生じていた。音なのに「音色の変化（カラーレーション）」というのはおかしいと思われるかもしれないが、「明るい」「温かい」「デッド」「ライブ」など、音を表現するのに使われる言葉のなかには別の領域から借用されたものもたくさんある。色と音の結びつきが初めて認められたのは、今から何世紀も前のことだ。アイザック・ニュートンが、プリズムで光の色を分解したときの波長の間隔と、音階の音を出すのに必要な弦の長さとの類似に気づいたのだった。(32)

今日でも、音響エンジニアは測定の際に「ホワイト」ノイズや「ピンク」ノイズを使う。絵の具を混ぜ合わせると別の色になるのは、さまざまな色素が反射光の波長のバランスを変えるからだ。青い絵の具は赤い絵の具よりも波長の短い光を反射する。これと同じように、音響エンジニアは音に含まれる優位周波数を表現するのに色を使う。ホワイトノイズはすべての周波数を均等に含み、チューニングの合っていないラジオのようなザーというノイズとして聞こえる。ピンクノイズは低周波数の割合が高く、雷鳴のとどろきに近い低音となる。

平らで広い壁が平行に向かい合う階段スペースは、音色の変化を聞くのに絶好の場所である。手を叩くだけで、金切り声のような高い音が聞こえるはずだ。これはフラッターエコーと呼ばれる現象で、二つの壁のあいだで跳ね返される音が往復し、一定の間隔で耳元を何度も通り過ぎることによって生じる。音の周波数は、音が耳のそばを通過してから壁で反射されて戻ってくるまでの時間によって決まる。(33) 階段スペースが狭ければ、壁からの反射音がすばやく次々に戻ってきて音が高速で往復するので、高い音が聞こえる。もっと広いところなら、聞こえる反射音の間隔が長くなるので周波数は低くなる。

私がこれまでで最も激しいフラッターエコーを体験したのは、アーティストのジェム・ファイナーの立体作品《シュピーゲルアイ》の中だ。これはイングランドのチェシャー州にあるタットン・パークに期間限定で展示されたもので、金属でできた直径一メートルほどの球形のカメラ・オブスクラ〔訳注　光を遮断する箱に小さな穴を開けて、穴と向かい合う内壁にピンホールカメラの原理で外の光景を映す装置〕が物置小屋のようなものの上に載っている。小屋に入って球体の中に頭を差し入れると、外の公園の光景が上下に反転して内壁に投影されているのが見える。この視覚的ゆがみは、作者が一〇代のころ公園でドラッグをやったときの記憶に触発されたものだそうだ。展示会のカタログでは、球体内では音が「ゆがんで錯乱する」と表現されている。(34) 重力の不条理さをテーマとした作品にぴったりな言葉ではないか。たくさんの人たちが球体に頭を突っ込んでその音響を試すところを見るのはおもしろかった。階段スペースと同じく、この球体でもきっちりと等間隔で届く反射音が生じていた。球体の湾曲した内壁によって音が集められ、反射音が非常に強くなるので、音色の変化が際立って顕著だった。

天然の洞窟で完璧な球体を目にすることはまずない。しかし、洞穴で明確な音色の変化を聞くことはある。先史時代の人間が、洞窟内の狭い空間で生じる音色の変化や、広い洞穴で生じる長い残響を利用することはあったのだろうか。私たちの祖先がこれらの音響効果に気づかなかったとは考えにくい。当時はまともな照明などなかったから洞窟内は薄暗く、人工的な建造物のなかった時代にはそのような音響効果がめずらしかったことを思えばなおさら、気づかないのはおかしい。実際に一九八〇年代以降、音響考古学者は岩壁画が発見される場所では際立って注目すべき音が聞こえるという証拠を積み重ねている。この研究の先駆者の一人であるイゴール・レズニコフは、こんなふうに記している。

絵の描かれた洞窟の研究における一つの目ざましい発見は、這わなくては通れないほど狭い通路に記された赤い点と、そうした通路で反響が最大となる場所との関係である。暗い通路を這って声を出しながら進んでいくと、不意に通路全体が共鳴するときがある。懐中電灯をつけると、その壁には赤い点が記されているのだ(35)。

音は私たちの祖先が描く題材にも影響したらしい。音響考古学者のスティーヴン・ウォラーはこの研究をもっと厳密な科学にしようと、描かれているものを音響の異なるエリアごとに統計学的に分析した。彼は「ネイチャー」誌に発表した論文でこう述べている。「フォン・ド・ゴームやラスコーの深い洞窟では、音の反射レベルの高い場所で馬、雄牛、バイソン、鹿の絵が見つかり、音響効果の弱い場所ではネコ科動物の絵が見つかる(36)」。どうやら太古の祖先は、自分たちの描いた壁画のまわりで物語を語るときに洞窟の音響を利用していたらしい。鳴き声や足音の大きな有蹄動物の話をするときには反射音で声を増幅したが、大きな音を立てない猫の話をするときには音を強める必要がなかったのだろう。

先史時代の岩壁画が洞窟の音響から影響を受けていたことを示す証拠は非常に多く、その量にはそれなりの説得力がある。しかし航空宇宙エンジニアを退職して音響科学を遺跡研究に応用しているデイヴィッド・ラブマンは、相関関係があるからといって必ずしも因果関係があるわけではないと注意をうながす。

音響考古学の研究について話を聞こうと、私はロサンゼルスのベトナム料理店でデイヴィッドと会った。彼の妻ブレンダも同席したが、先に帰れるように自分の車で来るという賢明な策をとっていた。デイヴィッドがお気に入りのテーマについて語りだしたら、話をやめさせるのは容易でないのだ。「ドーヴォワ（同じ分野の研究者）とレズニコフはじつに立派だ。彼らがこの相関関係を発見したことは本当にすばらしい」とデイヴィッドは言った。「思えば、これが私の転機となった」[37]。彼は説明を続け、洞窟を調べる際にはレズニコフの声を使うよりも科学的に信頼できるちゃんとした音源を使ったほうがよかったとか、方法全体が実験者バイアスの影響を受けやすいなどの問題を指摘した。デイヴィッドは仮説として、絵を描いた人は一番描きやすいから孔の少ない岩を選んだのだと考えている。そして孔の少ない岩は、たまたま音の反射が最も強いのだという。音波は透過性のない面を通過することができないので、音はそのまま跳ね返される。対照的に、多孔質の岩石には微小な孔があって、この空気の通り道から音波が石の中に入り込める。音響学では、空気は糖蜜のように粘性のある（ただし糖蜜よりはずっとさらさらしている）流体としてモデル化される。そして糖蜜と同様、空気は狭い通路に無理やり押し込まれるのを好まない。多孔質の岩石に開いた微小な孔に音が入っていくと、振動して音波を伝える空気分子がエネルギーを失い、これが熱に変わる。このため、多孔質の岩石のほうが孔の少ない岩石よりも反射音は弱くなる。

ここのようにとても静かでエコーが聞こえ、古代の人々が考えていたことが想像できるような場所に来ると、そこには催眠術のような何かがある。その作用が実際に脳の特定の領域に達し、魂に達すると、太古の声が聞こえてくる[38]。

スティーヴン・ウォラーは、野外にある古代の岩壁画を訪れたときの経験をこんなふうに語っている。彼の考えでは、先史時代の遺跡を見学する人の多くは、せっかくの仕掛けを見過ごしている。壁画のそばで手を叩いたり叫んだり歌ったりして音を試すだけでなく、少し離れたところからも音響効果を確かめるべきなのだ。たとえばオーストラリアに残されたある壁画から距離をおいて立てば、「お化けのような」音響効果が感じ取れると彼は言う。「人間の姿が描かれているところに向かって叫ぶと、まるでその人間がこちらに話しかけているように感じられる」[39]。サンディエゴの近くに位置するインディアン・ヒルでも、これと似た音響効果を耳にすることができる。ここでは音が洞窟の入り口から何度も反響し、「まるで岩が叫び……精霊たちが絵に描かれているまさにその場所から返答しているかのようだ」[40]。これらの音響効果を体験するには、壁面や洞窟からの反射音が、自分の口から耳に届く直接音とは別々に聞こえる必要がある。反射音が遅れて聞こえるように反射面から離れて立たないと、この効果は起こらない。「もったいないことに、たいていの人は壁画のすぐそばまで近づいて、小声で話しながらほんの一〇センチかそこらの距離から絵を眺めるだけだ」とウォラーは言う。「絵から離れて見たり聞いたりしていない。木を見るだけで森を見ていないのだ」[41]

音の旅人《ソニックツーリスト》として岩壁画を探訪するのは難しい。私は身をもってそのことを知っている。多くの遺跡は壁画を保護するためにアクセスを制限していて、なかには遺跡自体に手を加えているところもあるからだ。私はフランスのカプ・ブラン岩陰遺跡でエコーが生じるか調べようと現地に赴いたことがある。この遺跡は、岩窟住居の壁面に先史時代の見事な浮き彫りの彫刻が施されている。ところが残念なことに、彫刻を風雨から守るために建物が設けられたせいで、音の探索は遂行できなかった[42]。見た目の景観だけを重視する善意による保全が、〝音の驚異〟を危機にさらすこともあるのだ。

ウォラーは、ユタ州のホースシュー・キャニオンとアリゾナ州のヒエログリフィック・キャニオンの統計学的分析をおこなった。後者はフェニックスの端に位置するスーパースティション山地にある。私はグレート・スタクパイプ・オルガンを訪れる目的でアメリカに行った機会を利用して、こちらにも足を伸ばした。暑さが一日で最も厳しくなる時間帯を避けて（その日の最高気温は摂氏四一度だった）日の出とともに出発し、斜面に点々と立つハシラサボテンの堂々たる姿に感嘆しながら、先住民の残した岩絵を目指して二・四キロの登山道を上っていった。岩刻画は谷間にあり、ふだんは川が流れている場所のすぐ上の岩に刻まれている（六月に私が訪れたときには、川は干上がっていた）。今から一〇〇〇年ほど前にホホカム族が羊や鹿の群れを描いた幾何学的な図形が、心ない破壊者の彫った新しい落書きと入り混じっている。(43)

目的地に到着してまもなく、仲のよい大家族が現れた。両親はずいぶん朝早くに子どもたちをベッドから引きずり出したに違いない。音響測定がまったくできなくなったので、私はのんびりと、一家がふざけたりあたりを探索したりするようすに耳を傾けていた。子どもたちが歓声を上げると、U字型を描く山々から反射されるエコーがはっきりと聞こえた。谷間の岩刻画のそばを走り回ると、周囲をほぼ囲い込まれた岩面からの反射で足音と甲高い声の音色が変化した。しかしこれらの効果は岩刻画の周辺だけで生じるわけではなく、何も描かれていなくても同様の音響が生じる場所はたくさんあった。

ぐったりするほどの暑さで、日陰に入っても容赦なかった。ホホカム族にとってこの場所が大事だったのは、谷間の音響のおもしろさとは無関係で、ここに水があったからに違いない。私はそう考えざるをえなかった。私はこの谷間に関する考古学的研究を一つだけ見つけることができたのだが、

それによると、羊が水を求めてこの川辺に集まってきたはずだから、ここに羊の絵が残っているのも当然だそうだ。(44)

ユタ州のホースシュー・キャニオンにはグレート・ギャラリーと呼ばれる場所があり、ここに描かれているきわめて見事な人物像は多くが幽霊のような姿で、なかには等身大のものもある。ポリー・シャーフスマはこう表現している。「足先に向かって体のすぼまった人間らしき姿のたたずむ群れが、暗赤色の顔料でくっきりと描かれている……アーチ形のくぼみや岩窟の中で、砂岩を背景にずらりと並んで宙に浮かんでいる」(45)。谷間で最大のエコーが聞こえる四地点は、絵が描かれている場所と一致する。ウォラーの統計学的分析によると、この一致が偶然に起きる確率は一万分の一だ。(46) エコーが生じない場所では、絵を描くのに適した岩面があっても絵は描かれていない。

ホースシュー・キャニオンにある岩絵の九割には、バイソンやバッファローといった有蹄動物が描かれている。ウォラーによれば、ここで何かを叩いたときに生じるエコーはこれらの動物が歩いたり群走したりするときの音と似ている。馬を撮影したビデオをスロー再生すると、二つの足がごくわずかな時間差で接地して、「パカッ」という音が二重に聞こえることがわかる。広くて平らな壁面から数十メートル離れたところに立って一定のリズムで手を叩くと、これと似た音が出せる。しかしエコーを使わなくてもこのリズムを奏でることはできる。有蹄動物が歩いたり走ったりするときには、ひづめが地面を打つのに合わせて特有の軽快なリズムが生じる。私は子どものころ、ココナッツの殻を半分に割ったものを二つ使ってその音をまねしたのを覚えている。

音響考古学のこうした説は、当然ながら推論によるものである。主流派の考古学者のなかには、デイヴィッド・ラブマンがマヤのピラミッドで生じるエコーについて発表した説を当初は信じない者も

図2.4　チチェン・イッツァ遺跡のピラミッド（© 2007 Brian Snelson）

いた。ラブマンは私にこう説明した。「私は考古学者たちに大喜びしてもらえると思っていた。彼らが明らかに見落としていた事実を発見してやったのだから。ところが逆に腹を立てらされてしまった」[47]

　メキシコのチチェン・イッツァ遺跡には、羽毛の生えたヘビの姿をしたマヤ族の神ククルカンを祀《まつ》ったピラミッドがある（図2・4）。これは一一世紀から一三世紀のあいだに建造された。六階建てのビルほどの高さで、底面はサッカーフィールドの半分くらいの正方形となっている[48]。各側面の中央には九一段の階段が設けられ、その頂《いただ》きには正方形の神殿がある。見学に行くと、ガイドが楽しげに手を叩き、鳥のさえずりのような音を鳴らしてみせる。ある階段の一番下から一〇メートルほど離れた特別な場所に立つと、階段からの反射によってエコーが生じ、特徴的な下降音をもつニワトリの鳴き声のような音が聞こえる。デイヴィッド・ラブマンによれば、このエコーは神聖な鳥としてあがめられているケツァールの鳴き声と似ているらしい。

　古代マヤ族の神官が祭儀を執りおこないながら、たいそう仰々しく手を叩いてケツァールの鳴き声を呼び起こしているところを想像してほしい。こんなことが実際にあったのだろうか。あるいはマヤ族が特定の音響効果を狙ってピラミッドを建造した経緯を伝えるような、さらに壮大な物語があるのか。ひょっとしてこのピラミッドは、今では失われてしまったマヤ族の伝説的な技術力を示す一例なのだろうか。

この音響効果の物理学的側面については第4章で改めて触れるが、今のところはさえずり音を出せる階段はほかにもたくさん存在するということを知っておいてほしい。マヤのピラミッドが特別変わっているわけではない。ハダースフィールド大学の音楽学者ルパート・ティルは、サッカーのマンチェスター・ユナイテッドFCがホームスタジアムとしているオールド・トラフォードでおこなわれたタレント発掘番組『Xファクター』のオーディションの待ち時間に、この事実を証明した。古代の音響を研究しているティルは、スタジアムのひな壇状の観客席を通る階段でもマヤのピラミッドと同様の効果が生じるのではないかと興味を抱いた。手を叩くと案の定、特徴的なさえずり音が聞こえた。(49)正気な人間なら、スタジアムの階段がさえずり音を出すように意図的に設計されていると主張するはずがない。ならば、マヤのピラミッドで生じるエコーが音響上の単なる偶然ではないとか、祭儀の場でその効果が利用されていたなどと考えるのもおかしいのではないだろうか。

しかしデイヴィッド・ラブマンは「意図的でなかったとは考えにくいし、気づいていなかったとも思いにくい」と言う。(50)さらにこの音響現象について、ある特定の日に太陽の光が生み出す影と結びついていると説明する。春分と秋分の日になると、階段の側面に沿ってジグザグの影が出現する。この特徴的な影は、階段の下に置かれたヘビの頭部の像から伸びる尾のように見える。ラブマンの説明によると、春分のころにケツァールは空中を派手に急降下する誇示行動《ディスプレイ》をおこなうが、これは宙を舞うヘビのように見えるそうだ。階段の下にはヘビの頭部があって、さえずり音を出すにはまさにそこで手を叩く必要がある。つまりエコーは視覚的な誇示行動を説明する助けとなる。

三つのシナリオが考えられそうだ。一つ目は、ヘビの影と階段のさえずり音が生じるように、マヤ族がピラミッドを意図的に建てたというもの。二つ目は、意図的に設計したわけではないが、ピラミッドの完成後にさえずり音に気づき、その音を祭儀に取り入れたという説。三つ目は最もロマンに欠けるもので、現代のガイドがさえずり音に気づき、観光客を楽しませるために話をこしらえたというシナリオだ。

どのシナリオが正しいのか、答えを出すのは難しい。古代の建造物が星や太陽に対してどのような向きで建てられていたかを検証するのと同じことだ。天文学的に興味深い配置になっていると証明するのは簡単だが、その配置が意図的だったかどうかを証明することはできない[51]。議論の決め手となる証拠が存在する現代の例を見れば、納得できるはずだ。壁の中からかすかな声が聞こえるように感じられる「ささやきの回廊」は、アメリカ、ヨーロッパ、アジアの各地に存在する（詳しくは第5章）。この音響効果をもつ建造物がたくさんつくられていることから、意図的な音響設計があったのかと考えたくもなる。しかし実際には設計上の偶然によって生じたものがほとんどで、儀式や祭儀に利用されたと思われるものは、大聖堂で生じるケースを含めて一つもない。

私としては、マヤのピラミッドがさえずり音を出すように意図的に設計されたとは考えにくいが、その音が祭儀で利用されたのではないかという考えは受け入れてもよいと思う。どの説明を信じるにしても、チチェン・イッツァに行くことがあれば、さえずり音を実際に試して、一〇〇〇年前のマヤ族の神官も同じように神の使者であるケツァールを呼び出したのだろうかと思いを馳せてみてほしい。

風は、その建物の上を吹きわたってぶーんとうなるような音を立てていた。何か巨大な一弦琴の調べのようだった。それ以外の音は何も聞こえてこなかった。……頭上の限りなく高い所で何かが暗い空をいっそう暗くしていた。それは柱を水平に結びつけている巨大な梁のようだった。二人はそれらの下と間に注意深く入って行った。石の表面が彼らのひそやかな衣ずれの音を返してきた。だが、彼らはいまだに外にいるようだった。その場所には屋根がなかった。……「いったい何なんだろう？」(52)

ストーンヘンジを描写するこのドラマティックな文章は、トマス・ハーディの『ダーバヴィル家のテス』（高桑美子訳、大阪教育図書など）が悲劇的な結末に近づくところに書かれている。ここでハーディは、あの有名な環状列石《ストーンサークル》を「まるで風の寺だ」と言い表している。この風によるうなりは、残念ながら今ではもう聞こえない。おそらく二〇世紀に多数の石が取り除かれたり並べ替えられたりしたせいだろう。しかしその「ぶーんとうなるような音」がなくても、環状列石は人を驚かせることがある。それはハーディが描いているように、実際は屋根のない屋外にいるのにあたかも屋内にいるように感じさせる音が思いがけず聞こえることがあるからだ。

ストーンヘンジは世界有数の代表的な先史時代の遺跡であり、好奇心の強い音響考古学者たちをおのずと引きつけてきた。古代の住人がストーンヘンジをつくった理由については、数々の説が出されている。UFOの着陸場所ではないかとする荒唐無稽な推測はさておき、まともな説は大半が儀式にかかわるものだ。(53) 多くの文化では、祝祭であれ葬礼であれ人間の儀式には音が用いられるので、言葉や音楽などの音が環状列石の内側で発せられたと考えておそらく間違いないだろう。

図2.5　メアリーヒルにあるストーンヘンジのレプリカ

ある朝、わが同僚のブルーノ・ファゼンダと音楽学者のルパート・ティルは日の出の直後にストーンヘンジへ赴き、音響学者にとっては当たり前の風船割りの儀式に臨んだ。霧や雲をとらえながら環状列石に射し込んでくる朝日の美しさに心を打たれたと、あとでブルーノは私に語った。しかし音にはさほど感動しなかったらしい。円の中心に立って手を叩いたり風船を割ったりしても、サルセン石を並べた環状列石の一部をなしていたはずの遺物（上に横長の石を載せて直立する有名な石）からはかすかなエコーしか聞こえなかった。残念なことに、今日のストーンヘンジは古代とは大きく違っているが、その原因は近くの道路から聞こえる騒音だけではない。多くの石が撤去されたり並べ替えられたりしたせいで、現在の音響はかつての壮麗な音響からかけ離れてしまったのだ。

時間をさかのぼって昔の音響を聞こうと、ブルーノとルパートは八〇〇〇キロ近く離れた場所へ行くことにした。奇妙なことだが、ワシントン州メアリーヒルにストーンヘンジの実物大レプリカがあるのだ（図2・5）。サム・ヒルという裕福なアメリカ人が第一次世界大戦で戦死した友人たちの栄誉をたたえるための記念碑としてつくったもので、一九一八年七月四日に祭台が献呈されて完成した。ヒルはイングランドを旅行した際に、ストーンヘンジで人間がいけにえとして捧げられていた可能性があると聞き、クリキタット郡から出征した兵士たちの苦しみと死に敬意を捧げるにはこの先史時代の遺物のレプリカこそふさわしいと考えていた。[54]

暑くほこりっぽい夏にメアリーヒルの記念碑へと赴いたブルーノとルパートは、詳細な実地測定をおこなった。犬を散歩させる人や観光客に迷惑がられながらも、この場所の音響を把握し理解しようと大きな太鼓の音やさえずり音を立てた。風が強くなると不規則なノイズがマイクにたっぷり入ってしまうので、その前に作業を始めようと二人は早起きした。幸い、このレプリカはかつてのストーンヘンジの配置を忠実に模してきちんとつくられていた。それでもなお、本物とは違う点がいくつかあった。メアリーヒルのコンクリートブロックはあまりにも整った四角形で、表面は一九七〇年代に流行した凹凸模様入り天井を思わせる仕上げが施されているのに対し、本物のストーンヘンジの石は形状によってそれぞれ個性がある。しかしコンサートホールの音響反射板の設計に関する私の知識から考えると、この違いがサークルの内側で聞こえる音に大きく影響するとは思えない。

「メアリーヒルはじつにすばらしい。コロンビア川の岸辺に建つ美しい建造物だ。考古学のモデルとしても貴重で、過去を眺める窓となり、もとのストーンヘンジの中に立ったらどんな感じか教えてくれる」とブルーノは私に説明した。[55]彼はまた、内側に入ると砂利の上で足音がどう変わったかについても語った。思いがけずはっきりと、部屋の中にいるような気がしたという。これはまさに、ハーディが『ダーバヴィル家のテス』で描いたのと同じ感覚ではないか。

まずは音響測定の結果に驚いた。メアリーヒルで風船を割ると、その音は一秒以上も鳴り響いて残響するらしい。この減衰時間は、屋外のスペースよりも学校の廊下で観測されそうな長さだ。屋根がなく、石と石のあいだが開いていることから、私は当然、音がすぐに上空へ消えていくはずだと思っていた。ところが実際には、一部の音が石のあいだで水平方向に跳ね回りながら残存するらしい。しかし強く反響する学校の廊下と比べて反射音が小さいので、ここの音響はもっと微妙である。その違いを感じ取るには、注意深く耳を傾ける必要がある。それでも、儀式の際にはこの反射音が役に立っただろう。ブルーノはこう説明する。「話を聞かせるには驚くほど適した場所だ。反射音で声が強まるし、サークルの内側に置かれた石の向こうからでも声が届く」(56)

ストーンヘンジの石は、内側を向く面はなめらかで凹状となるように細かく丹念に手が加えられているが、外側の面は多くがかなりでこぼこしている。先駆的な音響考古学者のアーロン・ワトソンとデイヴィッド・キーティングは、石の内側の面をなめらかにしたのは音を集めるためかもしれないという説を出している(57)。しかしブルーノがメアリーヒルで試したときには、環状に並んだ石で音が集められて明確なエコーが聞こえるということはなかったそうだ。サークルは二重になっているので、外側のサークルの石が音を集めてエコーを発生させたとしても、内側のサークルからの反射音によってそのエコーはかき消される。耳はほぼ同時に届いた複数の反射音を融合させる。メアリーヒルでは、内側と外側のそれぞれのサークルから跳ね返ってくる音の時間差が短すぎて別々の音として認識できないので、エコーが生じたとしてもそれを聞き取ることはできないのだ(58)。ブルーノとルパートは石のサークルをめぐる「ささやきの回廊」効果が聞こえるのではないかと期待していたが、石のあいだにすき間があるせいでその効果は生じない。また、ハーディが「風の寺」と表現した低いうなりも聞こえなかったそうだ――午後になって強風が石のあいだを吹き抜けていたときでさえ。

私がウェイランズ・スミシーにある新石器時代の墳墓に足を運んだのは、ストーンヘンジに行ったブルーノ・ファゼンダには聞けなかったような太古の響きがそちらでなら聞けるのではないかと思ったからだ。しかし、これほど高尚でない動機もあった。ある悪名高い学術論文で取り上げられた石室の音を聞いてみたいという好奇心である。一九九四年、ロバート・ジャーンと共同研究者らが六つの古代の建造物に入り、「初歩的な音響測定」なるものをおこなったところ、それらの場所では共鳴が生じることが判明したというのだ(59)。

古代ローマのワイン壺と同様に、ビールびんの中の空気には固有の共鳴周波数があり、上部から息を吹き込むとフルートに似たホーという音が出せる。もっと具体的に言えば、びんの口から息を吹き込むと、びんの本体に入っている空気がばねのように作用するため、びんの首の部分に閉じ込められた空気の小さな塊が上下に振動し始める。首の部分がもっと長くてそれ以外の点はまったく同じびんを用意して息を吹き込むと、もっと低周波数の音が聞こえる。首が長ければ振動する空気の塊も長くなり、空気の量が多ければ重くなるので、共鳴周波数が低くなるのだ。

ジャーンの共同研究者の一人だったポール・デヴェルーは、二〇〇一年に出版した著書において、自分たちの調べた古代の建造物には人間の声を意図的に増幅する固有の共鳴周波数があると主張した(60)。音響科学者で数学者のマシュー・ライトはこの説に反発し、こう指摘した。バスルームであれ墓室であれ閉鎖された空間では必ず共鳴が生じ、空《から》のビールびんの発する音ほど派手でわかりやすいものはなかなかないにしても、シャワーを浴びている人に自分はすばらしい歌声の持ち主だと勘違いさせるくらいに強力ではある、と。そして「音響学的に言って、新石器時代の墓室はわが家のバスルームと違うのか?」というタイトルの学会論文を執筆した(61)。

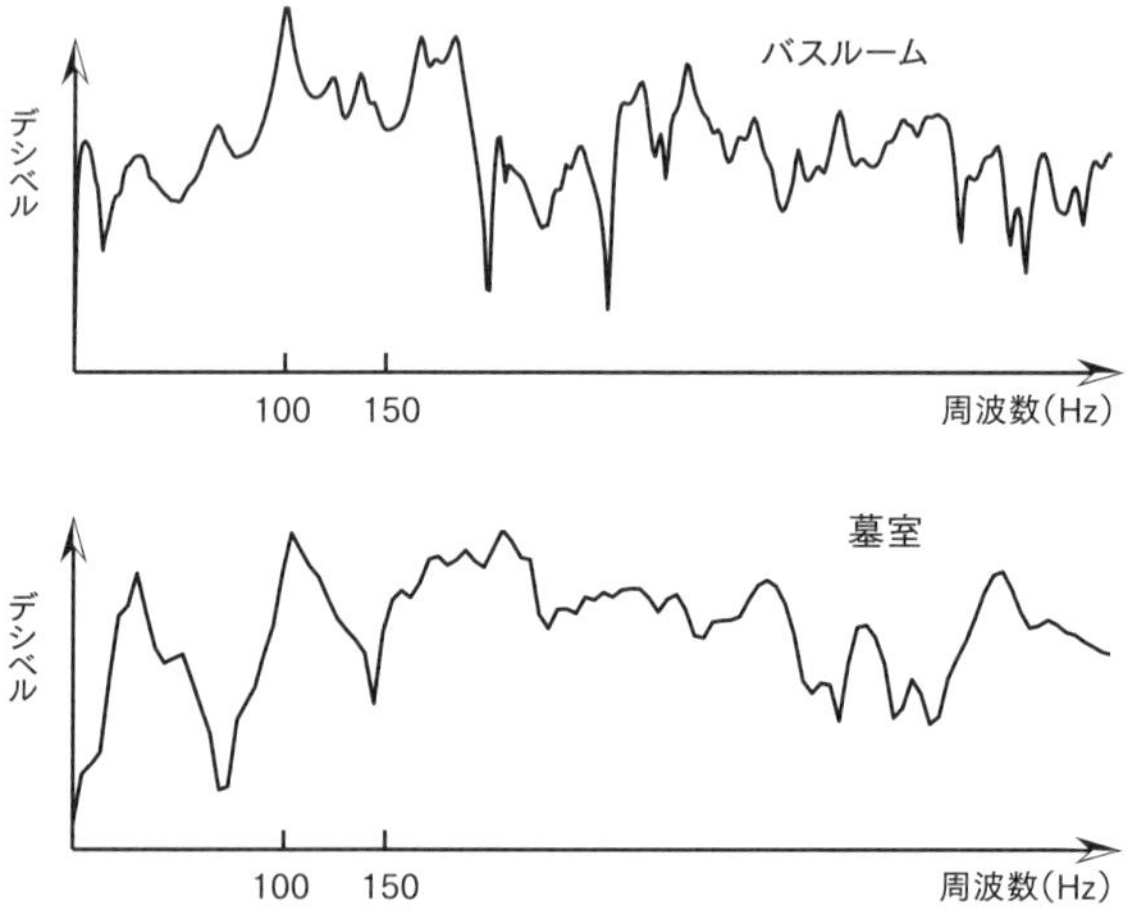

図2.6　2つの狭い空間における共鳴

私はライトの研究を検証するため、ウェイランズ・スミシーでの風船割り実験の結果と自宅のバスルームでの測定結果を分析することにした（図2・6）。どちらのグラフも山と谷のはっきりしたギザギザの曲線になっている。山の部分は共鳴の生じる周波数を表す。誰が歌っても、これらの周波数の音域では自分の声がふだんよりも豊かで大きくなっていると感じるだろう。どちらの場所でも一〇〇ヘルツより少し高い音を出せば、共鳴が生じて声が強く豊かになるはずだ。一五〇ヘルツ付近まで音を上げると（二つの音の隔たりは完全五度の音程になる。『スター・ウォーズ』のテーマ曲の出だしで演奏される二つの音がこの音程に相当する）、グラフが谷になっていることからわかるように、この周波数の音域では声を強める顕著な共鳴がないので声は弱くなる。一〇〇ヘルツの共鳴はちょうど私の声域の下限付近にあたるので、〈あふれる愛を〉（この歌はどちらかというと墓室よりバスルームにふさわしい）を歌うバリー・ホワイトの物まねをするのにぴったたりだ。

グラフの山を見ると、バスルームと墓室が音響学的にどれほど類似しているかわかる。墓室とバスルームはサイズが同じくらいで、遺体を納めるにしても風呂に浸かるにしても、一人分の身体を横たえるのに十分な広さがある。つまり、どちらの場所でも歌をうまく聞こえさせるのに都合のいい周波数帯域の共鳴が生じるということだ(62)。

マシュー・ライトの論文は、音響が墓室の設計に影響した可能性は低いと結論づけている。自ら科学的な探索をおこなった私としては、残念ながらやはりライトと同意見だ。ウェイランズ・スミシーの十字型の形状には、単純な箱型と比べて違いが感じられるような作用はない。狭い部屋である限りどちらでも、私たちの祖先は共鳴周波数の恩恵を受けていただろう。その周波数は詠唱や歌唱に低くうなるような音色を加えていたに違いない——身内の遺体が朽ちていくそばで、彼らがそのようなことをしていたのなら。

私たちは二一世紀の耳で音を聞く。その耳はほぼ絶え間なく建物の内外で生じる反射音を聞くのに慣れているので、墓室や環状列石の音響が太古の祖先たちにはどれほど異様に感じられたかということに気づきにくい。ストーンヘンジやウェイランズ・スミシーをはじめとする先史時代の遺跡について、その設計の動機が何だったにせよ、その遺構を真に理解するには祖先の「聴く能力」を再発見する必要がある。そのプロセスは、動物の発する音に耳を傾けることから始まる。

3 吠える魚

ウェイランズ・スミシーを訪ねてから一年後のとても寒い春の朝、私はイングランドのヨークシャー彫刻公園で鳥たちが歌う夜明けのコーラスを聴くために、日の出とともに三〇人の集団に加わった。ガイドのダンカンはぶっきらぼうで口数の少ない典型的なヨークシャー人で、一語で足りるときに一〇語も無駄に費やすことなどしそうにないタイプだった。「シジュウカラを見分けるには、どうしたらいいんですか？」と私は尋ねた。「見りゃわかる。長年ずっと聞いて見ていれば」と、そっけない答えが返ってきた。私たちは木や彫刻に囲まれて立ち、足元では周囲の草を照らすかのようにブルーベルの花が咲き誇っていた。朝日を浴びて一行はみなしゃきっとして、ひたすら耳を澄ませている。夜明けのコーラスウォークに申し込んだのだから、鳥の声だけ聞いていればいいのだと、ダンカンなら言ったかもしれない。

私はまず、サウンドスケープ全体を堪能した。春を迎えて鳥たちは高らかに歌い、私たちはあらゆる方向からその歌声に包まれた。ダンカンがむやみに説明しないのは正解だった。というのは、ただじっと立って耳を澄ますしかない状態によって、夜明けのコーラスのなんともいえぬ複雑さが実感できたからだ。鳴いているのは何羽くらいか、そして声はどこから来るのか、推測してみた。オーケストラで特定の楽器の音だけに耳を傾ける指揮者のように、私は個々の鳴き声を聞き分けようとした。遠くでは、丘のふもとの湖からにぎやかなガンの鳴き声が聞こえる。休む間もなく叫んでいるようだ。丘の上のほうでは、モリバトがときおりクークーと鳴いている。錆の浮いた彫刻の置かれたあたりからは、ミヤマガラスの特徴的な鳴き声が聞こえる。そしていたるところでさまざまな鳴き鳥がさえずり、声を震わせている。一羽の鳥が力強く短いフレーズを続けざまに歌っているのが聞こえた。ダンカンによるとコマドリだそうだ。コマドリならうちの庭にもしょっちゅうやって来るが、こんなに豊かな歌声の持ち主とは知らなかった。チフシャフ、ゴジュウカラ、ズアオアトリ……自然のオーケストラの多様性に気づかず、小さな演奏家たちをただ「鳥の鳴き声」とひとくくりにしていたとは、なんとうかつだったのだろう。

騒音を扱った科学論文は、個々の生き物に対して私以上に考慮を払わない。鳥の鳴き声ばかりか自然界のあらゆる音をすべて一つのカテゴリーにまとめている。そしてカテゴリーは「自然界」と「自然界以外」の二つしかない。自然界のものは私たちの健康に役立つので奨励されるべきであり、自然界以外に由来する音は有害なので抑えるべきと一般に思われている。しかしこれはあまりにも単純な見方であり、サリー大学の環境心理学者エレナー・ラトクリフら研究者たちはこの見方を批判し始めている。エレナーは鳥の鳴き声に対する人間の受け止め方を研究している。ある調査で、鳥の鳴き声は自然界の音として最もよく話題にされるものなのに、回答のおよそ四分の一は鳥の鳴き声をありがたくないものとしていた。たとえば、カササギの甲高く耳に障る不快な鳴き声について不満を訴える回答者がいたが、その理由の一部は近ごろ鳴き鳥の数が減少しているのはカササギのせいだと不当に非難されていることにある[1]。

心地よい鳴き声のほうが人のストレス解消に役立つのか調べようと、エレナーはいろいろな実験をおこなっている。ある実験では、シルバーアイ（ニュージーランド原産で森に生息するオリーブ色の小さな鳥）の鳴き声が、人をリラックスさせて精神的疲労から回復させる効果が最も高いと評価された。シルバーアイは、いかにも鳴き鳥らしい美しいさえずりを発する。シルバーアイと比べて、カケスの耳障りな金切り声はストレスや精神的疲労を軽減させる効果が低いとの評価が出た。

私たちと自然界との関係において、中核を占めるのは生き物の声だ。昆虫、鳥類、その他の動物の発する音は、私たちの記憶の一部をなし、時や場所や季節を呼び覚ます。私の場合、ミヤマガラスのしわがれた「アー」という声を聞くとたちどころに、たそがれを迎えたイングランドの村で鳥たちがねぐらに落ち着く教会の庭の光景が頭に浮かぶ。コオロギのリズミカルな羽音を聞けば、フランス南部でキャンプをしたおだやかな夕べが懐かしくよみがえる。発情期のキツネが発する恐ろしい叫び声が聞こえると、寝室の窓の外で赤ん坊が殺されかけているに違いないと思って飛び起きたときのことを思い出す。自然界にはキツネの鳴き声のように不快な音も多いが、そうした耳障りな鳴き声のなかに、私たちに役立つものはないのだろうか。

ドキュメンタリー作品のディレクターたちは、あたかも感覚のなかで重要なのは視覚だけだと言わんばかりの姿勢で自然界を描いている。残念なことに、テレビの自然ドキュメンタリー番組では野生生物の出す音が耳に入ることはほとんどなく、楽器による効果音楽と映像が支配的な位置を占めている。私は自然ドキュメンタリー番組の録音技師を務めるクリス・ワトソンにこの点を質問したことがある。最近のＢＢＣの自然ドキュメンタリー番組を見たことがあるなら、登場する野生生物の音を録音したのはクリスだった可能性が高い。クリスはイングランド北部に特有の母音を伸ばす柔らかい話し方で、番組の雰囲気を操作するために音楽がかぶせられてしまうのだと説明してくれた。「やり方がひどすぎる。どんな場面でも割り込んできて、まるでステロイドの注射でもされているみたいだ」[2]。しかしこんなふうに自然界の音を軽んじるのは人為的な偽りだ。居場所を突き止めるのが難しかったり視界から隠れていたりするせいで姿の見えない野生生物の声を、どのくらい聞いたことがあるか考えてみてほしい。そしてその声を聞いたとき、どんな気分になったか思い出してほしい。

別に驚くほどのことではないかもしれないが、どうやら科学は自然というものがおおむね私たちの心身にとってよいものだと証明しているらしい。ある有名な研究では、胆嚢手術を受けた患者の入院中、レンガの壁に面したベッドに寝かせるよりも窓から外の景色が眺められるベッドに寝かせたほうが早く退院できることが示された[3]。また、自然との接触が精神的疲労の回復を助けるということを示した実験もおこなわれている。心理学者のマーク・バーマンと共同研究者らは、並んだ数字を暗記させて逆の順番で言わせるなどの方法で、被験者の知的能力を評価した。それから被験者に公園かミシガン州アナーバーの繁華街のいずれかで散歩をさせた。この休憩のあとで再び調べると、自然に触れてきた被験者のほうが繁華街に行った被験者よりも成績がよかった[4]。

自然はストレスからの回復を助けることもできる。ロジャー・ウルリッチの研究チームは、大学生のボランティア一二〇人に二本のビデオを見せて反応を調べた[5]。一本目は全員に同じビデオを見せた。

これはストレスを引き起こすことを目的としたもので、木工所で起きた事故を扱っており、ひどいけが、血液に似せた液体、手足の切断などが映される。次に二本目として、被験者の半数には自然の風景を映したビデオを見せ、残りの半数には都会の風景を映したビデオを見せた。二本目の視聴中、被験者に自分の感情の状態を評価するように指示し、同時に研究者が生理学的測定として発汗量を調べた。都会のビデオを見た被験者よりも自然のビデオを見た被験者のほうが、事故のビデオに誘発されたストレスからの回復が早かった。

残念ながら、この分野で音響の役割に焦点を当てた研究はほとんどおこなわれていない。数少ない例外の一つが、イェスパー・アルヴァーソンらの研究だ。この研究ではまず、四〇人の被験者にひねった暗算のタスクでストレスを与えた。続いてストレスからの回復中に泉や鳥のさえずり、または交通騒音などを録音した音声を聞かせて、音によって回復にどのような差が生じるか調べた。しかし決定的な結果は得られなかった。生理学的測定値のなかで、自然界の音に対して良好な反応が見られたのは発汗量だけだった(6)。

自然が私たちの心身に役立つ理由をめぐっては、三つの対立する説がある。一つ目は進化にかかわるもので、食糧が見つかる肥沃な自然環境を探し出すのを助けるために、自然界の事物を好ましいと思う性向が進化したのだと主張する。二つ目は心理学的な説で、自然は私たちに「自分よりも大きい」何かに属しているという感覚を与えることによって、過度な自己中心性やネガティブな思考に陥るのを妨げるのだと訴える。第三の説は、自然界の中で人の回復を助けてくれる場所には「ソフトな魅力」があると主張する。つまりそのような場所には雲や夕日、風にそよぐ葉の動きなど、見た目に魅惑的で心を落ち着かせてくれるものが存在し、このソフトな魅力が心に平穏をもたらす助けになるというのだ。[7] これらの説は、美しく感じられて心地よい自然界の音に対する私たちの反応を説明するには役立つかもしれない。しかし、そうでない音についてはどうだろう。

私は子どものころに西部劇を見るといつも、コオロギの規則正しい鳴き声がやたらとうるさいのが気になってたまらなかった。あんなに騒々しいのに、どうしてカウボーイは眠れるのだろう。ちっぽけな昆虫がこれほど大きな音を出せるというのも信じがたい気がした。

ある晴れた午後、ロサンゼルスの青く澄んだプールのかたわらでマルガリータを飲みながら、ハリウッドの音響分野の第一人者に質問する機会に恵まれた。アカデミー賞をとったことのあるサウンドミキサーでサウンドデザイナーのマイロン・ネッティンガだ。社交的で情熱的、そして常に笑みを絶やさない彼は、アメリカ中西部では昆虫が実際にあのくらいにぎやかに鳴くのだと説明してくれた。しかし私の心を真につかんだのは、その次に彼が口にした言葉だった。たき火を囲んで豆料理を食べるカウボーイたちと共演するコオロギを選ぶとき、サウンドデザイナーは手持ちの録音から適当に選ぶのではなく、映画の情緒的なトーンを際立たせるのにぴったりな雰囲気を表現する鳴き声を探さなくてはいけないそうだ。マイロンの話では、田舎町のけだるく静まり返った夜のシーンなら、気持ちを安らがせるようなコオロギを選ぶ。「だが、誰かを襲おうと家の裏を男が忍び歩く場面では、コオロギをいきなり鳴きださせる。男は動揺してちょっと不安になり、足を止めては動きだそうとする」[8]。ここでの選択基準は、鳴き声のリズムと鳴き始めるときの唐突さである。

コオロギの鳴き方は種によって異なるが、いずれも体の一部をこすり合わせる摩擦音で始まる。[9] シラユキカンタンは、翅《はね》をはさみのようにすばやく開閉しながら一方の翅についている硬い摩擦片をも

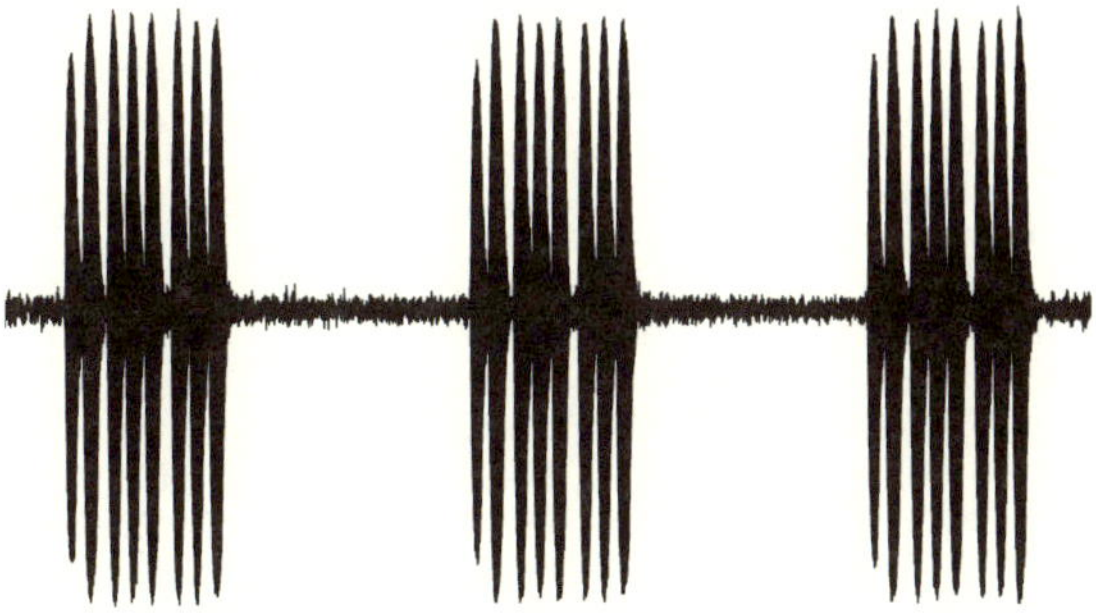

図3.1　シラユキカンタンの鳴き声

う一方の翅の鑢状器《ろじょうき》（電子顕微鏡で拡大するとのこぎりの歯のように見えるパーツ）にこすりつけて、電話の呼び出し音を小さくしたような「リリリ」という音を出す。小学校で演奏したギロなどのこすって音を出す楽器の小型版のようなものだ。摩擦片が鑢状器の歯に当たるたびに、小さな衝撃音が生じる。音の高さは摩擦片が歯をこするときの速度によって決まる。一般に摩擦片は〇・五ミリ秒に一回のペースで鑢状器の歯に当たって周波数二〇〇〇ヘルツの音を発生させる。これは口笛の一般的な音高に相当する。

　私の手元にあるシラユキカンタンの鳴き声の録音（図3・1）では、二枚の翅を八回こすり合わせると三分の一秒間ほど動きを止めて、それからまた同じ動作を繰り返している。シラユキカンタンは別名を「温度計コオロギ」というが、これは周囲の気温が上がるにつれて鳴き声のテンポが上がるからだ。一五秒間に鳴く回数に四〇を足すと、気温（華氏）が推定できる。[10]

　このよく知られた気温とリズムの相関から考えると、マイロンのようなサウンドデザイナーが静けさを表現したいときには、気温の低いところにいてゆっくり鳴くコオロギを選ぶのかもしれない（映画のシーン自体は暑くけだるい夜の場面であっても）。気温が高いと、応答を求める電話の呼び出し音のような切羽詰まった鳴き方となり、鳴き始めは唐突で、声の間隔は狭くなる。

摩擦自体から生じる音はあまり大きくないが、衝撃による細かい振動が翅の一部を共鳴させることで音が増幅される。これはヴァイオリンが音を出す仕組みと似ている。ヴァイオリンの場合は弓が弦を振動させるが、この振動自体からはわずかな音しか生じない。しかし弦の振動がブリッジから木製の胴体に伝わると、胴体は表面積が大きいのではるかに大きな音が出る。

摩擦を用いる昆虫としては周期セミというのもいるが、こちらは昆虫というより鳥のような鳴き声を出す。スローテンポの二音からなる鳴き声は耳障りな鋭い高音で始まり、これが二秒ほど続くと今度は周波数が一オクターブほど下がってあえぐような低音に変わる。[11] 筋肉をすばやく動かし、閉じた翅の下で発音膜をたわませてからもとに戻すことによって、瞬間的な衝撃を発生させる。これは指でアルミ缶をへこませるのと少し似ている。発音膜がたわんだりもとに戻ったりするときのカチッという音が、腹腔内の空気の共鳴によって増幅される。[12] このセミの耳障りな鳴き声は独特のぞっとさせる音色をもつが、独特すぎるのでサウンドデザイナーが使うことはなかなかなさそうだ。観客を引きつけて映画のシーンの中にいるような気分にさせたければ、音があまりにも奇異で目立ちすぎるのはよくない。マイロンが言うには、「鏡の裏側の手品師を観客に見せてしまうのはまずい……。観客自身がその場にいるように感じさせないと[13]」。

ワシントンDC近郊のメリーランド州ボウイーでは、周期セミの雄の大群がびっしりとまったトネリコの木から、労働環境の法定安全基準を大きく上回る九〇デシベル以上の音が聞こえることがある。[14] もっとも、このセミはライフサイクルが長いので、これほど密集した群れが発生するのは一七年に一度だけである。メリーランドで最も大量に発生して体も最も大きいセミはマギキカダ・セプテンデキムという一七年ゼミで、これは地元紙の記事によると「巨大な電動芝刈り機かSFに登場する宇宙船のような音を出す」らしい。木にとまっているセミのなかで一番やかましいのはマギキカダ・カッシニという別種の一七年ゼミで、「おもちゃのガラガラを一〇〇万個も鳴らしたかのような激しい悲鳴のような音」を出す。[15]

著名な海洋探検家のジャック・クストーは一九五〇年代に映画『沈黙の世界』で静謐な海の世界をたたえたが、じつは水中の環境というのは静けさからは程遠い。チビミズムシの一種のミクロネクタ・スコルトジは、摩擦音を使ってコオロギの規則正しい鳴き声と似た音を出す。体長比では最大の音を出す水生動物と言われ、体長はわずか数ミリでありながらその声は川岸まで聞こえる。[16] この昆虫がペニスの隆起部を腹部の波状部にこすりつけることでその音を出すことが発見されたときは派手に報道され、昆虫の解剖学が大衆紙で取り上げられるというまれな快挙となった。

ミズムシのなかには、呼吸用に体につけて運んでいる気泡の中の空気を共鳴させて鳴き声を増幅させるものもある。これをするには、体の振動の周波数を気泡の共鳴周波数にきっちりと合わせる。気泡が小さければ共鳴周波数は高くなるので、ミズムシは摩擦の速度を上げなくてはならない。[17]

テッポウエビも気泡を使って音を出す。コミュニケーションが目的の場合もあれば、獲物を殺すためという場合もある。音の出し方には驚かされる。というのは、はさみを閉じて音を出すのではないからだ。二〇〇〇年、オランダのトウェンテ大学のミシェル・フェルスラウスらは、高速ビデオを使ってその秘密を明らかにした。テッポウエビが時速七〇キロというすさまじい速さではさみの先端を閉じると、高速の水流が発生する。ベルヌーイの定理によれば、高速で動く水の中では圧力が下がり、海水温でも水が沸騰する。そのため水蒸気の気泡が発生するが、これはただちに崩壊する。この際に生じた衝撃波によって、獲物が気絶したり死んだりする（このとき光も生じる。この現象は「シュリンポルミネセンス（エビ発光）」と呼ばれる）[18]。

テッポウエビの大群は、炎が燃えさかるときのパチパチという音に似た音を出す。クリス・ワトソンは、動物の出す音としてはこれが地球上で最も大量に生じているに違いないが「聞く機会に接する人があまり多くない音」でもあると考えている[19]。テッポウエビは自然ドキュメンタリーの録音技師にとって厄介の種でもある。「アイスランドの北岸沖で、シロナガスクジラの声と歌を録音しようとしていた。シロナガスクジラというのは、これまで生息した動物のなかで体も音も一番大きい」とクリスは私に話した。「ところがときどき、こちらからそんなに離れていないはずのシロナガスクジラの声が聞こえなくなることがあった。原因はテッポウエビの騒ぎ回る音だった。体の長さはたった二、三センチしかないのに[20]」。この問題は軍でもよく知られている。テッポウエビの研究は第二次世界大戦中に始まったのだが、それはこの騒音が敵の潜水艦の音を捕捉しようとする際に障害となったからだった[21]。

小さくて脆弱な生き物がやたらと大きな音を出して自分に注意を引きつけるというのは、不思議に感じられる。ヴィクトリア時代の宣教師で探検家のデイヴィッド・リヴィングストンは、アフリカ遠征中にこう記している。「セミの甲高い耳障りな声を聞くと完全に耳がおかしくなる。冴えない色のコオロギが鋭い声でコーラスに加わる。その声はスコットランドのバグパイプのうなりと同じくほとんど抑揚がない。これほど小さな生き物がいったいどうしたらあんな音を出せるのか、まったく見当もつかない。コオロギはあたかも自らの頭上の地面を震わせるかのようだ[22]」。リヴィングストンが聞いたのは、ひょっとしてアフリカゼミの声だろうか。これは最も声の大きな昆虫で、音量は一メートル離れたところで道路工事用ドリル並みの一〇一デシベルに達する。[23] しかし、信じがたいほどやかましいコーラスを奏でる生き物はセミだけではない。デイヴィッド・リヴィングストンはこんな報告もしている。「セミとコオロギとカエルが声を合わせたら、その歌声は四〇〇メートル先でも聞こえるかもしれない」[24]

カエルはしわがれ声で「ケロケロ」と鳴くはずだが、香港公園のカエルには誰かがそれを教え損ねたらしい。セントラル地区の陸軍兵舎跡地につくられた公園は、世界有数の過密都市で憩いの場となっている。二〇〇九年にここを訪れると、園内のカエルたちはドナルドダックの下手な物まねを思わせる「ガボガボ」という鳴き声を上げていた。たいていのカエルは鳴くときに口を閉じ、口の下にある鳴嚢《めいのう》を巨大なガム風船のように膨らませる。交尾相手を求めて鳴くときには息を吐き出さず、空気を肺から口へ、それから鳴嚢へと循環させて、頭部や鳴嚢などの身体パーツの振動によって音を放つ。[25]

人間と同じく、カエルにも空気の通過に伴って開閉する一対のひだ（声帯）があり、これが安定した空気の流れを遮断して圧力の脈動に変えることで音を発生させる。人間は声を増幅するのに声道（口、鼻、咽喉頭）内の空気の共鳴を利用するが、カエルの場合は音を増幅させる共鳴が鳴嚢の皮膚で生じる。人間がヘリウムを吸入してしゃべるとおかしなキーキー声になるが、これは声道内の空気がもっと軽いガスに置き換わって共鳴の周波数が高くなるからだ。しかしある科学者が試したように、カエルにヘリウムを吸わせても声はほとんど変わらない。これはカエルが鳴き声を増幅するのに鳴嚢内の空気の共鳴を利用しているのではないことを示す証拠となる。[26]

集団の出す騒音は、進化という観点から見ると集団を危険にさらすのではなく防御の役割を果たしてきた。カエルの合唱団が大きくなると捕食者をいくらか余分に引きつけることになるが、引きつけられる雌もずっと多くなる。カエルの各個体が死ぬ可能性は下がり、配偶相手が見つかる可能性は上がる。[27] 香港公園を歩く私がカエルのすぐそばまで行くと、鳴き声が不意にやみ、群れ全体に脅威を伝える沈黙の波が広がった。

サウンドデザイナーのジュリアン・トレジャーは、たいていの人が鳥の鳴き声に安心感を覚えるのは、鳥が歌っていれば安全だということを人類が数十万年かけて学んできたからだと考えている。鳴き声がやんだら、それは捕食者が近くにいるという合図かもしれないので警戒が必要だ。これはもっともらしい説ではあるが、私の考えでは科学的に検証されてはいない。[28] ジュリアンは自説に従って、カリフォルニア州ランカスターの犯罪抑止策など、サウンドデザインのいくつかに鳥の鳴き声を用いている。大きな商店街に沿って花壇を設け、そこに緑色の小さな柱型のスピーカーを点々と設置し、軽快な電子音楽、水の流れる音、そして鳥の鳴き声を混ぜ合わせて流す。[29] ハリウッドのサウンドデザイナーに会った翌日、日曜日の午後にランカスターを訪れると、残念ながらスピーカーからは毒にも薬にもならないようなカントリー・アンド・ウェスタンの曲が流れているだけだった。格別に気持ちの安らぐ選曲ではないかもしれないが、犯罪抑止策として音楽を使うというやり方には先例がある。オーストラリアで「マニロウ作戦」というのをやっているのだ。特定の場所でイージーリスニングの曲を流して、こんなダサい場所でたむろするのはいやだと思わせることでティーンを追い払う。この作戦の有効性を示す成果はたくさんある。もっとも、当のバリー・マニロウはこんなふうに言っている。「悪ガキどもが私の曲を気に入るかもしれないとは思わなかったのか？〈涙色の微笑〉を一緒に口ずさみだしたらどうする？」[30]

動物の発する音が迷惑になっているというニュースが絶えることはない。たとえば近所で飼われている雄鶏について住民が苦情を言っている場合、いくら自然な鳴き声とはいえその声を聞けば元気が出るとは考えにくい。にぎやかな動物の鳴き声を聞くのはおもしろいが、聴覚系に過剰な負荷がかかってほかの危険信号が聞こえなくなる。場合によっては危険を察知させて警戒態勢をとらせることもある。

どんな音であれ、受け止め方にはなじみ深さが重要な役割を果たす。動物の鳴き声も例外ではない。スコットランドのアバディーン大学のアンドリュー・ホワイトハウスは、鳥と人間の関係について、細かく言えば鳥の鳴き声が与える影響について、研究を続けている。かつて彼の研究に着目したメディアが、体験談を彼宛てに送ってほしいと市民に求めたことがあった。その結果、人類学者にとってデータの宝庫と呼べるものができあがった。イギリスからオーストラリアへ移住した人からは、こんな話が送られてきた。

> オーストラリアの鳥の鳴き声はまったくもって破壊的です。当地の鳥の「耳障り」な鳴き声のせいでイギリスに帰った人もいると聞きます。私に言わせれば、こちらの「鳥の歌」は人の意識下に影響を及ぼし、緊張感を高めます。金切り声やその他の俗っぽい音の連続なのです。[31]

移住先で鳥の鳴き声の違いから受ける影響の大きさに驚いたという報告は、この話に限らず多数にのぼる。それまで自然界の音をほとんど顧みなかった人でさえ、鳥の鳴き声のせいでよそ者の気分を味わっていた。

逆になじみのなさが楽しさを生み出すこともある。たとえば私は数年前にオーストラリアのクイーンズランド州にある熱帯乾燥林を訪れて、ムナグロシラヒゲドリの声を聞いたときにそれを実感した。この鳥の英名eastern whipbird〔訳注 whipは「むち」を意味する〕は、その鳴き声に由来する。雄はまず二秒ほど口笛のような声を出し、それからグリッサンドで一気に上昇するが、最高潮に達したところで不意にむちを振り下ろすように声がぴたりとやみ、あとは木々のあいだで音が反響する。(32)出だしの音はピッコロの音域の中ほどにあたる高周波音で、それからグリッサンドの部分では八〇〇〇ヘルツ近くにわたる広い音域をわずか〇・一七秒で駆け上がる。これはピッコロ奏者が一番低い音からスタートして音域全体を走り抜け、さらにそれより高い音まで突き進むようなものだ。(33)このむちの音のような鳴き方は高度な技に違いないので、雌が雄の鳴き声を聞いて相手の適応度を知る手がかりに利用するのも理解できる。雌が「チューチュー」という短い二音節で応じ、鳴き声がデュエットになることもある。配偶者選びの最中には、この鳴き声がふだんよりも頻繁に聞かれる。このことは、つがいの形成と維持においてデュエットが重要な役割を果たすことを示す強力な証拠となる。(34)

もちろん、住み慣れた国にいても思いがけない鳥の声を耳にすることはある。サンカノゴイは孤独を好む渉禽《しょうきん》〔訳注 脚とくちばしが長く、浅い水の中を渡り歩いて餌を取る鳥〕で、前世紀の大半にわたって絶滅の瀬戸際にあった。サギの一種だがきわめて風変わりな低音で鳴き、その声は生息地のヨシ湿原で何キロも先まで届く。サンカノゴイの姿を目で見るのは非常に難しいが声を聞くのは容易なので、鳴き声から個体を数えて同定する方法を詳細に説明した学術論文がたくさん発表されている。その鳴き声はとてつもなく強烈で、一メートル離れたところで一〇一デシベルという、トランペットに匹敵する強さがある。(35) テューバの典型的な周波数と並ぶ一五五ヘルツ付近の周波数をもち、しばしば遠い霧笛にたとえられる。

音が空気中を進むとき、空気の分子が前後に振動するたびにエネルギーが少しずつ吸収されて失われる。そしてこの吸収によって、音波の到達できる距離が制限される。当然ながら低周波音のほうが高周波音より振動数が少ないので、距離が長くなってもエネルギーの損失が少なく、高周波の音よりもずっと遠くまで届く。サンカノゴイの低音の響きがヨシ湿原中でよく聞こえるのはこのためだ。

ある春の朝、サンカノゴイの声を聞こうとイングランドのグラストンベリーに程近いハムウォール湿地保護区を訪れると、息の詰まりそうな濃い霧が立ち込めていた。私たちは朝五時というとても早い時刻に出発した。たいていの鳥と同じく、サンカノゴイも日の出のころに最もよく鳴くからだ。ガイドのジョン・ドレヴァーは、車のトランクに奇妙な形のマイク、レコーダー、マイクを取り付けるアームを詰め込んでいた。刺すような寒さへの対策としてハンチング帽をかぶったジョンは、じつは気さくなミュージシャンで音響エコロジストでもあるのだが、その姿はむしろ夜盗のように見えた。保護区に着いて車を停めると、私たちは薄暗い霧でほとんど何も見えないなか、おぼつかぬ足どりで営巣地への道を歩いた。やがて観察小屋のベンチにたどり着くと、腰を下ろして耳を澄ました。

まず、左のほうから鳴き声が聞こえた。遠くの工場で作業が始まるところを思わせる音で、それまでに遭遇したどんな鳥ともまるで違っていた。『バスカヴィル家の犬』(駒月雅子訳、KADOKAWAなど)で、悪漢のジャック・ステイプルトンは「低いうなり声」と「陰鬱に震えるうめき」が地獄の犬の声ではなくサンカノゴイの鳴き声だと言ってワトソンをだまそうとする。(36) しかし残念ながら、サンカノゴイの鳴き声は犬とは似ても似つかない。サンカノゴイの鳴き声を聞いて私の頭に浮かんだのは、パブで大きなビールびんに息を吹き込む音や、昔風のジャグバンドが演奏するジャグ（酒びん）の音だった。一瞬おいて、今度は右側から別のサンカノゴイが先ほどより少し高い声で加わってきた。別の小屋に移動すると、鳴き始めの声が聞こえるほどサンカノゴイに近づくことができた。空気を四回吸い込んでから、数秒間隔ではっきりした太い鳴き声を七回発している。サンカノゴイがどうやってこの鳴き声を出すのか、正確なところはわかっていない。というのは、この鳥は警戒心が強いうえに体が巧妙な保護色になっているからだ。数少ないビデオを見ると、鳴き声をとどろかせる前の風変わりな序奏のようすがわかる。空気を吸い込みながら、のどを膨らませて体を震わせる。その姿は毛玉を吐き出そうとする猫に似ている。しかし、そのあとで声を出しているあいだは体をほとんど動かさない。サンカノゴイは数が増えてきているので、いずれ鳴くところがもっと観察できるようになり、謎も解明されるかもしれない。一九九七年には鳴き声を上げる雄がイギリス国内に一一羽しかいなかったが、ヨシ湿原が再生されたおかげで二〇一二年には一〇〇羽以上まで増えた。

鳴き声の目的を解明し、それが繁殖の成功と関係するかどうかを確かめるために、科学者はサンカノゴイがどんなときに鳴くのか調べている。雄が交尾の前に鳴くという事実から、雌は競い合う雄たちの適応度をその鳴き声の強さで見きわめていると考えられる。巣づくりの最中にも鳴き声を上げる。このことから、餌場の縄張りを守るためにも鳴き声を使うと考えられる。

私たちが現地に到着してから一時間半が過ぎたころ、陽射しが明るくなり、サンカノゴイは鳴くのをやめた。骨まで凍えた私たちは車に戻ることにした。不意に、周囲で鳴き鳥がにぎやかにさえずっているのに気づいた。低周波の鳴き声に意識を完全に集中していたせいで、高周波のさえずりが耳に入っていなかったのだ。この環境では、サンカノゴイの鳴き声は人間の出す大きな騒音と容易に誤解されかねない。音で元気を回復するには、その音はまぎれもなく自然なものだとわかる必要があり、警戒心を刺激するものであってはならない。音の発生源がわかっていれば、あるいはそれを教えてくれる熟練したガイドがいれば、音が自然に由来するものであって脅威ではないと判断することができ、それに安らぎを覚えることもできる。

私がサンカノゴイの鳴き声を聞きに行く数カ月前、イングランドのソルフォードで開かれたTEDxカンファレンスで生物学者のヘザー・ホイットニーが講演をおこなった。彼女はランが雌のスズメバチと似た姿とにおいで雄のスズメバチをだまして自分と交尾させることで花粉を拡散させる話など、植物が花粉媒介生物を引きつけるためにどのように進化してきたかを語った。(37) すばらしい講演だったが、真に心が躍ったのは講演後にカフェでヘザーから新しい音響研究の話を聞いたときだった。ヘザーの同僚が、反響定位をするコウモリを花粉媒介者として誘引するために特別な形の葉を進化させた植物を発見したという。

人間の可聴域を超えた領域には、驚異的な超音波の世界が存在する。コウモリは、ほとんどの音が二万ヘルツすなわち二〇キロヘルツ（一キロヘルツ＝一〇〇〇ヘルツ）を超える音の世界で生きているのだが、二〇キロヘルツというのは私たちの聴知覚の上限にあたる。TEDxイベントの三カ月後、私はイングランドのグリーンマウントという荒野の村で、二〇人ほどの集団に交じって日暮れのコウモリウォークに出かけた。集合場所は現地のパブの駐車場だった。誰がガイドかは一目でわかった。飛翔する哺乳類の描かれたTシャツと携帯電話によって、クレア・セフトンは熱心なコウモリマニアぶりを体現していた。本業は別の分野の研究者だが、趣味でコウモリに関する学術会議に参加し、コウモリを診るアマチュア獣医でもある。カークリーズ・ヴァレーを歩く前に、彼女は私たちに自分が看病している二匹の患者を見せてくれた。一匹はイギリスに生息する最大の種であるユーラシアヤマコウモリで、赤褐色の柔毛に体が覆われてとても愛嬌があり、まるで翼の生えた大きなネズミのようだ。口を開けたまま歯をちらちらと見せていた。クレアが言うには、反響定位をするためのシグナルを発して「私たちをじろじろ見ている」とのことだった。もう一匹は小さなヨーロッパアブラコウモリで、体長はわずか四センチほどだが一晩で昆虫を三〇〇〇匹も食べるそうだ。

反響定位をするための鳴き声は周波数が高くて人間には聞き取れないので、私たちは電子機器の力を借りる必要があった。クレアがコウモリ探知機を配った。一昔前のレンガ大の携帯電話と同じくらいのサイズの黒い箱に調節つまみが二個ついていて、一方には「入力感度」、もう一方には「周波数」と書いてある。夜のとばりが下り始めるころ、コウモリハンターの小隊はザーザーと音を立てる探知機を握りしめて出発し、両側に木の立ち並ぶ小道を進んでいった。古い鉄道橋に近づくと、私の探知機があわただしくパチパチパチと鳴りだした。誰かがでたらめなリズムでせわしなく手を叩いているかのようだった。「アブラコウモリです」と、鳴き声のパターンで種を特定したクレアが告げた。パチパチという音の一つひとつがじつは鳴き声で、短く鋭い叫び声の周波数がだんだんと下がっていく。コウモリが対象に接近するにつれて鳴き声のペースは変化し、最後には個々の発声が識別できず、つながって聞こえるようになる。この状態に達すると、探知機は唇を息でブーと鳴らすような音を発した。

翌日、私は録音したヨーロッパアブラコウモリの鳴き声をいくつか調べてみた。個々の発声を調べるにはスペクトログラムが最適である。鳴き声の続いているあいだに音の周波数がどのように変化したかわかるからだ。スペクトログラムは人の声を調べるのに使うことが多いが、いずれにしても音を

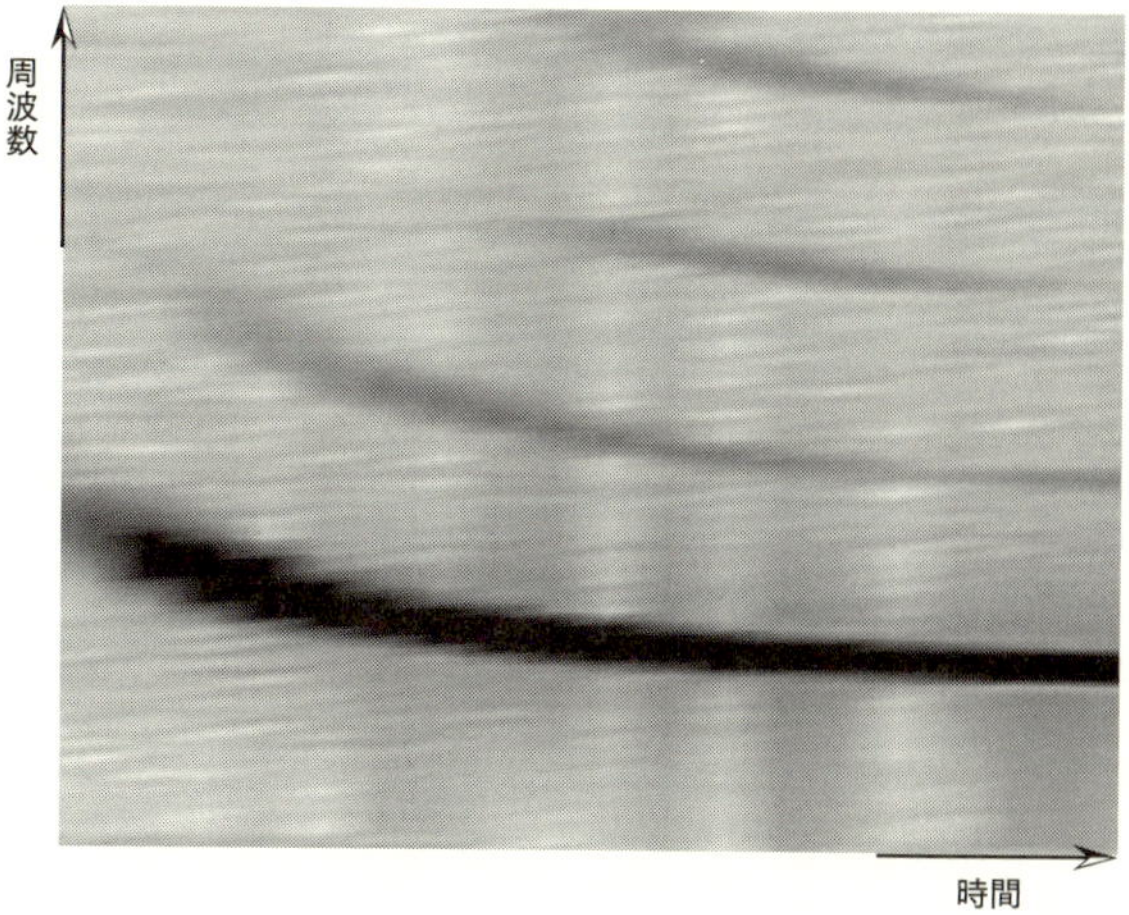

図3.2　ヨーロッパアブラコウモリの鳴き声

視覚化するのにすばらしい威力を発揮するツールである。図3・2では、色の濃い下降線は短い鳴き声（七ミリ秒）のあいだに周波数が七〇キロヘルツから五〇キロヘルツのすぐ下まで下がったようすを示す。

しかし、自分の耳ではとうてい聞こえないほど周波数の高い音なのに、なぜコウモリ探知機ではこの鳴き声が聞こえたのか。その答えは、探知機に搭載された超音波マイクがコウモリの鳴き声を拾い、探知機がその音を調整して人間の可聴域に入るようにするからだ。(38)

クレアがコウモリの種をヨーロッパアブラコウモリだと特定できたのは、種によって反響定位に用いる周波数が異なり、探知機がそれぞれに固有の音を出すからだ。たとえばユーラシアコウモリの場合、ジャズ風のはっきりしたノリでリズミカルに唇を鳴らすような音が聞こえる。熟練した人なら、コウモリがねぐらから出てくるところか、餌を食べているところか、飛行中か、それとも仲間とおしゃべりしているのか、鳴き声の音の違いで識別することもできる。

私が特に驚いたのは、コウモリが反響定位をするときに使うのは基本的に人間と同じ発声器官や聴覚器官だということだ。哺乳動物がこれほど高周波の音を発生させるには、体を極限まで酷使する必要がある。コウモリのなかには二〇〇キロヘルツの音が出せる種もいるが、そのためには声帯を毎秒二〇万回のペースで開閉しなくてはならない。ただしコウモリには人間と違う重要な点が一つある。声帯に薄くて軽い膜がついていて、これを超高速で振動させることができるのだ。

コウモリは極端に高い音を出すだけでなく、とてつもなく大きな鳴き声をごく当たり前に発する。その鳴き声は一二〇デシベルに達することもあり、これは火災報知機が耳元から一〇センチのところで鳴っているときの音に匹敵する。(39) 哺乳類がこの音量を聞いたら聴覚系が損傷されるおそれがあるので、コウモリの耳は自らを守るための反射作用を備えている。鳴いているあいだは筋肉を収縮させて中耳の耳小骨の位置をずらすことによって、鼓膜から内耳に伝わる振動を減らすのだ。人間にもこれと同じ反射はあるが、その進化上の目的についてはまだ議論が決着していない。コウモリの場合と同じく、大きな音から聴覚を保護するためかもしれない。あるいはほかの音を聞き取りやすくするために、自分の声のボリュームを抑えるのかもしれない。(40)

私たちは小道をあとにし、森の中で木の根につまずきながら小さな貯水池を目指して進んだ（夜の散歩に懐中電灯を持ってこなかったのは失策だった）。しかし水面のすぐ上で昆虫をつかまえるドーベントンコウモリの声を聞くためなら、闇の中でつまずくのも無駄ではなかった。ドーベントンコウモリのねぐらは巨大なレンガ橋の下にあり、コウモリ探知機は周期的に反応しては遠い機関銃の銃声のような音を立てた。探知機を装備した私は、谷間に棲む多数のコウモリの声を堪能することができた。それまで自分の周囲でこんな音が発生していることにまったく気づいていなかったとはびっくりだ。録音技師のクリス・ワトソンは、ウェールズのヴェルヌイ湖で獲物を追うコウモリの声を聞いて、その場所に対する認識がいかに変わったか、ラジオ番組のインタビューでこんなふうに語っている。「人間の耳には平穏で静かな環境だったその場所がまさに一変して、上空は超音波域の戦闘が繰り広げられる修羅場となった」(41)

私たちに聞こえていない音としては、ほかにどんなものがあるだろう。イングランドのブリストル大学のマルク・ホルデリートも他人を巻き込むマニアぶりのコウモリ通で、研究室を訪れた私の質問にとても詳しく答えてくれた。おかげで私はもう少しで帰りの電車に乗り損ねるところだった。彼の説明によると、コウモリは昆虫やほかのコウモリの音を聞いているだけではなく、植物からの反射音にも耳を傾けているそうだ。マルクと同僚らはマルクグラビア・エベニアというキューバ原産の蔓植物の研究をしている。これは特に音をよく反射する葉が一枚ついているという点で、熱帯雨林の植物のなかで異色の存在だ。アーチ状の茎の先端に花が環状につく。花に最も近い位置についた葉が凹状の半球体となって花の上で垂直にぶら下がり、コウモリの超音波の鳴き声を反射する。

雨林を飛び回るコウモリは、周囲のさまざまな植物から跳ね返ってくる非常に複雑なパターンの反射音を聞き取る。反響は揺らぎ、絶えず変化する。対照的に、半球形の葉から反射される音のパターンは、コウモリがこの葉に対してどのような角度に位置してもほとんど変化しない。そのため雨林内で反響定位シグナルに対して一定の応答をする唯一のものとして、この植物は特別な存在となる。そのうえ、半球形の葉が反響定位シグナルを集めて増幅するので、コウモリは遠くからでもこの植物の存在を音で知覚することができる。マルクと共同研究者たちは超音波を発する小型スピーカーと葉からの反射音を検知するマイクを使って、こうした音響特性を実験室での測定によって確かめた。

しかし、コウモリが葉からの反射音に注意を払っているということを示すには、どんな証拠があればよいのだろう。マルクらはコウモリを訓練し、人工の葉を茂らせた実験室で餌箱を探させるという方法で、半球形の葉が適切な位置についていればコウモリは二倍の速さで餌を見つけられることを示した。雨林では、マルクグラビア・エベニアはその凹状の葉でコウモリを誘引することによって受粉の確率を上げることができ、それと引き換えにコウモリは花蜜にありつける。(42)

マルクの実験室にはいろいろな蛾の乾燥標本があり、そのなかには尾がやたらと長いものもあった。また、マルクグラビア・エベニアと同様、これらの蛾も反響定位をするコウモリのせいで変化してきたのだ。捕食者であるコウモリの所在を音で知るという目的のためだけに、高周波音に反応する聴覚を発達させた蛾もいる。長い尾は超音波に対するおとりとなる。戦闘機がレーダー制御ミサイルを機体から離れたところへ誘導するために、後尾におとり(デコイ)をつけていることがある。これと同様に、蛾もコウモリから身を守るためにおとりの尾を犠牲にする。マルクの実験室にある黄色いマダガスカルオナガヤママユの標本にはツバメのような尾が二本ついているが、それぞれの長さは胴体の六倍に相当する。尾の先端はねじれていて、マルクの測定によると、このねじれのおかげで尾はどの方向から来るコウモリの鳴き声もきわめて効果的に反射させ、もっと小さな蛾の翅が超音波を反射させたように見せかけることができる。コウモリに襲われても七割のケースでは胴体ではなくたなびく尾が狙われるので、蛾は尾を失うだけで命は失わないそうだ。

野生生物の録音技師を務めるクリス・ワトソンは、海とは「地球上で最も音に満ちた環境」だと言い、さらに「私たちは不遜にも自分たちの暮らす地球が大地の惑星だと思い込んでいるが、もちろんそれは違う。地球は海の惑星なのだから」と語る。[43] 自説の例証として、クリスは北極探検に行ったときの話を聞かせてくれた。スヴァールバル島群に属するスピッツベルゲン島の沖で、彼はアゴヒゲアザラシが分厚い海氷の下で鳴いているところに遭遇した。アザラシが氷に開けた穴から静かな漆黒の海に水中マイク（ハイドロフォン）を沈めた。まるでよその星から聞こえてくるようなアザラシの鳴き声に、クリスは聞きほれていた。「言い表す言葉がなかなか見つからない。ひどく月並みな言い方だが、この世のものならぬ天使の合唱隊みたいな響きなんだ」。[44] アザラシは延々と何十秒も続く下降グリッサンドを奏でる。スライドホイッスルのピストンをゆっくり引き出せば、この鳴き声をそっくりに物まねできるだろう。グリッサンドの持続時間が長いほど雌には魅力的に感じられるらしいので、アザラシの雄にとって（性器ではなく鳴き声の）長さは重要だ。

水中の音響についてクリスが生き生きと語るのを聞いて、私はその驚異を自分で体験したくなった。そしてコウモリ探索の一カ月後、それを実行に移した。風の強い雨降りの寒い日、水中マイクと録音装置を抱えて、雨具に身を包んだ十数人の乗客とともに小さな船に乗り込んだ。スコットランドのクロマーティー湾周辺に生息するバンドウイルカを見学するツアーだった。

クロマーティー湾はかなり工業化が進んでおり、一行はまず石油掘削施設の錆びた巨大な黄色い脚のまわりを航行した。遠くで別の掘削プラットフォーム二つの修繕作業がおこなわれ、その近くに巡航船が停泊していた。近くのネス湖へネッシー見物に行く乗客のためだ。しかしこの伝説の怪物と同様、イルカもなかなか見つからなかった。

私たちのボートはクロマーティー湾を出て、北海に続くもっと広い入り江であるマレー湾に入った。そばにそびえる断崖には、海鳥の糞尿が堆積して白色の臭い固まりとなり、まだら模様をなしていた。

その上の緑の斜面には、黄色い花をつけたハリエニシダが群生して明るさを添えている。そのとき船長のサラが、水中からジャンプして弧を描くイルカを発見した。

音がしないようにエンジンが切られた。私は舷側から水中マイクを下ろした。初めのうちは、波のうねりに浮き沈みする船体を叩く水の音しか聞こえなかった。しかしやがて目的の音が聞こえてきた。小さなおもちゃのオートバイがエンジンの回転数を上げていくようなパタパタという高い音がせわしなく続いているが、水の音にかき消されてほとんど聞き取れない[45]。

次に母イルカとその子どもの姿が見えた。赤ん坊イルカは母親より小さくて、薄い灰色をしている。水中マイクをもつ唯一の乗客である私は、心の躍るタイミングがほかの乗客とずれていた。同乗している客たちは目でイルカを探し、水中から飛び上がる姿が見えれば興奮して歓声を上げる。しかし私のほうは、イルカが水中にいてくれないと水中マイクが役に立たない。見つめ合えるほど近くまでイルカが来てくれるのは楽しい光景だが、イルカの出す音も魅惑的だ。ほかの乗客たちには見えない水中の世界について、いくらか秘密を明かしてくれたのだ。

残念ながら、動物たちは人間の出す騒音のせいで鳴き方を変えることを余儀なくされている。水中の哺乳類や魚も例外ではない。洋上に風力発電所を設置するのは環境にやさしい発電方法だろうか。海底にタービンを設置するためのくい打ち作業で騒音に襲われるゼニガタアザラシの身になれば、おそらくそうは言えないだろう。スクロビー・サンズ洋上風力発電所の建設工事中、イングランドの海沿いの町グレート・ヤーマスに程近い岩の上で観察されるアザラシの数は減少した[46]。くい打ち作業の騒音は一メートル離れたところでおよそ二五〇デシベルと激しく、動物の聴覚系を物理的に損傷するおそれがある。

二〇〇〇年三月にバハマ諸島でイルカ一頭とクジラ一六頭が集団座礁したが、これは一般にアメリカ海軍のソナーが原因だったと考えられている。ソナーの音がどのくらいだと座礁するのかをめぐって、科学者たちは議論している。単純にクジラが騒音から遠ざかろうとして潜水パターンを変えることにより、減圧症をきたすのかもしれない。あるいは音波のせいで出血する可能性も考えられる。しかし海軍はソナーを使う日時や場所を明かしたがらないので、ソナーが座礁の原因になるということを決定的に証明するのは難しい問題だ。(47)

環境保護ロビー活動をおこなっている天然資源保護協議会が二〇〇五年一〇月に発表したプレスリリースには、「中周波ソナーは二三五デシベルを大きく上回る持続音を発することができる。二三五デシベルというのは、サターンVロケットの発射時におよそ匹敵する強さである」と書かれている。(48) データ上では二三五デシベルの音を出すサターンVロケットは海軍のソナーと同じ数値だが、空気中と水中ではデシベル値が異なるので、この比較は適切でない。同様に、風力発電所の建設時に水中のくい打ち作業で生じる二五〇デシベルは、空気中の二五〇デシベルと同じではない。

デシベルとは常に、基準音圧を零デシベルとした場合の相対的な値である。空気中では、一〇〇〇ヘルツの音に対する健常な若年成人の最小可聴値を基準音圧とする。水中では、基準音圧はこれより低くなる。摂氏零度は水の凍る温度だが華氏零度はそれよりずっと低いという、温度尺度の差と似たようなものだ。さらに空気中と水中の音響を比較する場合、音の速度と密度がそれぞれで異なることも考慮する必要がある。これらの要素を勘案して、音響学者は水中での測定値から六一・五デシベルを引いた値が空気中での値に相当するとしている。(49) よって、水中での二三五デシベルは陸上では一七三・五デシベル程度となる。二〇〇八年、「ニューヨーク・タイムズ」紙は海軍のソナーが「ジェットエンジン二〇〇〇基分の音」を発すると述べたが、これはひどい誇張だ。ソナーから一メートル離れたところの音は、三〇メートル離れたジェットエンジン一基と同程度である。静かとは言えないが、空軍の飛行隊が総動員されたほどの大音響ということはありえない[50]。

デシベルの比較には怪しげなものもあるが、水中の騒音が被害をもたらしているという話は大すじで正しい。ほとんどの水生動物がコミュニケーションの主たる手段として音を使うことから、騒音被害には多くの専門家が危惧を抱いている。水中では、視覚の及ぶ距離は限られる。回遊性のヒゲクジラは一日に一〇〇キロ以上を泳ぐこともあるので、同じ群れの仲間とも長い距離を隔てて会話をする必要がある。シロナガスクジラの声は一六〇〇キロ先まで聞こえる。こうした長距離のコミュニケーションを成り立たせるために、クジラはきわめて低周波の鳴き声を発する。海中ではこのほうが高周波の発声よりもはるかに伝達効率が高いのだ。

音が海の野生生物に影響を与えるのは、海軍のソナーのように不意に大きな音が生じるケースだけではない。持続的な船の航行音もその一つだ。太平洋の北東域では、一九五〇年から二〇〇七年までに航行音がおよそ一九デシベル増大した[51]。この絶え間ない騒音も水生生物に被害をもたらすおそれがある。この音はクジラがコミュニケーションに使う周波数と重なるので、クジラは発声パターンを変えてもっと長く鳴くか声を張り上げるか、あるいは別の場所へ移動することになる。コミュニケーションをただやめてしまう場合も少なくない。暴風雨のように短時間で過ぎ去る自然界の音への対応ならばこれでよいが、絶えず聞こえる船の航行音に対してはまずいやり方だ。航行する船の音は耳障りな背景雑音となるが、あいにくその音は船首の前方には向かわないので、船の接近に気づかないクジラが船と衝突する可能性もある。

ボストンにあるニューイングランド水族館のロザリンド・ローランドと同僚らは、非常事態を巧みに転じた研究によって、慢性的な騒音がクジラに与える生理的影響を証明した。ローランドのグループは、九・一一テロ攻撃後に船舶交通が停止した機会を利用して、カナダのファンディー湾に生息するタイセイヨウセミクジラの集団に対する航行音の影響を調べた〔訳注　この海域での調査自体は九・一一以前からおこなっていた〕。浮遊する糞を探知犬に見つけさせて分析することにより、クジラのストレスホルモンが観察できる。九・一一後、船の航行音は六デシベル下がり、ローランドの測定によればクジラのストレスホルモンもそれに対応して減少していた[52]。

この慢性的な騒音にさらされることで海洋生物が長期的にどんな影響を受けるのか、特定するのは難しい。水槽内で魚に大きな騒音を浴びせれば、魚は離れたところに移動する。この反応から示唆されるように、騒音によって魚の群れが産卵場所や繁殖場所から追い出される可能性があり、交配相手を見つけたり遊泳したり社会的集団を維持したりするのに必要な個体間のコミュニケーションが成立しにくくなるおそれもある。影響が顕在化するまでに何年もかかるかもしれないし、水生生物が遠くに移動してしまうこともある。こうした状況の中で、科学者たちは被害をどうやって調べるかという難問に立ち向かっている。

自然界の音が私たちの心身にとってよいものかどうかという問題において、美的感覚はどのような位置を占めるのだろう。かつて中国や日本では、コオロギなどの昆虫が美しい声音ゆえに愛玩用として飼われていた。宋の時代（西暦九六〇～一二七九年）には、これらの虫がいわば世界初の携帯用音楽プレイヤーとなった。音楽を奏でる虫を扱った著書の序文で、リサ・ライアンはこう記している。

「身分の高い人々は、長衣の中に鳴き声を上げるコオロギを常にしのばせていた」[53]。音楽プレイヤーのシャッフルボタンを押す代わりに、当時の人はコオロギを刷毛でつついて刺激することで声を出させていた。しかし私の耳には、虫の声は合唱しているときが最もすばらしく聞こえる。特に森の音響効果で音が装飾される場合は見事だ。クリス・ワトソンは、アフリカのコンゴ熱帯雨林でそんなコーラスを聴いたときの話をしてくれた。日没とともに気温が下がると、数百種あるいは数千種の虫が、「波が押し寄せるように森から流れてくる驚異のコーラス」に加わったという[54]。虫たちは「フィル・スペクターの音の壁《ウォール・オブ・サウンド》」さながらの豊かな調べを生み出すが、それは一時間も経たぬうちに終演を迎える[55]。

クリスの録音したなかで最高のコーラスは、特定の虫ばかりが目立ちすぎることがなく、音が「その場の音響からしみ出てくる」という絶妙な状況で奏でられたものだ[56]。森の音響作用で鳴き声が変わるのに合わせて、虫たちは周囲の環境が生み出す音のひずみを補わなくてはならない。木々のあいだを進む音は、幹や枝にぶつかって反射する。このため、虫からまっすぐに届く直接音に加えて、木からの反射により遅延した音も生じる。

森と室内の音響効果が類似していることから、「鳥のコンサートホールとしての雨林」などのタイトルで研究論文が書かれている[57]。先ごろ私はドイツで湖畔や森を歩き回りながら、これを自分で試してみた。開《ひら》けた草地から針葉樹林に足を踏み入れると、音響の変化が感じ取れた。そばに人がいないときには叫び声を上げ、音が木から反射されるのに耳を傾けた。森の残響時間は一・七秒前後であるとの測定結果が出されており、これはバロック音楽向けのコンサートホールにかなり近い[58]。森林では、高音よりも低音のほうが伝わりやすい。高周波の音は木の葉に吸収されるからだ。雨林の鳥は低周波の単純な音を長く伸ばして鳴くことが多いが、その理由がこれで説明できるかもしれない。[59] このタイプの音なら葉で減衰することが避けられるだけでなく、室内の反射音がオーケストラの音楽の厚みを増すのと同じように、木の幹からの反射音で鳴き声が増幅される。ドイツの森で叫び声を上げたときに私はこの増幅作用を感じたが、木からの反射はコンサートホールの壁ほど強くないので、その作用はわずかである。

鳥が環境の変化に合わせて鳴き方を変えるということを示す証拠もある。進化生物学者のエリザベス・デリベリーは、この三五年間に雄のミヤマシトドの鳴き声がどう変化したか、カリフォルニア州で録音された過去の鳴き声と最近の鳴き声を使って調べた。この数十年間に植生密度の上がった地域では鳴き声の音高が下がり、以前よりもテンポが遅くなっていることがわかった。[60] 対照的に、植生密度が変わっていない唯一の地域では鳴き声にも変化がなかった。

森林以外にも、鳥の鳴き声を決定する要因は存在する。慢性的な騒音を扱った最も広範な研究では、鳥が交通騒音にどう対処するか調べている。ロンドン、パリ、ベルリンといった都市に生息するシジュウカラは、森林で暮らすシジュウカラと比べて鳴き声のテンポが速く音高が高い。都会のナイチンゲールは、車の通行があると声が大きくなる。コマドリは現在では昼間より夜によく鳴くが、それは夜のほうが静かだからである。[61] シジュウカラの場合、体が大きくて健康なほど声が低くなるので、低周波の鳴き声は雄が自らの適応度をアピールするのに重要なのだが、低い声は交通騒音にかき消されるおそれがある。オランダのライデン大学に所属するハンス・スラベコールンの言葉を借りれば、「声を聞かせることと愛されることのあいだにトレードオフが存在する」のだ。[62] 騒音が種《しゅ》のバランスを変え、その結果として私たちが都会で耳にする鳴き声も変わるのではないかと懸念する見方がある。

イエスズメが昔より減っているのは、都会の喧騒に鳴き声を適応させることができないからだとする説も出されている。[63]

生息環境に鳴き声を適応させることによって、鳥が独自の方言を生み出す可能性もある。人間は話し方を習得するとき、ほかの人が話すのを聞いてなまりを身につける。鳥も同様で、一部の種は模倣によって鳴き方を覚えるので、周囲の鳥の鳴き方から影響を受ける。中米に生息するヒゲドリには、さまざまな方言がある。コスタリカの北半分で聞かれる方言は、バンという大きな音と笛のようなさえずりからなる。一方、コスタリカ南部やパナマ北部の方言には、きしむようなガーガーという大きな声が混ざる。[64]鳥の方言は広範に研究されているが、その大きな理由はそうした方言から進化と種分化のプロセスに関する洞察が得られる点にある。生息環境の変化などにより、近隣に生息する鳥の群れのあいだで鳴き方が分岐していけば、やがて群れどうしのコミュニケーションや交配が途絶えるだろう。そうなれば遺伝子の交換も起こらなくなるので、群れはそれぞれ別の進化の道をたどり始め、別の種を生み出す可能性もある。

ナイチンゲールは見た目には冴えない鳥だが、ヨーロッパではきわめて美しい鳴き声の持ち主としてしばしば引き合いに出される。録音された鳴き声をいくつか聴くと、雄がいかに多様な鳴き方ができるかわかる。やぶに生息するので、雄々しさを誇示するには外見よりも鳴き声のレパートリーのほうが効果的なのだ。[65]一七七三年、イングランドの法律家、古物収集家、博物学者のデインズ・バリントンは、イギリスのさまざまな鳥について、響きの快活さ、音の柔らかさ、愁いを帯びた響き、音域、歌いっぷりに点数をつけ、その結果からナイチンゲールを最高の歌い手と認めた。[66]一九二四年には、高名なチェリストのベアトリス・ハリソンとナイチンゲールとの共演が、ＢＢＣラジオ初の屋外からの生中継番組として放送された。イングランドのオックステッドで暮らすハリソンの自宅周辺には林があり、そこに棲むナイチンゲールが彼女の練習するチェロを音まねするようになっていたのだ。しかし番組は失敗で終わりかけた。鳥たちが初めのうちはマイクを警戒したからだ。それでも最後には鳥たちが歌いだした。この番組は好評を博し、それから一二年間にわたって放送される人気番組となり、国外でも評判となった(67)。

ナイチンゲールの鳴き声は美しい。ということは、その声が元気の回復に役立つ可能性もある。しかし動物の鳴き声に対する私たちの受け止め方は、単に音としての美しさだけで決まるわけではない。人々がアンドリュー・ホワイトハウスのもとに寄せた鳥の鳴き声をめぐる体験談には、美しい鳴き声の象徴とも言えるナイチンゲールやそのすばらしいさえずりはめったに登場しなかった。海辺の町で出会ったセグロカモメのどもるような長い鳴き声や、アマツバメの群れが発する高揚した金切り声のことを書く人のほうが多かった。これらの鳴き声が、幼いころの記憶をよみがえらせることもあった。「たった今、部屋の窓の外でカモメが鳴きました。その瞬間、学校の休暇を過ごしたポイントローに集まったトロール船の映像がはっきりと頭に浮かびました」。季節を伝える鳴き声もある。「私の一番好きな鳥の鳴き声はアマツバメの鋭い声です。夏を思い出させてくれるので(68)」

このように、最も人を元気にしてくれて健康に役立ちそうな自然界の音というのは、なじみがあって楽しい思い出をよみがえらせてくれる音なのだ。クリス・ワトソンに好きな音は何かと尋ねたら、彼が挙げたのは録音の仕事で訪れた世界各地で遭遇した奇妙な音ではなく、クロウタドリの複雑で朗々と響く鳴き声だった。これは彼にとって自宅の裏庭で聞ける音だ。ともあれ、自然を耳で聞くことは目で見るのとは違う。だからどんな音が私たちにとってよいものなのか、そしてなぜよいのかを説明するには、新たな理論が必要である。私はアヒルの声を聞くのが好きだが、それはその鳴き声が格別に美しいと思うからではなく、それを聞くとエコーを測定したときの楽しい記憶がよみがえるからだ。

4 過去のエコー

「アヒルの鳴き声はエコーしないが、その理由は誰にもわからない」と言われる。[1] 私はこれが間違っていることを立証しようと、けだるい昼下がりのキャンパスで草地に腹ばいの体勢で、デイジーというアヒルにインタビューする場面を演じていた。デイジーが鳴いたり翼を広げたりするたびに、カメラのシャッター音がカスタネットのように響く。そばに立つ同僚たちは笑いをこらえきれない。私たちがアヒルの鳴き声はエコーしないという誤解を正そうとしていると聞きつけたマスコミが、そのささやかな取り組みを国際的なニュースに仕立てようと手を尽くしていた。

このふざけた科学ニュースの主役を務めてから数年後に自分が再びエコーの虜となり、わめき声がもとの音を忠実に再現して反響する場所を見つけるという子どもっぽい楽しみを再発見することになろうとは、知る由もなかった。しかしエコーが起きるのは、トンネル内で叫ぶときや山でヨーデルを歌うときばかりではない。エコーのタイプによっては、音が魔法をかけられたかのように姿を変えて戻ってくることもあり、手を叩いた音がさえずり声や笛の音、さらにはレーザー銃の衝撃音に変わったりもする。

一七世紀のイングランドの博物学者ロバート・プロットなど、エコーという自然現象をいち早く記録した人々は、その謎を記述するのに「多音節性」「楽音性」「多相性」「同語反復性」といった仰々しい語を用いた。しかし、動物や鳥類の分類学は今日まで生きながらえて今もなお関心をとらえ続けているが、エコーについては事情が違ってしまった。今こそエコーの分類学を復活させるべきだ。一つの単語がエコーによって一つの文になることはありえるのか。あるいは「特異な楽音で飾られた」声となって返ってくることはあるのか(2)。反復するたびに周波数を下げていって、ラッパのメロディーを移調したりもできるのだろうか。

デイジーの撮影の数カ月前、ソルフォード大学で研究助手を務めるダニー・マコールは「アヒルの鳴き声はエコーしない」という言い回しの真偽を確かめてほしいとBBCラジオ2から持ちかけられた。ダニーがアヒルの鳴き声はちゃんとエコーすると言ってその理由をていねいに説明したのに、それを無視してまことしやかな話が番組で放送された。彼と彼の同僚たち（私を含む）は、音響学に関するダニーの博識がないがしろにされたことに憤り、事実を証明するために科学的証拠を集める必要があると判断した。

農場に掛け合ってアヒルを貸してもらってから実験室に搬送する作業のほうが、おそらく実際の実験よりも時間がかかった。まずデイジーを無響室に入れて、エコーのない基準値となる鳴き声を測定した。「無響室」というのは、壁面から音が反射されず静まり返った部屋である。その名のとおり、音が反響しないのだ。(3) エコーのない基準音を確かめることが重要だった。なにしろこれはまじめな科学実験であり、金曜日の午後のおふざけとは違うのだ。デイジーを少し休憩させると、今度は隣の残響室に移した。こちらの部屋はふつうの教室と広さはほとんど変わらず天井が高いだけなのだが、残響時間がきわめて長く、大聖堂のように音が響く。通常、この部屋は劇場の座席やスタジオのカーペットといった建造物のパーツの吸音性を調べるのに使う。この部屋に入れられたデイジーの鳴き声は部屋中で反響し、邪悪な化け物のように聞こえた。そしてデイジーはその音に刺激されて、何度何度も大声でがなり立てた。私たちはホラー映画にぴったりな究極の効果音をつくることができた。吸血アヒルが登場する映画が存在するならの話だが。

エコーとは時間差をおいて音が反復する現象であり、アヒルの場合はたとえば鳴き声が崖から反射するときに生じる。残響室で吸血鬼のような叫び声が起きたことから、アヒルの鳴き声もほかのあらゆる音と同じく物体の表面で反射することが証明された。私たちはその結果に驚かなかった。なにしろ壁からの反射音を利用して反響定位をしながら洞窟内を飛ぶ鳥だっているのだ。プロイセンの偉大な博物学者で探検家のアレクサンダー・フォン・フンボルトは、そうした鳥の一種で南米原産の夜行性果食鳥（果実を常食とする鳥）、アブラヨタカに関する記録を残している。一八世紀の終わりごろ、ベネズエラのグアチャロ洞窟を訪れたフンボルトは、ねぐらに向かう鳥たちがギャーギャーとかカチカチなどと鳴くのを聞いた。(4) カチカチという音は反響定位シグナルである。アブラヨタカは暗闇の中で反射音を聞いて飛ぶのだ。

しかし、洞窟や残響室はデイジーのようなアヒルが生息する本来の場所ではない。屋外ではどうなるのか、私たちは知りたいと思った。デイジーの声が一回だけクリアにエコーするのを聞くには、崖などの広い反射面がそばにある水面が必要と思われた。そのような場所なら、アヒルの声が私の耳にまず直接届き、それから少し遅れて崖からの反射音が届くはずだ。これはエコーの分類学では「単音節エコー」と呼ばれ、エコーが戻ってくるまでに一音節しか発音する時間がない。デイジーと私の位置が崖に近すぎてはいけない。近すぎると私の脳がデイジーのくちばしから私の耳に直接届いた鳴き声と反射音を区別できず、一つの音しか聞こえなくなってしまう。

私の野外実験が厳密なものでなかったことは認めざるをえない。デイジーを連れていくことはできなかったが、あちこちの池や水路、川の周囲を歩き回り、水鳥の声に耳を傾けた。しかし、もとの鳴き声とエコーが明確に区別できる場所は一つもなかった。結局、例の言い回しは「アヒルの鳴き声はエコーするかもしれないが、橋の下を飛びながら鳴いてくれない限りエコーを聞くことはできない」とすべきという結論に至った。

デイジーをバイエルンのケーニヒス湖に連れていけばよかったかもしれない。ここはドイツで最も標高の高い湖で、湖水から岩面が険しく切り立っている。そこで船頭たちがラッパで短いフレーズを吹くと、観光客の耳には最後の三音が周囲にそびえる山々から跳ね返され、一、二秒遅れで繰り返されるのが聞こえる。あるいはデイジーを連れていくのは、一七世紀のフランス人神学者で自然哲学者、数学者でもあったマラン・メルセンヌがエコーの実験をした場所でもよかったかもしれない。彼は「多音節エコー」を使って空気中の音の速度を世界で初めて正確に測定した。最近では、メルセンヌの名は素数に関する業績によって数学分野で最もよく知られているだろう。しかし彼は幅広いテーマに精力的に取り組み、実験と観察の必要性を訴えることに力を注いだ人物でもあるのだ。(5)

当然ながら、メルセンヌは音速測定実験で水鳥など使わなかった。広い反射面に向かって立ち、「benedicam dominum《ベネディカム・ドミヌム》」（主をたたえよ）と言い、音が伝わるのに要する時間を振り子で計ったのだ。この七音節の言葉を一秒間で言い終えているのだから、彼は早口だったに違いない。広い反射面から四八五ロイヤルフィート（約一五九メートル）離れて立つと、(6)言葉を言い終えたとたんにエコーが続き、「ベネディカム・ドミヌム、ベネディカム・ドミヌム」と聞こえた。これを多音節エコーと呼ぶのは、エコーが返ってくるまでに多数の音節を発音することができるからだ。エコーとなった言葉は片道四八五ロイヤルフィートを往復しているので（往復で約三一九メートル）、メルセンヌは音の速度を秒速三一九メートルと推定することができた。これはおよそ秒速三四〇メートル（時速一二二四キロ）という正しい数値にきわめて近い。(7)

アヒルの鳴き声は一音節だけなので、メルセンヌがアヒルを使っていたら、壁にもっと近いところに立っても「ガア、ガア」というエコーがはっきりと聞き取れたかもしれない。(8)実際、アヒルの鳴き声のような単音節エコーの場合、反射面から三三メートル（六六〇アヒルフィート？）ほど離れていれば聞き取ることができる。これだけ離れれば、エコーはもとの音と区別して聞き取るのに十分な時間をおいて戻ってくるからだ。アヒルの鳴き声のエコーを聞くには、三〇～四〇メートル離れたところに大きな建物か崖のある水面を見つける必要があるだろう。しかしそれでもうまくはいかない。アヒルの声が小さすぎるからだ。音は音源から離れるにつれて小さくなり、距離が二倍になるごとに音の大きさは六デシベルずつ下がる。だからアヒルのくちばしから一メートル離れたところで鳴き声が六〇デシベルだとしたら、二メートル離れれば五四デシベル、四メートル離れれば四八デシベルといった具合に下がっていくはずだ。鳴き声が反射して合計六六メートルの往復ルートをたどり終えるころには、エコーは二四デシベルくらいになっている。完全に無音の場所でなら、人間がこの音を聞き取ることも不可能ではない。しかし遠くを行き交う車の音や木々のあいだを吹き抜ける風の音といった別の音のほうが大きくて、そのせいで鳴き声が聞き取れない場合のほうが多い(9)。残念ながら、静かな場所でもデイジー自身はエコーを聞き取ることができないだろう。アヒルの聴覚は人間よりも感度が低いのだ。したがってアヒルの鳴き声のエコーが聞こえないのは、エコーを生じさせるのに必要な距離を往復したあとでは聞き取れるほどの音量が残っていないという、純粋に物理学的な理由のせいなのだ。

マラン・メルセンヌの音響研究は、音の速度にとどまらなかった。昨今ではデマの虚偽を暴露するテレビの娯楽番組が人気を集めているが、メルセンヌはすでに四〇〇年ほど前にさまざまな現実離れした物語の真相を暴いていた。音響を扱った古典的な文献に登場する荒唐無稽な説の一つに「ヘテロフォニー（異音）エコー」と言われるものがある。たとえばフランス語で話すとスペイン語のエコーが返ってくるという現象だ。そんなことはありえないとメルセンヌは理解していたが、フレドリック・ヴィントン・ハント教授が独創的な著書『音の科学文化史』（平松幸三訳、海青社）に記しているとおり、メルセンヌも「語順をうまく工夫すれば、別の言語でエコーが返ってきたように感じさせることはできるのではないかと考えていた(10)」。「ヘテロフォニー」はもともと音楽学の用語で、一つの旋律とそれを微妙に変えたものを同時に演奏することを意味する。そこで私としては、ヘテロフォニーエコーによってフランス語の言葉が何重かに重なってスペイン語のように聞こえたのではないかと想像するしかない。残念ながら、この用語がどんな意味で使われていたのか正確に知る人はおらず、ヘテロフォニーエコーの実例も存在しない。しかしうれしいことに、エコーを使ってもっと楽しめる言葉遊びがほかに存在する、ということを私はフランスで知った。

二〇一一年の暑い夏の日、ロワール渓谷で自転車旅行をしていた私たち一家はシノン城に到着した。城の中核を建てたのは、のちにイングランド王ヘンリー二世となるプランタジネット家のアンリだった。しかし私はそんなことよりも、城壁のすぐ外側に立ついかにも奇妙な道路標識に興味を引かれた。細い道を指し、「エコー」とだけ書かれている。〝音の驚異〟の収集家がこの誘いに抗えるはずがあろうか。その道を数百メートル進むと、周囲よりも高くなった狭い自動車待避所があり、ここが音響実験のできる場所であることを示す標識が出ていた。私は叫んだりヨーデルを歌ったりして、すばらしいエコーを堪能した[11]。ここで非常に満足のいく体験ができたのは、果樹に隠れた城壁の一部で音が反射されて、思いがけずはっきりしたエコーが聞こえたおかげだ。私はロワール地方のガイドブックに書かれていた伝統的なエコー遊びを試さずにはいられなかった[12]。

私　“Les femmes de Chinon sont-elles fidèles”
エコー　“Elles?”
私　“Oui, Les femmes de Chinon”
エコー　“Non!”

訳せばこうなる。

私　「シノンの女たちは貞淑か？」
エコー　「あの女どもが？」
私　「そう、シノンの女たちだ」
エコー　「とんでもない！」

Chinonの「non」など、それぞれのせりふの最終音節を不自然なほど強調してしかるべく発音すると、脚韻が効果を発揮した。各せりふの最後の音が城壁の北面から反響してはっきりと聞こえたのだ。この韻文で示される見解が正しいかどうかを証明するのは容易ではないが。

エコーが登場する話はほかにもある。ロドルフ・ラドーの『音響の不思議』では、一九世紀のこんな話が紹介されている（ラテン語を訳したものをカッコ内に示す）。

カルダンは、川を渡りたいのに浅瀬が見つけられない男の話を語る。男が途方に暮れてため息をつくと、「ああ！」とこだまが返事をする。男は連れができたと思い込み、こんなやりとりを始める。

Onde devo passar?（ここを渡るのか？）
Passa.（渡れ）
Qui?（ここを？）
Qui.（ここを）

しかし、行く手に危険な渦があるのに気づいた男が再び尋ねる。

Devo passar qui?（ここを渡らなくてはだめか？）
Passa qui.（ここを渡れ）

男は人の言葉をまねする悪魔にからかわれていると思って恐ろしくなり、川を渡るのをやめて引き返す。(13)

『音響の不思議』には、一七世紀のイエズス会士で学者のアタナシウス・キルヒャーに関する記述が多い。キルヒャーは、ローマを拠点として劇場の音響やその他の驚嘆すべき現象について幅広く執筆した。彼は複数の異なる反射音をもたらす「多相エコー」に関心を抱いていた。複雑な構造物によってエコーが何度も生じ、語を一つ発音するだけで一つの完全な文になるという現象がこのカテゴリーに含まれる。キルヒャーは一六五〇年に発表した二巻本の傑作『普遍音楽』（菊池賞訳、工作舎）のために、一連の反射音が次々に届くように発声者からさまざまな距離で垂直に立てた大きなパネルの図を描いた。そうした装置の一つはパネル五枚で構成されている。「clamore」という語が発せられるとそれが分解されて、一枚目のパネルからは「clamore」というエコーが返り、二枚目からは「amore」、三枚目、四枚目、五枚目からはそれぞれ「more」、「ore」、「re」というエコーが返ってくるように設計されていた。そこで、「Tibi vero gratias agam quo clamore?」（「この感謝の叫びをどのようにお伝えすればよいのか」）と大声で問いかければ、最後の単語からエコーが生じ、ラテン語で「clamore, amore, more, ore, re」という答えが返ってくる。ざっと訳せば「汝の愛、習慣、言葉、行為によって」という意味だ。(14)

そんなエコーが実際に起きるはずはないだろうと思ったが、おもしろいアイデアだったので、ちょっと試してみる気になった。手近に五枚の大きなパネルがなかったので、コンピューターでその状況をシミュレートすることにした。自分で「clamore」と発音した音声を録音し、それからキルヒャーの図に描かれたパネルのそれぞれから戻ってくる反射音を予測ソフトで推定した。例のエコーのパターンを発生させようと、発声者からパネルまでの距離や反射音の大きさをあれこれ変えてみた。[15]するとじつに驚いたことに、エコーのフレーズは本当に生じた。もっとも、私の脳がだまされて、聞きたいと思うパターンが聞こえたと思い込んだだけかもしれない。

私はジャーナリストのサイモン・シンが同様の作用について見事なデモンストレーションをするのを見たことがある。レッド・ツェッペリンが〈天国への階段〉という曲に邪悪なメッセージをまぎれ込ませているという批判に対しておこなわれたものだ。曲の一部を逆回転で再生すると、「ああ、愛しきサタンに乾杯。その細き道が私を悲しませる。その力はサタン。彼はつき従う者に六六六〔訳注 キリスト教では邪悪な数字とされる〕を与える。狭い道具小屋で彼は私たちを苦しめた。哀れなサタンよ」のように聞こえる「逆回転マスキング」が仕込まれているといううわさが流れていた。一部の宗教団体はこれを憂慮し、アメリカのさまざまな州でレコードに警告ラベルの貼付を義務づける法案が提出されるに至った。[16]これらの姿勢からは、メッセージそのものへの批判だけでなく、逆回転マスキングされた邪悪なメッセージはレコードを正常再生で聴いても潜在意識的に読み取られるはずだという考えが示唆される。[17]

いくつかの心理学者のグループが、適正な科学的手法を用いてこの考えを検証している。実験したところ、目を閉じて〈天国への階段〉を逆再生すると実際に聞こえるのは意味不明な音でしかないことが判明した。邪悪な歌詞が聞こえるのは、それが書かれた紙を見ているときだけなのだ（これは自分で試すことができる。逆回転マスキングをテーマとして、曲のサンプルを載せているウェブサイトはたくさんある)。脳は常に不完全な情報から意味を読み取らなくてはならないので、パターンを見出したりさまざまな情報源を組み合わせたりするのがとても得意だ。しかし勘違いすることもある。今の例でいうと、本来なら理解不能な逆再生のささやきを聞いたときに、目の前に書かれている言葉が聞こえたと思い込んだりする。

「clamore, amore, more, ore, re」のエコーでも同じことが起きる。この言葉のパターンを聞き取ろうと耳を澄ますと、問題のフレーズが聞こえた。エコーが弱くてかなり努力しないと聞き取れないような場合には、とりわけその効果が強くなった。しかし目を閉じてもっと全体を客観的に聞くと、聞き取れたなかで最も際立った効果は「re」が何度も反復されることであり、巧妙な言葉遊びは消えてしまった。

「同語反復エコー」と呼ばれる多重エコーは多相エコーとよく似ているが、同一の語や音節が何度も繰り返されるという点が異なる。テレビのアニメ番組『ザ・シンプソンズ』で、この現象が音のギャグとして扱われた回がある。教会で例によって夫ホーマーのせいで恥をかかされたマージが、「ホーマー、あなたって最低《ヘイナス》」と叫ぶ。すると「ケツ《エイナス》、ケツ《エイナス》、ケツ《エイナス》……」という同語反復エコーが返ってくる[18]。

アタナシウス・キルヒャーもエコーのいたずらに関心を抱いた。彼はローマ市郊外に広がる低地の平原、カンパーニャ・ロマーナで友人を引っかけておもしろがったという話を書き残している。友人が「Quod tibi nomen?」(「あなたの名前は何ですか」)と叫ぶと、信じがたいことに「コンスタンティヌス」とエコーが答えたという。キルヒャーはこの悪だくみを実現するために、もともとエコーの生じない崖のそばに仲間をひそませておいた。友人の問いが聞こえたら、仲間は偽物の音の反射を演じて大声で答えることにしていたのだ。[19]

もっとすごいいたずらをするのが、独学でエコーの物まねをマスターしたボブ・ペリーだ。ジョン・F・ケネディの大統領就任演説を、拡声器のせいで各単語が反復されるところまで完璧に、見事に演じてみせる。少し練習すれば、これは誰でもできるようになる。ネタとして選ぶのは、ケネディの演説のようにゆっくり発音された一節がよい。音節の間隔が長めのほうがやりやすいからだ。そして「Ask ask not not what what you you can can do do ...」（自分に自分に何が何ができるかできるか問うの問うのではなくではなく……）というふうに各音節を二度ずつ言えばよい。エコーのほうを少し弱く発音するとリアルになる。

大群衆の前でおこなわれる演説や駅の構内アナウンスが聞き取りにくいのは、ふつうは建造物のせいではなく電子装置が原因であることが多い。質の悪い放送設備があまりにも多くのスピーカーからあまりにも大きな音を出す。複数のスピーカーから発せられる言葉がずれて聞こえるのは、スピーカーから聞き手までの距離がそれぞれ異なるからだ。工学的な解決策として、音が一度に一つしか聞こえないように各スピーカーの位置と方向を調節するという手がある。全方向に音を発するのではなく特定の範囲に向けて音を発するスピーカーを使うこともできる。汎用型の電球ではなくスポットライトでターゲットに光を当てるというやり方の音響版だ。しかしターゲットを絞って音を送ることが常に可能なわけではなく、それが無理な場合にはすべての音源からの音がほぼ同時に聞き手に届くように、各スピーカーの音を電子的に処理して遅延させる。そうすると、聞き手の脳は複数のスピーカーから聞こえる音を一つの大きな音にまとめることができるので、同じ音が何度も聞こえるという耳障りで混乱を招く状況を最小限に抑えられる。

テレビのドッキリ番組『キャンディッド・カメラ』で、エコーのいたずら名人ボブ・ペリーがサンフランシスコのすばらしい眺望が見渡せるコイト・タワーに出向き、タワーの下で「エコー地点」と書かれた偽物の看板の隣に立った。ボブはだまされているとは知らないカモの横に立って大声で叫び、それからおよそ〇・二秒遅れでエコーの物まねをして、音がタワーから跳ね返ってきたと錯覚させる。そこでカモも叫んでみるが、いっこうにエコーは生じない、といういたずらだった。

ボブ・ペリーが演じているのは、音楽プロデューサーなら「スラップバックエコー」と呼ぶ音響効果で、時間差（ディレイ）をおいて一度だけ音が大きな音量で繰り返される。この効果は一九五〇年代のロックンロールの録音でよく使われ、エルヴィス・プレスリーなどの有名歌手の特徴的なサウンドを生み出すのを助けた。オーディオエンジニアはテープレコーダーを二台使ってエコーを電子的に生成した。大きなリールに巻かれた磁気テープ一本を二台のレコーダーに続けて通し、演奏中の音を一台目でテープに録音し、少し遅れて二台目でその音が再生されるようにする。こうすると、ディレイしたスラップバックエコーが生じる。一台目のレコーダーの録音ヘッドをテープが通過してから二台目のピックアップ部に到達するまでの時間によって、エコーのディレイ時間が決まる。たとえばドクター・ロスの〈ブギ・ディジーズ〉ではディレイ時間が約〇・一五秒となっており、エレキギターの音がすべて繰り返されるので、実際の二倍の速さで演奏されているような印象が生じる。

これと同じ効果によって、サン・レコードから発表された〈ブルー・ムーン〉などのレコードではエルヴィス・プレスリーのボーカルの独特なサウンドが生み出された。その後、エルヴィスはＲＣＡ

レコードに移籍してからも〈ハートブレーク・ホテル〉などで世界的なヒットを飛ばしたが、ＲＣＡのサウンドエンジニアはサン・レコードのようなスラップバックエコーのやり方がわからなかったので、スタジオの外の廊下で重たい残響を発生させてエルヴィスの声に重ねるという手に出た[20]。近ごろでは最先端のポピュラー音楽の制作にディレイは不可欠となっているから、スラップバックエコーを電子的に再現するのも簡単だろう。ＲＣＡのエンジニアがエルヴィスのレコーディングの際に電子装置を使わずにこの効果を出そうとするなら、スラップバックエコーが生じるように長いトンネルの前にスタジオを設けるか、あるいはドーム状の高い天井のある部屋を使う必要があっただろう（一辺が少なくとも三三メートルは必要だということを思い出してほしい。そうすると相当広い録音スタジオになるはずだ）。

イランのイスファハンにあるイマーム・モスクなら、エルヴィスのレコーディングの助けとなったかもしれない。エコーに関する古い記録によると、このモスクは「ケントルム・フォノカンプティクム」（エコーの発生源）なのだ。一七世紀につくられた建物は圧倒的な威容を誇り、幻惑的な青いイスラムタイルが張られている。巨大なドームが地上五二メートルまでそびえ、あるガイドブックによれば「個々の音が反復されて一連の明瞭なエコーとなる」[21]。ツアーガイドが喜々としてドームの下に立ち、紙片をはじいて「パタパタパタ……」と短く鋭い音を出す。するとすぐに室内でエコーが七回ほど続けざまに聞こえる[22]。音は床と天井のあいだを跳ね返りながら往復するが、床へ向かうときには湾曲したドームの作用で中心方向に集まるので、ひたすら垂直の上下運動を続けることになる。ドームがなければ、天井からのエコーはモスク内のほかの反射音にまぎれて聞こえなくなるはずだ。

図4.1 《アイオロス》

アーティストのルーク・ジェラムは、アートの媒体としてしばしば音を用いる。彼の作品《アイオロス》は、イラン旅行中にイマーム・モスクでエコーを聞いた体験から着想を得ている。私がルークと出会ったのは、七年ほど前のことだ。メディア向けの科学プレゼンターを発掘するタレントオーディション方式のコンテストとして『フェイムラブ』が開催され、その最終選考に二人が残ったのだった。二〇一一年に《アイオロス》、あるいは彼の言い方では「僕の一〇トンの楽器」がメディアシティーUK〔訳注　マンチェスターのメディア集積区〕にある私の大学の構内に展示されたとき、私はルークと再会した。

《アイオロス》は鋼鉄製の巨大なハリネズミを輪切りにしたような形で、高さ四、五メートルのアーチの上面から側面にかけて三〇〇本の長い鋼鉄製パイプが突き出ている（図4・1）。この形状は、ルークがイマーム・モスクで指を鳴らしたときに、どもるようなエコーが一二回聞こえたことがきっかけとなって生まれた。《アイオロス》の内部のしかるべき場所に立って声を出すと、アーチの内壁で音が跳ね返されて集まることによって微妙に増幅されるのを聞くことができる。鋼鉄製パイプは内側が鏡張りになっていて、そこから射し込む光がモスクの装飾に似た幾何学模様を描き出す。

　この立体作品で最も目立つ外観的特徴はアーチだが、主たる音響効果は長いワイヤから生じる。ワイヤは周囲に立てられた支柱から作品まで張られているが目にはほとんど見えず、それぞれが風の力で振動する。パイプの先端に膜が張られ、そこに木製の棒状の部品が取り付けられている。この部品はワイヤとつながっており、ヴァイオリンのブリッジのように作用してワイヤの振動を膜に伝える。すると膜がパイプ内の空気を共鳴させる。以上が合わさった結果として、脈動するような奇妙な音が生じる。この音は、アメリカ人作曲家スティーヴ・ライヒのつくるミニマルミュージックで風の変化によって音が生まれては消えていくのと似ている。

　この作品の名称は、ギリシャ神話で四つの風を支配する神の名に由来する。ルークの狙いは「人の空想の中に絵を描くために音を」使い、見学者が「作品の周囲で変化する風のランドスケープを視覚化」できるようにすることだ[23]。音はどこか上のほうから流れてくるように感じられ、位置を特定するのが難しい。パイプの長さは音階が形成できるように細かく設定されている。そしてその名にふさわしくエオリア旋法が用いられており〔訳注　エオリアの語源はアイオロス〕、その短音階によって音は邪悪で不気味な気配を帯びる[24]。目を閉じれば、火星人が襲来するB級映画の登場人物になったような気分が味わえる。

　ルークが《アイオロス》を制作しようと決めたのは、イランでベテラン掘削作業員に出会って、カナートと呼ばれる灌漑用の地下水路を建設するときの話を聞いてからだった。掘削現場は水びたしで、

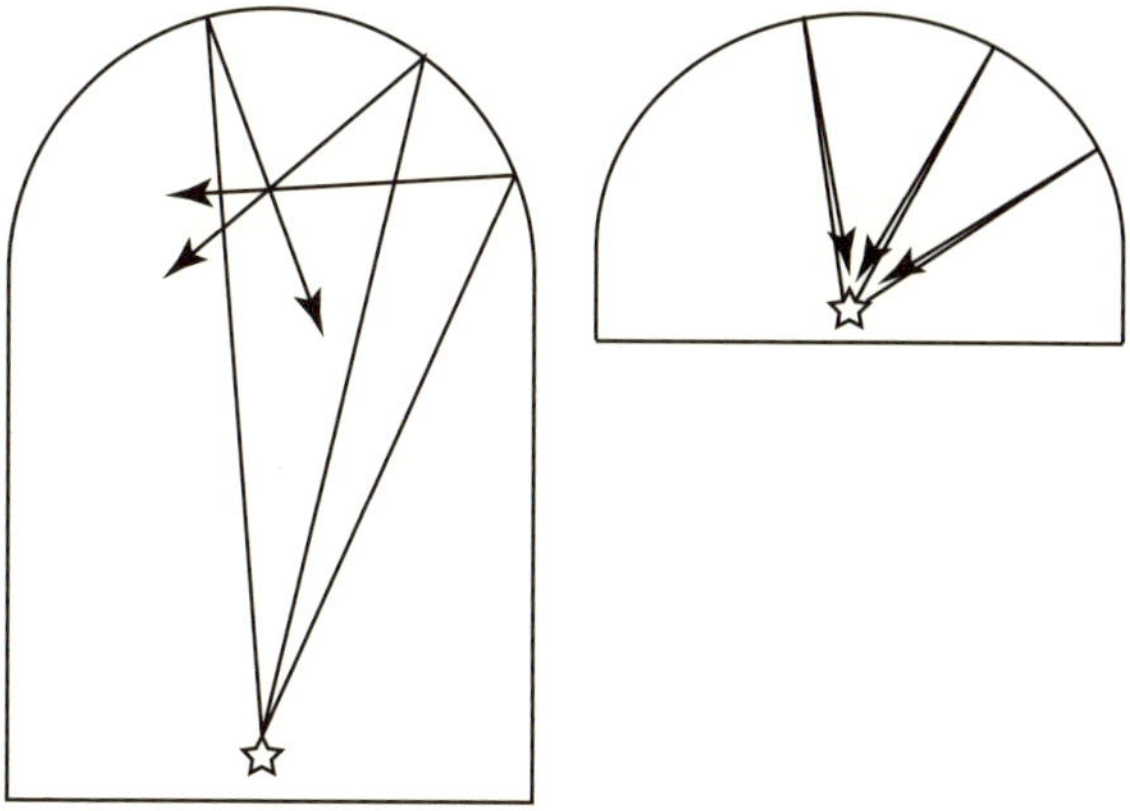

図4.2　2種類の建物で音が集中する効果

狭苦しくて危険に満ちている。おそらく最も恐ろしい作業は、水源に向かって下から掘り進む「悪魔の掘削」だ。掘った穴が貫通する瞬間に自分が窮屈なトンネルにいて、上から水が滝のように流れ落ちてくるところを想像してみればいい。音を奏でる建造物をつくるという発想をルークに与えたのは、風の中でうなりを上げるカナートの通気孔だった。

イランのイマーム・モスクのようにドームを設けた壮大な建造物はたくさんあるが、明確なエコーを生じさせるのにぴったりな曲率でドームがつくられているものはめったにない。図4・2の左側に示した設計では、焦点の位置が高すぎる。一方、右側の設計なら増幅された音が地面の高さに立つ聴取者のところに戻り、エコーの反復パターンが生じる。私は録音されたエコーの間隔を計り、それにもとづいてイマーム・モスクの室内高は三六メートルと推定している。モスクの床には立つべき位置が記されている。エコーについて書かれた古い文献によると、この場所は「ケントルム・フォニクム」（音の中心）と呼ばれる。

床と天井の表面が音をほとんど吸収しない材料でできて

いるという条件も必須だ。イスラム教のモスクのタイルは二つの点で理想的である。第一に、音波の力では物理的に振動させられないほど重い。第二に、空気をほとんど通さないので音波が進入しにくく、表面で跳ね返される。

ロンドンにあるブリクストン・アカデミーは、開館当時はアストリア劇場と呼ばれ、一九二九年に竣工したアール・デコ建築の驚異の一つだった。オープン初日の夜にはアル・ジョルソン主演の『シンギング・フール』が上映され、映画監督のアルフレッド・ヒッチコックの姿もあった[25]。この劇場ではドームと傾斜した床とのあいだで反射によるエコーが起きるが[26]、そのエコーが聞こえるのは客席が無人の状態で音響チェックをするときだけだ。満員になると、音は客の衣服の布目に入って吸収され、音波はエネルギーを失う。演奏会で客の入りが悪いときには、エコーによって喝采が増幅されて客の少なさが埋め合わされるというありがたい効果が生じる。

フランスで活動する研究者で音響コンサルタントのブライアン・カッツは同僚とともに、興味深い集音作用を示した天井の研究をしている[27]。これはかつてパリにあったが取り壊されて久しい建物の一室の天井で、その部屋はフランス革命中に執行された数千件の死刑と関係があるとされている。一九世紀にオーギュスト・ルパージュはこう記している。「黙想と祈り（をおこなうため）のこの部屋には、血みどろの記憶が結びついている。一七九二年九月の大虐殺中に……あの有名な法廷が置かれていたのはここだ」。ルパージュは部屋の説明を続ける。「巨大な柱が屋根の骨組みを支えていた。それは驚くべき建築物だった。ドーム型の丸みを帯びた骨組みはヨーロッパグリ材でつくられ、金釘はいっさい使用されず、一〇〇〇個の部品が木釘だけで固定されていた[28]」

この部屋は一八七五年に解体されたが、一九世紀につくられた小縮尺模型が現在はパリ工芸博物館に保存されているので、ブライアンはこれを使って研究することができる。天井は、枝編み細工のかごを伏せてほぼ平らにつぶしたような形をしている。下から見ると、屋根には梁《はり》がいくつもの円をなすように組まれ、それぞれのあいだにすき間がある。湾曲面によって音が集まるが、その焦点の位置が高いため、人間の耳ではその効果を聞き取ることができない。その音響効果の秘密は、天井の中心に近いところでは梁の間隔が広く、端のほうでは間隔が狭くなっていることにある。ブライアンによると、ある特定の周波数ではさまざまな梁からの反射音が合わさって部屋の中央で音を増幅させる。これは幾何学のいたずらだ。ドームの木格子は、一九世紀に光の回折の研究をしたフランス人物理学者のオーギュスタン゠ジャン・フレネルにちなんで名づけられたフレネルゾーンプレートという板状の光学部品に似ている。フレネルゾーンプレートは、回折を利用して光を集める。これを使えばレーザー光線を集束することができる。また最近では、宇宙望遠鏡で用いられる重たいレンズに代わる軽量の代替品とすることが提案されている。(29) 音響学の分野では、超音波のビームを集束するのに使える。

エコーは単に愉快な現象というだけではなく、安全性の助けにもなる。タイタニック号の沈没事故から数年後、濃霧の中でニューファンドランド島周辺のグランドバンク海域沖を航行していた貨物船が、北大西洋でタイタニック号と同様の破滅に陥るのを免れた。このときのようすを機転の利く船長がこう語っている。「霧笛を五秒鳴らすと、霧の中から同じ音が返ってきた。しかしこれは別の汽船の呼びかけだろうか？　もっと細かいパターンで霧笛を鳴らすとまったく同じ音が返ってきたので、エコーだとわかった」。「デイ」紙は、「気配を感じて耳で聞くことはできるが姿の見えない氷山に衝突するのを避ける」ために彼がどんな回避行動をとったか伝えている。(30)

船乗りが反響定位を利用した過去の事例としては、ワシントン州のピュージェット湾を航行する際のならわしもある。一九二七年の「ポピュラー・メカニクス」誌の記事は、ピュージェット湾からアラスカに至る内海航路を「折れ曲がっていることでよく引き合いに出される犬の後脚よりももっと屈曲した、狭くて曲がりくねった航路」と評している[31]。濃霧の際、当時の航海士は自分の船が鳴らす汽笛のエコーを聞いて位置を特定していた。霧が濃ければ外洋では速度を落として航行するが、この航路は潮流が強いのでそれができなかった。記事はこう説明している。「全速力で前進し、それから全速力で後退する。これがエコーに頼る航海士のルールだ[32]」。エコーが一秒後に返ってきたなら、汽笛は往復で三四〇メートルの距離を進んできたはずだから、船は岸から一七〇メートルのところにいるということになる。航路の進み方を習う船員は、主要な陸標から反射音が戻ってくるまでの時間を覚える必要があった。エコーが起きないほど海抜の低い小さな島には、汽笛を反射させて航行を助けるために八メートル四方の標識板が設置された。

この雑誌の別の号には、航海士が海岸線のタイプもエコーによって判断したと書かれている。「低い海岸線からはシューというエコーが返ってくるが、高い断崖からはドスンという強い音が聞こえる。砂や砂利の海岸から届くエコーはキーキーという音で、二股に分かれた岬からは熟練した耳には二重のエコーが聞こえる[33]」。こんな話は信じがたかったが、目の見えない人による反響定位の実験をしているノルウェーの音響専門家、トール・ハルムラストの講演を聴いて私は考えを変えた。

舌打ち音を出してその反射音を聞くことで、人間もイルカやコウモリやアブラヨタカと同じやり方で聴覚を頼りに歩き回れるようになる。幼少時に反響定位を習得したダニエル・キッシュは、六歳のころに学校で活発に過ごす一日がどんなものだったか「ニュー・サイエンティスト」誌で語っている。

すばやく舌を鳴らし、頭を使ってようすを探り、慎重に足を進める……前方の音が柔らかみを帯びれば、行く手に広い草地があるしるしだ。……不意に、目の前に何かが現れる。私は足を止める。「やあ」と思い切って言う。まずは誰かがそこに黙って立っていると思うからだ。しかし舌を鳴らして頭でようすをうかがううちに、そこにあるものが人間にしては細すぎることがわかる。

それが何かのポールだと気づき、手を伸ばして触れる。……九本のポールがすべて一直線に並んでいる。そこがスラロームのコースだということをあとで知る。スラロームをやってみたことはないが、激しく舌を鳴らしながら立ち並ぶ木々のあいだをジグザグに走って自転車の練習をしたことならある。(34)

舌を鳴らすとき、ふつうは口の中で舌をすばやく下に動かす。同時に息を吸い込んだり、短く鋭い声を出したりすることもある。音は人によってまったく異なるので、他人の声を使って反響定位をするのは難しい。(35)人の出せる音の多様性は驚くほどだ。舌の先端と上あごのあいだに真空をつくってそれをすばやく開放することで生じる口蓋音は、反響定位に適している。短くて大きいので、うるさい場所でも聞き取りやすいのだ。

また、口蓋を使った舌打ち音には多くの周波数にまたがる音が含まれるので、反響定位をする人には都合がよい。(36)ほんの数メートル先に物体があるかどうか音で知ろうとする場合、そのような物体の表面からの反射音はたいていすぐに戻ってきてしまい、自分の出したもとの音とは別個に聞こえないので、これをする人は左右それぞれの耳に聞こえる音の微妙な差異を検出できるようになる必要がある。舌打ち音とその反射音との干渉によって周波数のバランスが変化し、ミュージシャンが「音色」と呼ぶ音の性質が変化することもある。たとえばもとの舌打ち音が反射音によって延長され、それによって近くにある物体から反射音が生じていることが示唆されるかもしれない。この効果は反射面からの距離によって決まる。というのは、この距離によって反射音が届くまでの時間が変わるからだ。また、物体が音波をどのように反射するかにも左右される。大きな物体のほうが低周波音を強く反射し、柔らかい物体は音を吸収しやすいので反射音が弱くなる。研究によれば、反響定位の初心者でもほんの少し練習すれば、四角形、三角形、円形くらいは区別できるようになるらしい(37)。

きわめて風変わりなエコーのなかには、人工の構造物から生じるものもある。曲面をそれなりに設計すればエコーを集中させることができ、平らな壁を互いに平行に設置すれば自然界の物体の表面では起こりそうにないパターンで音を反射させて往復させることができる。たとえば橋の下のアーチ部分は〝音の驚異〟となる可能性が高い。私は《アイオロス》を鑑賞する数カ月前、フランスのドルドーニュ川でのカヌー旅行中にそのことに気づいた。ある石橋のアーチは音が水面で焦点を結ぶのにぴったりなサイズと形状をもっていて、パドルで水を叩くとすばらしい反響音が生じた。昼の休憩時に、私は砂州の上にかかる別の橋の下を探索した。アーチの端に背を向けて手を叩くと、びっくりするようなフラッター音が聞こえた。多重エコーだった。

大西洋の反対側、マサチューセッツ州のニュートン・アッパー・フォールズにも同様のフラッター音が顕著に聞こえる水道橋があり、住民はこの橋をエコー・ブリッジと名づけた。橋は一八七〇年代に建造され、幅四〇メートルのアーチがチャールズ川をまたいでいる。見物客がその音響効果を試せるようにとわざわざデッキがつくられ、そこへ降りる階段まで設けられている。インターネット上では、自分の声のエコーを聞いて狂ったように興奮する犬の動画がいくつか見られる。犬は川の対岸に自分と張り合う犬がいると思い込むのだ。この橋に引きつけられるのは、観光客やいたずら好きな犬の飼い主だけではない。科学者も関心を寄せている。一九四八年九月、アーサー・テイバー・ジョーンズはあるちょっとした研究について詳述した短報を「米国音響学会雑誌」に投稿した。「手を叩くとエコーが一〇回ほど返ってくる。その音はしだいに弱まりながら、一秒間に四回ほどのペースで聞こえる」[38]。ジョーンズは、反射が起きる原因を突き止めるためにおこなった巧妙な実験について記述している。

ジョーンズが解こうとしていたのは、音は湾曲したアーチの内面に沿って進むのか（次章で取り上げるささやきの回廊と同じように）、それとも水面に沿って水平方向に伝わるのか、という問題だった。音が伝わってくる方向を特定するためにラッパ型集音器を使ったが、うまくいかなかった。さらに毛布を使ってアーチの周囲で発生する音を遮断しようとしたが、この試みも強風のため失敗に終わった。

私は自らこの橋に赴くことはできなかったが、写真や絵葉書を探し、それらからアーチの形状を推定した。また、吠えている犬を映した動画の音声から、エコーの時間差を計算した。そして最終的に、最新の予測法によって音の動きを視覚化することに成功した。

図4・3は、この橋について理解するために制作したアニメーションからとった一二コマを示す。各ショットはアーチの下のほぼ半円形になったスペースを示している。このスペースの左側にデッキ

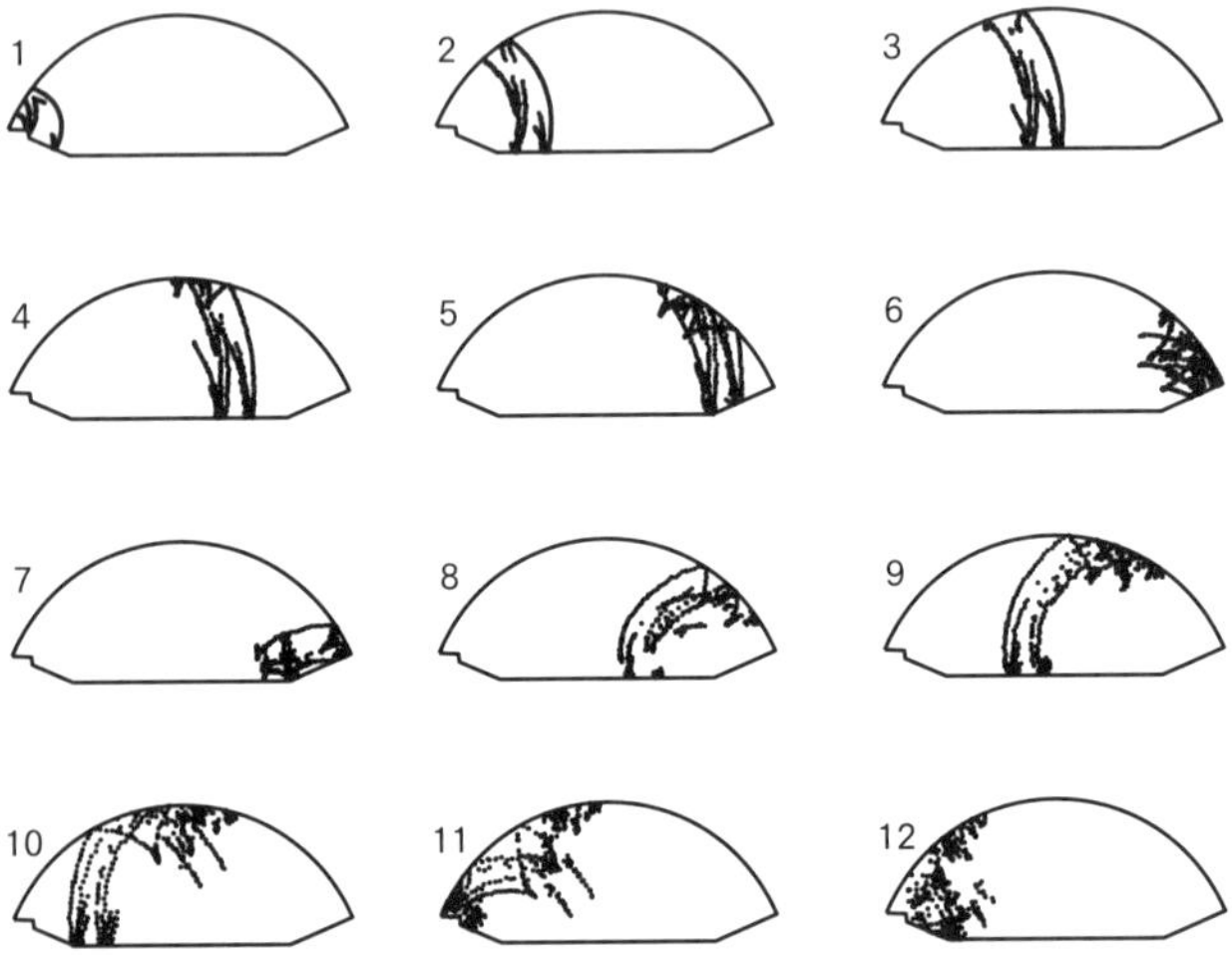

図4.3　エコー・ブリッジの下で生じる音の動きを示すアニメーションからのスナップショット

があり、下の長い直線は水面を表す。左上のコマから始まり、ドットは音が発声者から橋の反対側へ伝わってから戻ってくるようすを示す。

このアニメーションをつくる際、音を多数の小さなビリヤードボールと考え、それがデッキから全方向に放たれるものとしてモデル化した。コンピューターを使えば、変わった形のビリヤード台のあちこちでボールがどのように跳ね返るかわかる。図4・3の一枚目から六枚目までの画像では、音は左から右に向かっている。それから今度は反射して右側から逆方向に戻っていく。音は湾曲面の内側と水面の両方に沿って進む、というのがジョーンズの問題に対する答えだ。

エコーを扱った昔の作家たちが見つけたがったのは、反復回数が極端に多い並外れた多重エコー、つまり「ハ」と一度言うだけでそれを「ハハハハ……」という笑い声に変えるようなエコーだった。マーク・トウェインの短編「山彦」では、エコー収集家によるその試みがばかばかしさの域に達している。

多分あなたもごぞんじかと思いますが、山彦市場における値段の段階はちょうどダイヤモンドのカラットのように集積的になっておりますし、事実言葉の使い方も同じなんです。例えば、一カラットの山彦は、その山彦のついた土地の価格に一〇ドル増しの値打をもっていますが、二カラット、いいかえれば二連発の山彦となると三〇ドル増しになっています。五カラットのものは九五〇ドル、一〇カラットになると一万三〇〇〇ドルもします。私の叔父のオレゴン州の山彦——彼はこれを「大ピット・エコー」と呼んでいましたが——は二二カラットの宝物で、二一万六〇〇〇ドルもかかりました。それは土地もひっくるめての話でした。[39]

一七世紀には、実在の収集家で迷信の偽りを暴くことを好んだマラン・メルセンヌが、ローマにあるアヴェンティーノの丘の近くに建つ塔ではウェルギリウスの『アエネーイス』の第一行全体を朗読するとそれが八回繰り返されるという話を検証した。[40] 八回繰り返されるのを聞くのに四〇秒近くかかっていることから、最も遠くで反射した音は往復一四キロの道のりを伝わってきたはずだが、この距離は声が聴取可能な大きさを保ったまま伝わるには遠すぎる。

これより信憑性の高い話としては、一六世紀に建てられたミラノのヴィラ・シモネッタをめぐるものがある（図4・4）。一八世紀の大数学者ダニエル・ベルヌーイは、ここではエコーを六〇回まで聞き取ることができると言った。[41] トウェインは旅行記『イノセント・アブロード』（勝浦吉雄・勝浦寿美訳、文化書房博文社など）にこの建物の話を記し、二人の紳士をもてなそうとラッパを吹いてエコーを

図4.4　ヴィラ・シモネッタ

起こす婦人の姿を描いた挿絵も添えている。イタリア庭園について執筆したイリス・ラウターバッハは、この屋敷が一九世紀に入ってもしばらく評判を保ったが、「それはその庭園ゆえではなく、エコーのおかげだった」と指摘している。[42]

屋敷はコの字形で、完全に平行な二つの大きな翼棟が三四メートル離れて向かい合っていた。中庭は三辺が建物に囲まれ、一辺だけが草木の生い茂る庭園に向かって開《ひら》けていた。一方の翼棟の二階には、屋根の近くに窓が一つ設けられていた。この窓から声を発すると、その言葉は平行な両翼棟のあいだで跳ね返り、中庭を往復した。〇・二秒で一往復するので、ごく短い音が何度も繰り返されることになる。古い記録には、ピストル[43]の銃声が四〇回から六〇回も反復したと書き残されている。屋敷を描いた一七世紀の版画を見ると、両翼棟の上階の壁がきわめてすっきりした平面だったことがわかる。このおかげで、音が別の方向に散乱してエコーの経路から消失することなく、何度も往復できたのだ。

その版画を見ると、エコーを発生させるときに使う窓は奇妙に感じられる。両翼棟の上階の壁に開口部はこれしかなく、建築構造上の対称性が破綻しているのだ。音響現象を利用するためにわざとそんなところに窓を設けたのかとも思える。不運にも第二次世界大戦中の空爆で屋敷が著しく損壊したため、中庭は壮麗な柱廊と眺望を失ってしまった。そして残念なことにエコーも鈍くなり、一回しか返ってこなくなった(44)。

トンネルに入るとつい叫び声や歓声を上げてしまうのは私だけだろうか。あるいはそうするなと言うほうが無理に近いのか。トンネルと一口に言っても、すばらしいものやさほどよくないものがあり、私のお気に入りの一つはロンドンのグリニッジ付近でテムズ川の下を通る地下歩道だ。一九〇二年に完成したこの歩道は、サウス・ロンドンの住民が川を隔てたアイル・オブ・ドッグズ側に徒歩で通勤できるようにと建設された。フランスから帰国して数カ月後の寒い冬の夜、私はそこの音響に関する幼いころの記憶が正しいかどうかを確かめようと、その場所を訪れてみた。歩道のはずなのに、自転車で通る人がほとんどのようだ。私は長さ三七〇メートルのトンネルをしばらく歩き回った。トンネルは太い円筒形で、オフホワイトの化粧タイルが壁面を覆っている。

照明の行き届かないトンネルは、直径がわずか三メートルほどだ。音波は横方向に跳ね返って往復するときに激しくゆがみやすい。中央に立って声を出すと、その声はビーンという金属的な音を立てて反響した。トンネルの共鳴によって声に含まれる特定の周波数が極端に増幅され、不自然な響きになった。私は音響アーティストのピーター・キューサックにこの場所の印象を尋ねたことがある。

トンネルの中ほどで路上演奏がおこなわれることがあるが、トンネルの端ではどんな曲なのかさっぱりわからず、演奏している楽器さえわからない。端まで届くのはぼんやりした音楽らしきものだけだが、それがじつはけっこう心地よい。トンネルに入って近づいていくと音楽がだんだんはっきりと聞こえてくるが、そばに行くとちょっとがっかりさせられることも少なくない。(45)

途中で、貨物列車が接近してくるような音が聞こえてあわてたが、実際にはスケートボードの音がトンネルで増幅されただけだとわかって安堵した。音の主は私の横を通り過ぎてからスケートボードを足先ではじき上げたが、つかみ損ねた。すると広い大聖堂の扉を勢いよく閉めたようなものすごい衝突音が鳴り響いた。最初の轟音が何百メートルも先にあるトンネルの突き当たりの壁まで伝わり、それから聴取可能なエコーを伴って戻ってきた。壁面が硬いタイルで覆われているので、音は消失するまで長時間にわたってトンネル内で響き渡ることができるのだ。

イングランドのブラッドフォード大学の工学者たちは、トンネル内では音が長距離を伝わることを利用して、下水管の詰まりを検出している。ノイズを下水管に送り込み、聞こえるエコーをすべてマイクで録音する。エコーが届くまでの時間によって、詰まっている箇所までの距離がわかり、反射音の音響特性によって詰まりの規模とタイプがわかる。

多くのトンネルで印象的な音響が生じる理由の一つは、トンネル内では極端に長い距離を音が伝わることにある。屋外で人と話すときには、相手との距離が離れれば聞こえる声は小さくなる。風船を膨らませるところを想像しよう。膨らむにつれて、風船のゴムは面積が広がって厚みが薄くなる。屋外で音源から離れるのは風船の端に立つのと同じようなことで、エネルギーが風船のゴムと同様に拡散するので音が小さくなるのだ。ところがトンネルでは、音波は内幅いっぱいに広がったまま、音源から遠ざかってもその幅は変わらない。エネルギーが失われる要因は、トンネルの壁による吸収だけだ。壁がタイルやレンガ、あるいは塗装コンクリートといった硬い材料でできていたら、音はものすごい距離を伝わることができる。

グリニッジで自分の声があれほど金属的に響いた理由を知りたいという気持ちが消えずにいた私は、体験すべき例をもう一つ見つけた。あのトンネルよりもさらに強い効果が生じる場所だ。ロンドンの科学博物館には体験型の展示室があって、科学を楽しむ子どもたちでにぎわっている。奥の壁に沿って、長さ三〇メートル、直径およそ三〇センチの長い工場用配管が斜めに設置されている。私がこの「エコーチューブ」で実験を始める直前、一人の少年が「銃みたいな音がする」と口にした。これはうまい表現だ。手を叩くと、金属板を叩く音とSF映画に登場する反動の弱いレーザー銃の音を合わせたような音がした。

音を支配するのは管の材料だと思う人が多いのではないだろうか。確かに展示室の管は金属製だったが、私の発する声や手を叩く音がロボットのような音質を帯びたことについては、材料はほぼ無関係なのだ。コンクリートでも金属でもプラスティックでも、硬い材料なら何でもよく、いずれにしてもグリニッジのタイル張りの地下歩道で聞こえたのと同じようにビーンと響く音になったはずだ。何よりも重要なのは管の内部の形状である。というのは、振動の大部分を担うのは管の壁ではなく空気だからだ。楽器についても同様の誤解が存在する。私は若いころクラリネットを習っていたが、この楽器の低音域はいかにも「ウッディー」だと言われることが多く、音がウッディーなのは黒いエボナイトの管から生じるからだと思う人もいるかもしれない。しかし私の同僚のマーク・エイヴィスがあるとき真鍮製のクラリネットを吹いて、その音が著しく「ウッディー」であることに気づいた。偉大なジャズミュージシャンのチャーリー・パーカーは演奏会で何度かプラスティック製のサクソフォンを使ったことで知られるが、それでも彼独特のサウンドは変わらなかった(46)。

同様に、トランペットやトロンボーンの「金属的」な吹奏音も、通常それらの材料として使われる金属によるものと誤解されているかもしれない。コルネットなどの昔の金管楽器はじつは木材でできていたが、それでも「金属的」な音が出せる。一つの楽器からは同時にさまざまな周波数が発生する。これは倍音と呼ばれ、楽器の音に固有の音色をもたらす。オーケストラでオーボエが音合わせ用の音(四四〇ヘルツのA音)を出すと、同時に八八〇、一三二〇、一七六〇ヘルツの音も発生する。これらの「倍音」は「基音」の周波数の倍数になっていて、それぞれの強さは楽器の形状によって決まる。トロンボーンを強く吹くと、管内でソニックブーム〔訳注 超音速飛行の航空機による衝撃波から生じる轟音〕が生じるときと似た衝撃波が起きて、高周波音が大量に生じる。「金属的」な音は、並外れて強い高周波の楽音に伴って発生するのだ。

科学博物館のエコーチューブには強い倍音がいくつかあるだけで、これらは基音の周波数の整数倍にはなっていない。楽器の音が美しく聞こえるのは、周波数が一定間隔で並んだ倍音が生じるように設計されているからだ。大きな金属片は周波数の間隔が不規則で、不協和な音を出しやすい。この性質によって、不協和な周波数の音を放つエコーチューブは声に金属的な音質を加えるのだ。音の始まり方と終わり方も楽器の音色を決める重要な特性となる。金属製のバーチャイムは美しい音を長く鳴らすことができる。同様に、科学博物館のエコーチューブでも内部の空気が延々と鳴り響いたのだ。

しかし、エコーチューブについて私が興味を引かれたのは別の点だった。手を叩くとヒューンという音がして高周波でエコーが始まり、それから音高が下がっていったのだ。何人かの同僚にこの話を

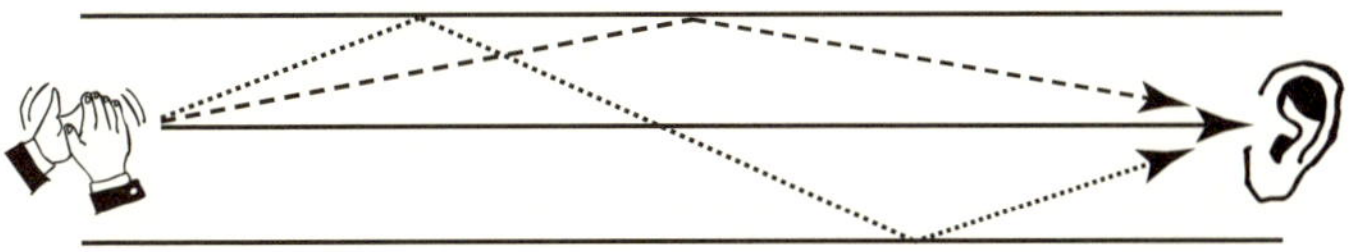

図4.5　長い管の一方の端で手を1回叩き、反対の端でそれを聞く

すると、彼らもやはり不思議がった。単純な管の中で周波数が変化するとは誰も予想しなかったからだ。科学者をやっていて楽しいことの一つは、予想が覆されて、解明すべき新たな事柄を発見することである。文献を調べると、この下降するヒューンという音は「暗渠の笛吹き」という現象であることがわかった。これが最初に記録されたのは数十年前で、アメリカ人科学者のフランク・クローフォード（故人）がカリフォルニア州で砂山の地下を通る排水路からさえずり音が聞こえるのに気づいたのだった。彼の観察を説明しようとしたある記事によると、「クローフォードはサンフランシスコのベイエリア中の暗渠に赴き、その前で手を叩き、ボンゴを打ち鳴らし、ベニヤ板を叩いた」そうだ[47]。

図4・5に示すように、暗渠の一方の端で誰かに手を一度叩いてもらって反対側の端でそれを聞けば、管の中心を最短距離で直進する音がまず届く。次に、側壁で一度反射して少し余分な距離を進んだ音が届く。その次には、両側の壁に一度ずつぶつかって管内をジグザグに進んだ音が届く。それ以降は、もっとジグザグが多く長いルートをたどった音が届くようになる。時間の経過とともに到達するこれらの音を図4・6のようにプロットすれば、反射音が最初のうちは密集して届くが、やがて間隔が徐々に広がって、最後にさえずり音が消えることがわかる。どの瞬間にも、さえずり音の高さは連続する反射音の間隔によって決まる。初めのうちは反射音が短い間隔で次々に届き、高周波の音が生じる。間隔が広がるにつれて、周波数は下がっていく[48]。振動が金属などの固体を通過するときにも、同様の下降グリッサ

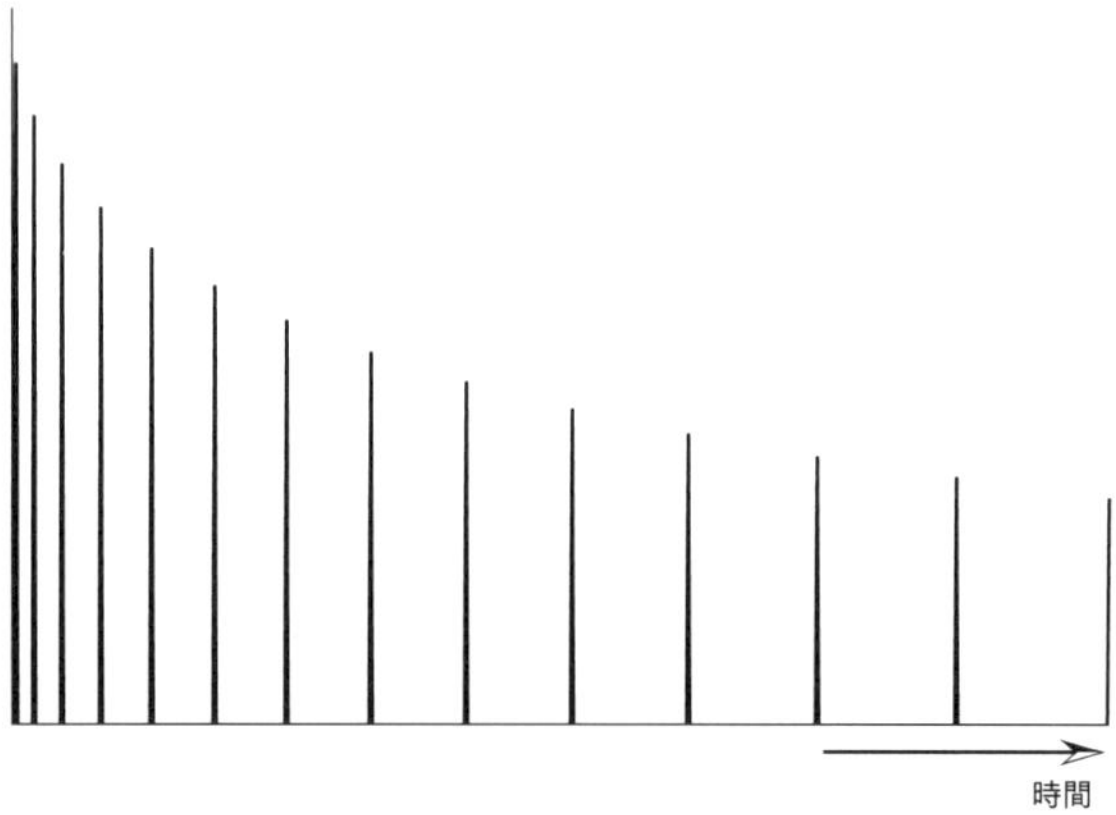

図4.6　暗渠内で手を1度叩いたときの音とその反射音（到達する音のパターンを明確に示すために、それぞれの音を単純化してピークを1つだけにしている）

ンドが生じる。これもエコーチューブが金属的な音を出す理由の一つかもしれない。

楽音に近い音を生じるエコーで重要なのは、複数の反射音の存在である。カヌー旅行からまもない暑い夏の午後、私は子どもたちを連れてフランスのアングレーム市にある漫画博物館を訪れた。子どもが館内で『アステリックス』や『タンタン』の膨大なコレクションに夢中になっているあいだ、私は外で待っていた。退屈した私は実験を始めた。手を叩き、博物館（横幅の広い低層の白い建物で、かつてコニャックの保管庫だったものが転用されている）の正面からの反射音を聞くという実験だ。ところが別のところから反射音が聞こえるのに気づいた。握り締めるとキューキュー鳴るおもちゃがあるが、それと似た高い音が、右側の階段のほうから聞こえてきたのだ。「楽音」エコーだ！　この短い階段から聞こえる奇妙な反射音を録音してメモをとるうちに、さっきまでの退屈は吹き飛んで、私は昼下がりの実験に没頭した。

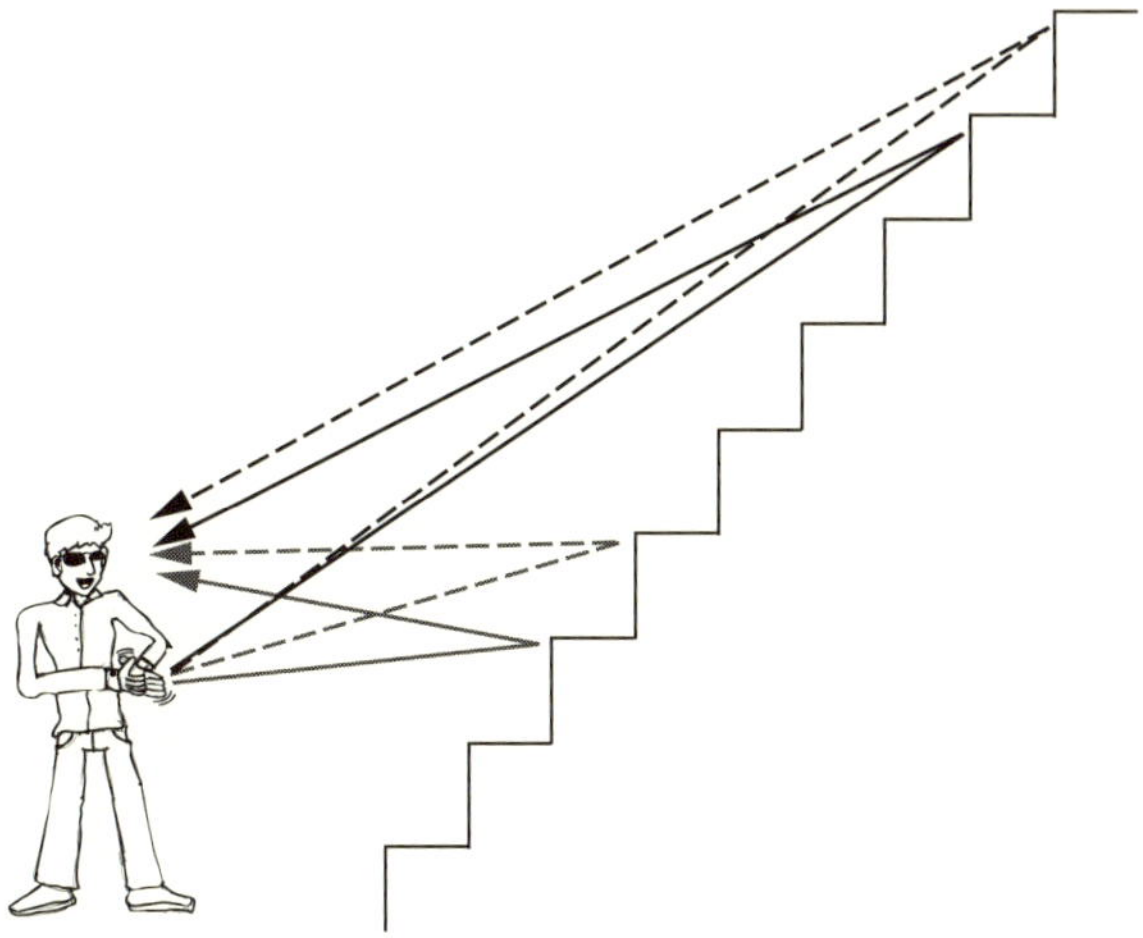

図4.7　階段から生じるさえずり音

私が聞いていたのは、第2章で登場したマヤのピラミッドのさえずり音と同じ現象だった。階段はさまざまな音を出すことができる。音響エンジニアのニコ・デクラークから、アヒルが鳴くような音を出す階段について書いた手紙をもらったこともある。「それはスリランカのメニク川（宝石の川）に面したところにある。聖地カタラガマへ行くには、この川を渡らなくてはならない。……川を渡っていくとき……自分で手を叩いたり、あるいは現地の女性が洗濯物を岩に打ちつけたりすると、アヒルの鳴き声のような音が聞こえる」[49]。ヨーロッパに話を戻すと、アーティストのダヴィデ・ティドーニはオーストリアのリンツ市のあちこちで風船を割って、奇妙な音響の生じる場所を紹介しており、その一つがあえぐような破裂音を発する非常に長い階段だった[50]。

　これらの奇妙な音は、風船の割れる音や手を叩く音が階段の各段の反射パターンによってゆがめられることによって生じる。このパターンは階段の形状で説明できる（図4・7）。図4・8は、マヤのピラミッド「エル・カスティーヨ」の正面で手を一度叩いたときに、階段の各段から一度ずつ戻ってくる合計九〇回の反射音を示す。最後の二音の間隔は出だしの二音のおよそ二倍になるので、周波数は約一オクターブ下がる。

さえずり音を分析するのに最適な方法はおそらく、前にコウモリの鳴き声を調べたときと同じくスペクトログラムを使うことである。図4・9の上図は、階段から生じるさえずり音のエコーを表す。左端の黒い縦線は手を叩いたときの最初の音を示す。右側に向けて下降していくぼやけた黒っぽい線は、反射音の音高が下がっていくようすだ。この音響パターンを、下図のケツァールの鳴き声と比べてほしい。こちらでも同様の下降線が見られる。このように音高の下がり方が似ていることで、階段のエコーが鳥のさえずりと似ていると感じる人のいる理由が説明できる。

階段からの反射音は、階段のサイズと段数だけでなく、手を叩く人の位置にも左右される。漫画博物館の外のキューキューと鳴る階段はかなり短いので、鳥のさえずりのように長く続く音を出すには反射音が足りなかった。スイスのニーゼン山を登るケーブルカーに沿って設けられた階段は、世界で一番長い。ここは年に一度のマラソンのときだけ一般に開放されるが、一万一六七四段の階段を昇りきるのに最速の出場者でもおよそ一時間かかる。音響モデルでこの階段をシミュレートすると、汽笛のあえぐような音がした。

実験してみたいという人には、近くにほかの反射面のない、静かな場所にある階段を探すことをお勧めする。特別に長いものである必要はなく、二〇段くらいでもよいが、段数が多ければ多いほど効果は際立つだろう。

考古学者はマヤのピラミッドの側面に設けられた階段の役割をめぐって議論し、ケツァールのさえ

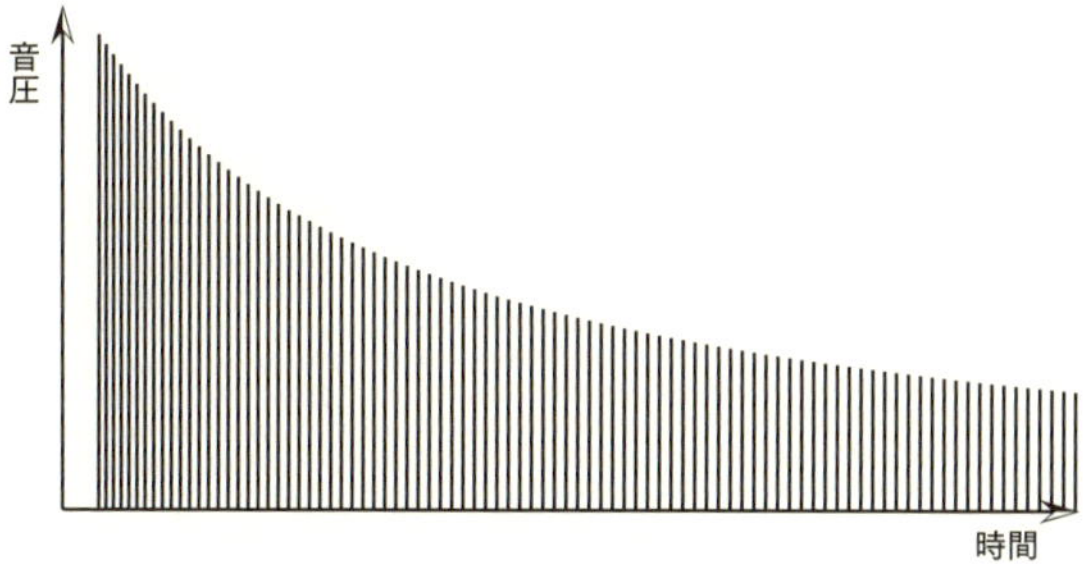

図4.8　マヤのククルカンを祀ったピラミッド、エル・カスティーヨの階段の前で手を1度叩いたときの反射音

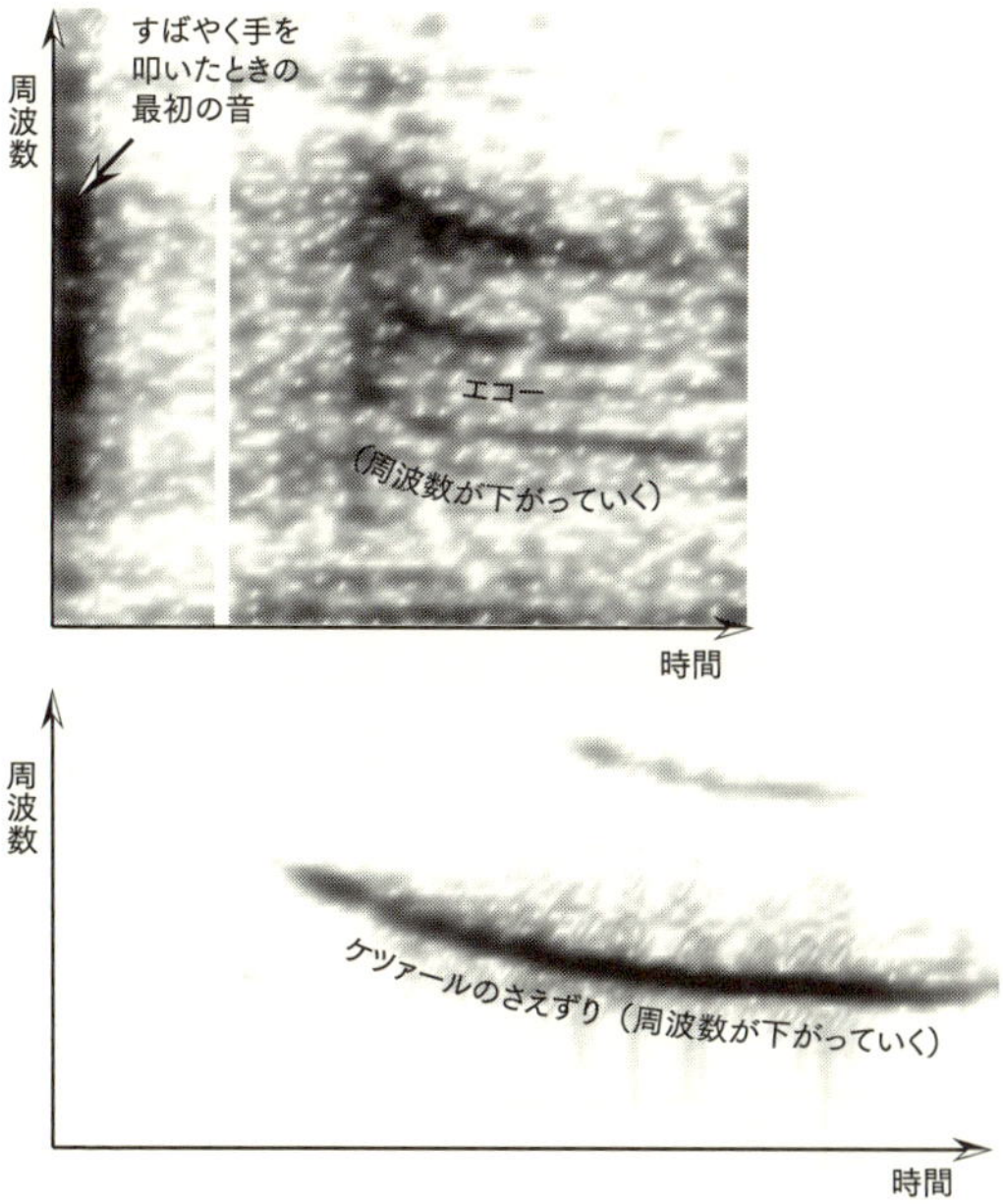

図4.9　ククルカンのピラミッド（上）とケツァール（下）の音響パターン（さえずり音の下降線を見やすくするためエコーを誇張している）

ずりに似た音を出すように意図的につくられたのかという点についても議論している。この論争はさておき、マヤ族の人々が階段をこれとは違う形状にしていたら、どんな音になっただろうか。

手を叩いたときに階段から聞こえる反射音は、音が各段から跳ね返って聴取者のもとへ戻るときに重なっていく反射音のパターンによって決まる。ふつうの階段では、戻ってくる反射音の間隔は初めのうちよりもあとのほうが長くなるので、さえずり音の周波数は下がっていく。下手な大工が階段をつくったらどうなるか想像してみよう。この階段は各段の高さがそろっていない。階段の下のほうでは上がるごとに段の高さが狭まり、そこから聞こえる一連の反射音は音高が上昇していく。そして上のほうではしだいに段が高くなっていき、音高が急激に下がる。段の高さを三センチから一〇センチくらいのあいだでうまく配置すれば、周波数がまず上がってそれから下がるさえずり音を出すことができる。わかりやすく言えば、魅力的な女性を見かけた男性の吹く「ヒュー」という口笛のような音を階段が発するのだ。なんら実用性はないが、〝音の驚異〟としてはどれほどすごいものになるだろう！

トンネルに自分の声をいじられたのは愉快ではなかったが、楽音について記された古い記録に声が明確な楽音に変わるという事例が載っている理由がこの現象で説明できる。屋外で生じる反射音が明確な楽音のように聞こえることがあるのはなぜか、その仕組みは階段の近くで手を叩けばわかる。昔のエコーの話には荒唐無稽なものもあり、なかでも最も現実離れしたものとしては、ラッパで曲を演奏するとそれより低い音高で同じ曲のエコーが返ってくるという話がある。(51) 音高の変化は物理法則に反するが、それを言うなら「アヒルの鳴き声はエコーしない」という言い回しだって同じことだ。それなのに、世間はいつまでもこの話をしておもしろがっている。ラッパのエコーは誰かが悪ふざけしただけなのかもしれない。あるいは、もともとは音色が微妙に変化しただけだったのに、話が広まるにつれて尾ひれがついたというのが真相かもしれない。

どれほど強力なエコーでも、あるいはどんな種類でも、本章で紹介したすべてのエコーには共通点が一つある。片耳だけで楽しめるということだ。つまり、片耳《モノラル》で聞く楽しみなのだ。今度は両耳《バイノーラル》で聞く〝音の驚異〟に耳を傾けよう。脳が二つの耳を使って音源の位置を突き止めようとするときに、感覚を狂わせる音だ。

5 曲がる音

巨大な半球形の天井から反射されるささやき声を、建築音響学の祖たるウォーレス・セイビンは「姿を見せずに人まねをする存在による効果」と表現した。[1] インドにあるゴール・グンバズ墓廟の巨大なドームでは「一人の足音があれば群衆のような音を出すのに十分である」と著名な物理学者C・V・ラマンは報告し、「一度だけ手を強く叩けば、エコーがはっきり一〇回生じる」と述べている。[2] 下水管の中では（プロローグを参照）、話し声はトンネルの内壁に沿って進み、曲面の内側でらせんを描きながら徐々に消えていくように聞こえた。単純な凹面からきわめて奇妙な音響効果が生じることもあるのだ。

一八二四年、海軍士官のエドワード・ボイドは、曲面が音を顕著に増幅することもあるが、それが必ずしも最良の結果につながるとは限らないということを説明した。「シチリア島のジルジェンティ大聖堂では、どんなにかすかなささやき声も西側の大きな扉から主祭壇の奥のコーニス〔訳注　天井付近の壁面に設けられた蛇腹〕まで完璧に明瞭なまま伝わる。その距離は七五メートルに及ぶ」と記している。運の悪いことに、告解室は位置がまずかった。「そのせいで、世間の耳に入れるつもりのない秘密が知れ渡り、告解者は狼狽し、人々は醜聞にまみれた。……やがて好奇心に駆られて聞き耳を立てた男がおのれの妻の不貞を知るに及び、この秘密を暴く奇妙な性質が広く知られるところとなり、告解室は撤去された(3)」

何世紀も前から、曲面は音を増幅するのでこれを利用すれば盗み聞きができるということは知られていた。一七世紀にアタナシウス・キルヒャーは巧みな説明をしている。彼はエコーについて広範な記録を残した人物として、すでに本書の第4章にも登場した。彼の著作物には、盗み聞きをするために王の部屋の壁に埋め込まれた巨大なラッパ形集音器など、とっぴな仕掛けも記されている。おそらく彼の考案した装置で最も有名な――あるいは最も悪名の高い――ものは、カッツェンクラヴィーア(直訳すれば「猫ピアノ」、図5・1)だろう。ふつうのピアノの鍵盤の奥にかごが一列に並び、それぞれに猫が一匹ずつ入っている。鍵を叩くたびに、運の悪い猫の尾に釘が打ち込まれ、当然その猫は悲鳴を上げる。さまざまな周波数で叫ぶ猫をきちんと選べば、残虐な演奏家はこの楽器で曲を弾くことができる。さぞかし悲痛な音色がしたことだろう。といってもこの装置はモンテヴェルディやパーセルを演奏するための本物の楽器ではなく、精神病患者の行動を変えるためのショック療法として考案されたものである。幸いにも、実際にはつくられなかったらしい。

ここで読者はキルヒャーの正気と理性を疑っているかもしれない。しかし彼は楕円面の天井によって二人の人間のコミュニケーションが増強される仕組みを説明する図を描いており、これを見れば彼

図5.1　猫ピアノ

がこの問題を科学的にきちんと理解していたことがわかる（図5・2）。

図中の線は、音の「線」が発声者から聴取者に到達するときにたどる経路を示す。これらの経路は定規と分度器を使って割り出せる。部屋を変わった形のビリヤード台と見なせば、ボールの描く線を追う（ただし重力は無視する）ことで経路を突き止めることもできる。ボールを発声者の口元から天井に向けて放てば、必ず聴取者のところに到達する。このように上方へ発せられる音はすべて聴取者に向かって集中するので、静かなささやき声でも広い部屋の反対側で聞き取ることができるのだ。

この設計で問題なのは、聴取者と発声者が天井の楕円の焦点という特定の位置に立たなくてはいけないことだ。部屋のあちこちに散らばった聞き手全員に話しかけたいときには、この設計はあまり役に立たない。一九三五年、フィンランドのモダニズム建築家アルヴァ・アアルトは、ヴィープリ図書館（当初はフィンランド領内だったが、第二次世界大戦後にヴィープリの町はソ連に併合された）の講堂に波状の天井を使うという方法でこの問題を克服しようとした。部屋の一辺

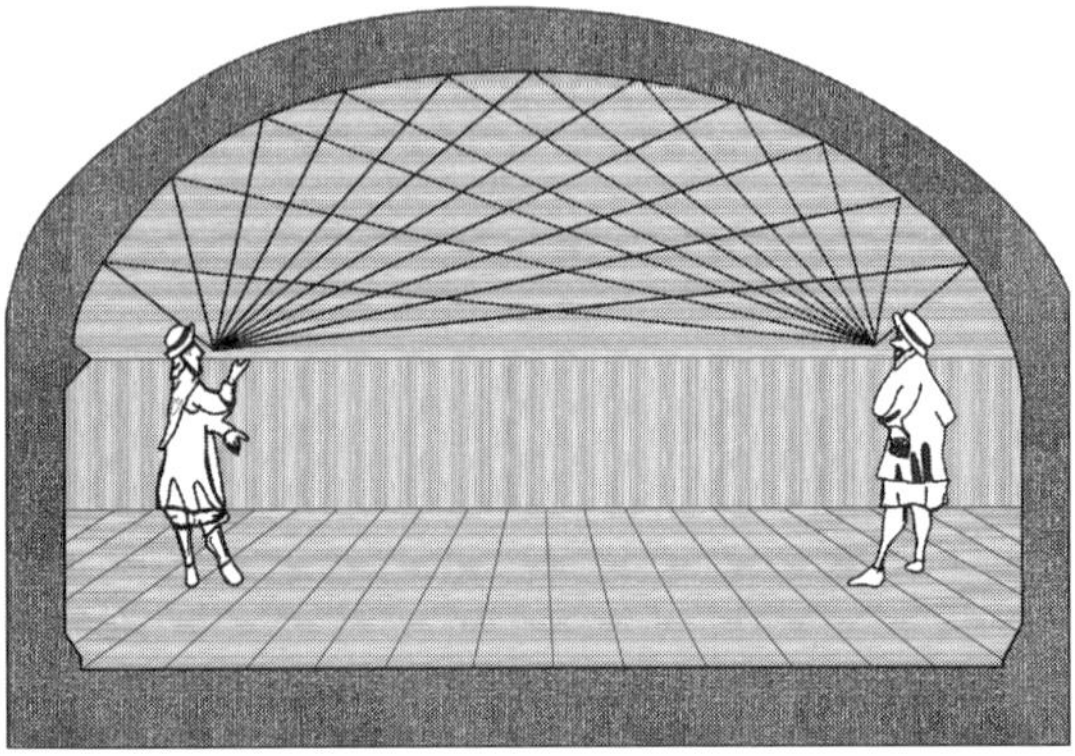

図5.2　アタナシウス・キルヒャーの『音響学新論』（1673年）に掲載された図版を単純化した図

にある演壇からは、天井は海から打ち寄せてくるおだやかなうねりのように見える。波の谷間が凹面を形成し、それぞれが特定の聞き手に対して音を増幅するように設計されている。しかし残念ながら、波の各頂点が音を演者のほうへ跳ね返す作用も生じるので、部屋の後ろのほうでは反射音が弱まり、後方の聴衆が演者の声を聞き取るのは難しくなる。現実には、湾曲した天井で音の焦点を絞ることによって室内でのコミュニケーションを改善しようとしても、思惑どおりに機能することはほとんどない[4]。

楕円面の天井は、湾曲した単純な反射面によって光線を一点に集めるひげそり用の凹面鏡と似た働きをする。どちらも対象を拡大するという点は同じだが、光の場合は像が大きくなるのに対し、音の場合は音が強くなる。ひげそり用の鏡では、映った像は顔が大きく見えるように変えられている。一方、音については、天井のさまざまな部分から届く反射音が外耳道の入り口で合わさり、それを脳がまとめて処理する。全体的な効果として音が大きくなり、それによって遠くにあるものが実際よりも近くにあるように感じられる。

ニール・アーノットは『自然科学の原理』（一八二七年）でこう記している。

いっぱいに広げた帆がおだやかな風を受けて凹状になると、すぐれた集音器となる。ブラジルの海岸に沿って陸の見えない沖を航行していたとき、甲板を歩くといつも鐘の音が非常にはっきりと聞こえる場所があった。祝賀の鐘のごとく、とりどりに鳴り響いていた。船上の誰もがその音を耳にするようになり、音がするのは間違いないと確信した。しかしその現象はこのうえもなく不可思議だった。やがて数カ月後、音が聞こえたときにはブラジルの沿岸地域に位置するサルヴァドル市の鐘が祝祭のために鳴らされていたことが突き止められた。つまり、おだやかな風を味方につけたその音は、なめらかな海面に沿って一六〇キロの距離を伝わり、帆の働きで船上の一点に集められ、そこで聞こえていたのだ。(5)

これは本当の話だろうか。音を反射させて集めるだけの仕掛けで、一六〇キロも離れた鐘の音をとらえることなどできるのか。この問いに答える一つの方法は、もっと最近の例を少し調べてみることだ。イングランドのマンチェスターのすぐ南にジョドレル・バンク天文台があり、そこにラヴェル望遠鏡の巨大な皿型アンテナがある。この望遠鏡は電波を集めて増幅するのに先ほどの船の帆と同じ集束プロセスを用いており、かつては宇宙開発競争で重要な役割を演じた。一九六六年にソ連が無人探査機ルナ九号を月面に着陸させて西側諸国を驚かせたとき、この天文台はルナ九号の発した電波を傍受した。その信号をファックス装置に送ると月面の写真が現れ、これはソ連で公表されるより先にイギリスの新聞に掲載された。

この巨大な望遠鏡の陰に、ささやきの皿が二つ設置されている（同様のささやきの皿はよその科学博物館や彫刻公園にもある）。私が最後に訪れたときには、十代の息子たちがこの皿を使って互いをののしる言葉をささやき合ってふざけていた。二枚の皿は二五メートル離れているが、それでも罵倒し合う兄弟の声はとても大きく聞こえた。とはいえアーノットの帆船からサルヴァドルまでの距離と比べたら、数十メートルの距離など近すぎて話にならない。

イングランドの海岸周辺には、かなり遠くの音が探知できるように設計された音響ミラーが残存している。コンクリートでできた醜悪で巨大な椀型の装置が海に面して設置されていて、多くは直径が四～五メートルある。二〇世紀初頭に敵の飛行機に対する早期警報システムとして建造された。ほとんどが椀型だが、ケント州のデンジには壁型のものがあり、変色したコンクリートが大きな弧を描いている。これは高さが五メートル、横幅が六〇メートルで、二階建てバス五台を縦に並べたのと同じくらいだ。接近してくる飛行機のエンジン音が増幅できるように、水平方向と垂直方向に湾曲している。

軍が実験したところ、この巨大な帯状の装置は三二キロ離れたところにいる飛行機を探知することができた。これは敵機が英仏海峡を三分の一ほど渡り終えたあたりだ。しかし気象条件が悪いと敵機が一〇キロ以内に接近するまで探知できない場合もあり、エンジン音がもっと静かな飛行機については聴取するのに苦労した(6)。条件のよい日でも、ほんの一〇分ほど早く警報が出せるだけだった。一九三七年に実用的なレーダーシステムが開発されると、各地に音響ミラーを設置して広い範囲を網羅しようという計画は中止された。

コンクリートでできた音響ミラーの探知距離がこの程度しかないことから考えると、船の帆が一六〇キロ離れた場所の鐘の音を集めたという話は荒唐無稽に思われる。しかし、数年前にイングランドで起きた大事故から、そのような現象が起きた理由がいくらか説明できるかもしれない。

二〇〇五年一二月、イギリスのバンスフィールド油槽所で石油タンクがあふれて大爆発を起こし、二七〇キロ離れたベルギーでもガラス戸が震えた。(7) これは平時のヨーロッパでは史上最大クラスの爆発事故であり、その規模はマグニチュード二・四に相当した。(8) バンスフィールドで起きた爆発音はすさまじかったに違いないが、最初の音の大きさだけではこれほど遠くまで伝わった理由が説明できない。

事故が起きたのは冷え込んだおだやかな晴天の朝で、上空の暖かい空気によって寒気の層が地表付近に閉じ込められていた。この気温逆転が起きていなければ、ベルギー国民の平穏が乱されることはなかっただろう。精油所が爆発したときに発生した音波は、池に石を投げ込んだときに生じるさざ波のように、あらゆる方向へ広がったはずだ。音の多くは上空へ向かい、大気が通常の状態だったら再び地上で聞こえることはなかっただろう。ところが気温逆転が起きていたため、上空へ向かった音が屈折して再び地表へ向かい、遠く離れた場所でも聞こえたのだ。

おもしろいことに、アーノットの帆船の話では気象が物語の重要な要素として語られている。気温逆転に助けられて音が凹状の帆に向かったのだとしたら、彼の報告は正しかった可能性が十分にある。

数年前、私はロンドンのロイヤル・アルバート・ホールで数千人の子どもを相手に科学ショーを二回おこなった。ここは音楽ホールとしてのほうが有名だが、じつは芸術と科学の振興を目的としていて、一八五一年のロンドン万博の収益で購入した土地に建てられたのだ。プロの芸人ではない私にとって、複雑な科学ショーは手ごわい挑戦で、特にこのときは会場がやたらと広かったのでさらに難題だった。幸いなことに、一三〇年前にオープンして以来、ホールの音響は著しく改善されている。実際、当時の皇太子は開館式典のスピーチで苦労した。「タイムズ」紙（一八七一年）にはこんなふうに書かれている。

殿下はゆっくりと明瞭に演説を読み上げたが、エコーにいくらか邪魔された。エコーはオルガンか絵画展示室から不意に呼び起こされたかのごとく、あざけるような強調を加えて言葉を反復した。このエコーも、こんな場でなければ楽しめただろうが。(9)

ホールはいたるところに曲面があるので、ふざけたエコーが起きるのはおそらくそのせいだ。平面図を見るとホールは楕円形で、ホール全体の上に大きなドームが載っている。キルヒャーの楕円面の天井と同様に、曲面の作用で音の集中が起きる。ただし、反射音がどんなふうに聞こえるかは部屋の広さによって決まる。広々としたロイヤル・アルバート・ホールでは、曲面のせいでひどいエコーが生じ、音がステージだけでなく室内の複数の場所から聞こえてくるように感じられる。狭いスペースでは集められた音がすばやく耳に届くが、広いスペースでは反射音が届くまでに時間がかかるからだ。一緒にやってくれる友人が一人いれば、この現象を実験することができる。(10)隣に大きな建物のある公園や採石場の端など、大きな反射壁が一つあって開放的な広いスペースを探す。騒音の届かない静かな場所が見つかれば最高だ。この実験を成功させるには、別の面からの反射音がほとんど聞こえない状態で、壁から跳ね返ってくる音を聞く必要がある。壁は十分な面積があれば、曲面である必要はない。友人から少し離れて壁からはそれぞれ等距離の位置に立つと、効果がさらにわかりやすくなる。雪の日に実験すれば、地面からの反射音が雪に吸収されるうえに車の往来も途絶えているだろうから、とりわけうまくいくはずだ。

友人と話しながら壁に向かって歩いていくと、あるところで建物からの反射音が聞こえるようになる。近づくにつれて、壁からのエコーがしだいに大きくなる。これは反射音の進む距離が短くなるからだ。しかしさらに壁に近づいていくと、壁まで一七メートルほどのあたりから反射音が徐々に弱まり、壁の手前八メートル付近では完全に消えたように感じられる。反射音は依然として生じているのだが、もう別々の音としては聞こえない。脳の働きによって、友人からまっすぐに聞こえてくる直接音と壁からの反射音が一つにまとめられてしまうのだ。

脳が複数の音をまとめるやり方は重要だ。脳がきちんと処理してくれなければ、私たちを取り巻く無数の反射音で私たちはすぐに参ってしまうだろう。私がこの文を入力しているとき、キーボードを打つ音は机やコンピューターのモニターや電話機や天井などに当たって反射している。それでもそうしたさまざまな反射音で私の耳がおかしくなることはない。音はちゃんとキーボードから直接耳に届いているように聞こえる。

キルヒャーの狭い部屋でも同じことが起きる。楕円面の天井からの反射音はごく短時間で戻ってくるので、その反射音がよほど大きくない限り、脳は発声者から聴取者に直接伝わる音と天井からの反射音を別の音としてとらえることはない。これとは対照的に、ロイヤル・アルバート・ホールはとても広く、集まった反射音が届くまでにかなりの時間がかかるので、「あざける」ようなエコーが生じるのだ。

ロイヤル・アルバート・ホールのエコーを解消しようと、音響エンジニアたちはさまざまな手を試みた。最もうまくいったのは、天井から「キノコ」をぶら下げるという方法だ。ＢＢＣのケン・シアラーのアイデアに従って、一九六八年にある装置が初めて導入された。大きな円盤をドームの基部の高さに吊るし、音をよそに反射するというものだった。

ロイヤル・アルバート・ホールの天井から生じるエコーを楽しむ（またはいやがる）ことはもうできなくなったが、探索すべきドームはほかにもたくさんある。たとえば私の自宅から数キロのところに建つマンチェスター中央図書館には大きなドームがあり、このドームのせいでマイクロフィルムの読み取り装置の近くに音の焦点が生じていた。マイクロフィルムの上にガラスのカバーを下ろすといつも、びっくりするほど大きなエコーが天井から響いた。

現在、この図書館は改修中で閉鎖されている。ワシントンＤＣでは一九世紀に連邦議会議事堂の改修工事がおこなわれ、有名なささやきのドームで聞こえる天井からのすばらしいエコーが損なわれてしまったが、今回の図書館の工事がそんなふうに音響に配慮しないものでないことを願うばかりだ[11]。かつて議事堂のドームは、来訪者の頭の高さに中心が位置するほぼ完璧な半球形だった。天井は四角いくぼみの刻まれた格間《ごうま》で覆われているように見えたがじつは平坦で、だまし絵《トロンプ・ルイユ》によって構造や材質を実際とは違うふうに錯覚させていた。一九〇一年まで、このドームを頂いたスペースは観光客の人気スポットだった。一八九四年の「ニューヨーク・タイムズ」紙にはこんな記事が掲載されている。


ささやきの回廊は、この壮大な大理石の建物のさまざまな見どころのなかで今でも頂点に君臨している。ワシントン暮らしの長い住人が、この古い議事堂にあふれるエコーなどの音響現象の謎を初めて知り、こんな驚くべき楽しみを今まで知らなかったとはなんとうかつだったのかと、いささか不面目な思いをすることもたまにある。[12]

しかしここは観光客にとってはじつにおもしろい場所だったが、下院で議論を戦わせるには不向きだった。一八九三年、「ルイストン・デイリー・サン」紙はこんなふうに書いている。

演説中にうっかり立つ位置を変えてしまった発言者は、議場の音響のせいで自分の演説がおかしく変えられるという災難に遭った。あるエコーポイントから別のエコーポイントへと歩き回るのに合わせて、クレッシェンドのせりふがこっけいな悲鳴に変わったかと思うと、ピアニッシモで語ったフレーズや芝居がかったつぶやきが金切り声やむせび泣きに変わったりした。[13]

一八九八年にこの建物の別の場所でガス爆発と火災が起きたため、木造のドームを耐火性のものに取り替えることになった。だまし絵の代わりに本物の石膏の格間が取り付けられた結果、音を焦点に集める効果が弱まってあまり目立たなくなった。高名な音響学者のロタール・クレーマーはこう述べている。「あの有名な集音効果が著しく弱まり、誰もががっかりした。きっちりと音を集めていた幾何学的反射が、音をばらばらに散らす乱反射に変わってしまったからだ[14]」

室内の表面を平坦な面から凹凸で覆われた面に変えるのは、完璧になめらかな鏡にひどい引っかき傷をつけたり曇り加工を施したりするようなものだ。表面がなめらかでなければ、光や音は焦点に集

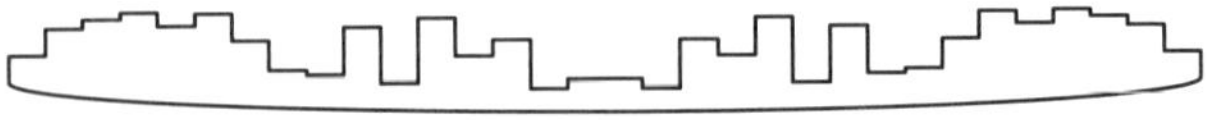

図5.3　国立アメリカ・インディアン博物館の湾曲した壁のために設計された音響拡散パネル

まらず拡散してしまう。鏡の場合、その結果として像がぼやける。議事堂のドームでは、この拡散作用によって反射音が弱まるので、ささやき声が妙に拡大されることはなくなり、声のひずみも以前ほどではなくなった。

議事堂の集音作用に対する格間の効果について考えると、数年前に携わった工学プロジェクトが頭に浮かぶ。私はワシントンDCにある国立アメリカ・インディアン博物館にあるラスムソン・シアターという広い円形劇場の音響拡散パネルを設計した。曲面が音を集めてふざけたエコーを起こしたりしないように、議事堂のドームの格間と同じく音を焦点に集めないであらゆる方向へ散乱させる凹凸を備えたものにした。パネルの断面は、都会に建ち並ぶビルの描く輪郭線のような形にした（図5・3）。音波がパネルにぶつかると、ブロックの高さがばらばらなため、反射音はさまざまな方向へ散らされる。

「高層ビル」の配置と高さの決定方法を考案した点で、私のやり方は画期的だった。私はコンピュータープログラムでさまざまな輪郭線を試すという試行錯誤のプロセスを用いた。それぞれの配置について、プログラムは音がパネルからどんなふうに反射するか予測し、曲面の焦点が解消されるかどうか判定する。適切な設計が見つかるまで、プログラムはビルの配置を変えていく。この反復プロセスは「数値最適化」と呼ばれ、スペースシャトルの部品の設計など、工学のさまざまな分野で用いられている。この方法が音響拡散パネルの設計において非常に有効である理由の一つは、室内の見た目になじむようにパネルの設計ができる点にある。いかにもとってつけたような見苦しいものとなることが避けられるわけだ。曲面、ビル街の輪郭線、ピラミッド形など、建築家がどんな形状を望むにしても、最良の音響性能を備えた構造を見出す作業はこの方法に任せることができる。(15)

ドームのすばらしいところは、中心の真下に立って手を叩くと、一瞬のちには耳がおかしくなるほどのエコーが起きることである。おびえたふりで「ハンドバッグですって?」と言えば、一秒後にはイーディス・エヴァンズ女史の声のエコーが天から聞こえてくるだろう。(16)

ここではジャーナリストのマイルズ・キングトンが読者に対し、オスカー・ワイルド作の『真面目が肝心』に登場するブラックネル夫人〔訳注　一九五二年の映画版でイーディス・エヴァンズがこの役を演じた。困惑して発する「ハンドバッグですって?」のせりふが有名〕を心のうちから解き放つようそそのかしている。しかしドームは愉快だが、完全な球形のスペースなら反射音がさらに増幅されるのでもっとおもしろい。

ボストンにあるマッパリウムは直径九メートルの球体で、建築家チェスター・リンゼイ・チャーチルの提案に従って一九三五年につくられた。中が空洞になった巨大な地球儀で、ステンドグラスに海と大陸が鮮やかな色彩で描かれている。彩色と焼成に八カ月を費やしたという合計六〇八枚のガラスパネルが、球体の銅製の枠にはめ込まれている。見学者は、地球の中心を貫いて赤道上の向かい合った二地点をつなぐ通路を渡る。三〇〇個の電球が外から地球を照らす。世界を内側から眺めるのは不思議な体験だが、見学者はその形状の意図せぬ副産物として生じる奇妙な音響にも驚かされる。

ミシガン州立大学のウィリアム・ハートマンは同僚とともに、耳で感じ取れるさまざまな錯覚を記録している。発声者から遠ざかると声は小さくなるのがふつうだが、球形のスペースでは必ずしもそうとは限らない。「マッパリウムの橋の上で、中心から左に二メートルずれた場所にいる」ところを想像してほしい、とハートマンは書いている。「友人は橋の真ん中にいて、こちらに向かって話している。その声はかなり小さく感じられる。次に友人が離れていくと、中心から二メートルほど右に行くまで声は大きくなっていく[17]」

図5・4のスケッチは、ここで起きている現象を表す（わかりやすくするために、図では完全な球体ではなく円を用いている）。中心にいる発声者が声を出すと（上図）、すべての反射音が発声者のもとに集まるので、中心の左側にいる聴取者にはその声が驚くほど小さく聞こえる。発声者が右へ移動すると、反射音の焦点が聴取者に近づいていく。発声者と聴取者が中心をはさんで対称に位置するとき（下図）、音は最大となる。

発声者の前方だけでなく上下にも曲面が存在するマッパリウムではこの効果が特に強く感じられるが、それなりの構造があれば屋外でも体験することができる。スペインのバレンシア工科大学のホセ・サンチェス＝デエサはそう報告している[18]。メキシコのベラクルス近郊のセンポアラ遺跡は、アステカの祭儀所がきわめて完全な状態で現存している。草で覆われた大きな広場にさまざまな遺構が点在し、その一つとして上辺に突起が並んだ低い円形の囲いがある。ガイドブックはこの囲いの目的について複数の説を挙げ、「メキシコ（アステカ）に起源をもつ剣闘士崇拝と関係があると考えられているが、雨水の取水施設として使われた可能性もある」と述べている。写真を見ると、この構造物は羊を囲い込むために大きな丸石を積んでつくった柵に似ている。この囲いの用途が何であれ、音の集中が生じるのは間違いない。サンチェス＝デエサの報告によれば、聴取者がしかるべき位置に立ち、

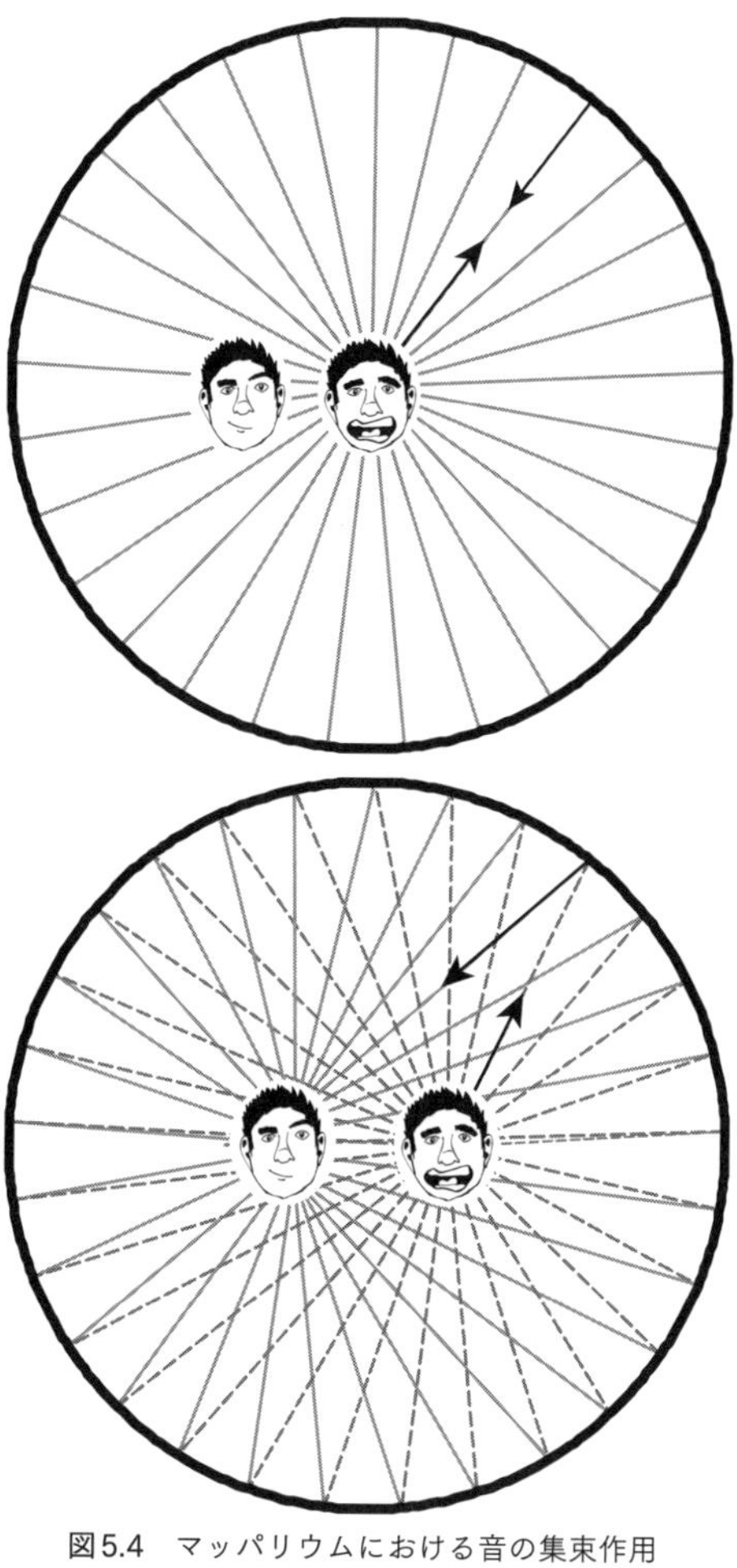

図5.4　マッパリウムにおける音の集束作用

相手が円の中心を通る線を歩きながら声を出すと、発声者が遠ざかるにつれて声は大きくなるという。

球形のスペースに行ってみたいと思った私は、都会の探検家を探し求めた。下水道や使われなくなった地下鉄駅や廃屋を非合法的に探検し、幽霊でも出そうな、ほかの人の行かない場所に侵入するという本能的なスリルを楽しみ、隠れた歴史やかつての住人の残した痕跡を発見するのを愛好する人たちだ(19)。そうこうするうちにイギリス国内で合法的な地下探検をするサブテラニア・ブリタニカという団体の会員がメールをくれて、冷戦中に西側のきわめて重要な通信傍受施設として使われたドームがベルリンにあると教えてくれた。添付された写真には、遺棄された塔の上に載ったドームが映っていた。ぜひとも行かなくてはと思った。

かつての盗聴施設は、グリューネヴァルトの森からそびえ立つトイフェルスベルク(「悪魔の山」)の頂上にある(図5・5)。暑い夏の日に目的地へ向かって林を歩きながら、この大きな丘が人工的に造成されたものとは信じがたい気がした。第二次世界大戦中に空爆と砲撃を受けて残された数千万立方メートルものがれきでつくられたのだ(20)。

中へ入る前に、免責同意書への署名を求められた。手入れのされていない建物には穴や壁の欠損がたくさんあるうえに、転落防止設備などないからだ。ドイツ人のツアーガイドはマルティン・シャファートという若い歴史研究者で、小ぎれいなあごひげに髪は後ろで小さく一つにまとめ、眼鏡をかけてハンチング帽をかぶっていた。この場所の歴史をマルティンが説明するあいだ、私は建物の残骸を観察していた。扉と壁は一部がなくなっている。崩壊する建物から床に破片が落ち、非合法すれすれのパーティーで置き去りにされた酒びんの破片と混ざり合っている。壁が無傷で残っているところは、落書きでびっしりと覆われている。私の目は上方に引きつけられた。メインの建物の上にドーム

図5.5　トイフェルスベルクのレードーム

が三つ設置されているのだ。破壊行為を受けて壁の一部がぼろぼろになっているものもあるが、屋上からそびえ立つ五階建ての塔に載った一番上のドームは無事だった。

これらのドームは「レードーム」（「レーダー」と「ドーム」を合わせた語）と呼ばれるもので、イギリスとアメリカが東ドイツ、チェコスロヴァキア、ソ連の放送や無線通信を傍受していたときに、監視の目から諜報活動を隠すために使われた。球形のドームには、風や氷をはじめとする気象の影響から傍受装置を保護する目的もあった。内部に今も残っているのは、アンテナが取り付けられていたコンクリートの台だけだ。ドームは三角形と六角形のファイバーグラス製パネルを骨組みに張ってつくられており、巨大なサッカーボールのように見える。ファイバーグラスは電磁波を通すので、レードームの材料として理想的である。第二次世界大戦中にこの材料が開発された理由の一つがまさにそれだ。

一番上のドームを支える塔は壁がすべてなくなってしまったが、ドーム自体はほぼ完全な姿を保っている。ベルリン上空の航空管制のために改築され、再使用されたことがあるからだ。塔の中心を貫く薄暗い階段スペースは、あらゆる面が落書きで埋めつくされている。ドームに向かって階段を昇っていくと、音響を楽しむ別の見学者の発した声の残響が聞こえた。このレードームは中周波音の残響時間が約八秒で、大聖堂に少し似た響きがする。ここに来て演奏するミュージシャンもいる。しかしここで楽しめるのは音の反響だけではない。

中に入ると、私は立ち止まってほかの見学者を観察した。不思議な音響に気づいてぱっと輝く顔を眺めるのはすばらしい気分だった。どんなにかすかな音でも、ただの足音一つでも、反射効果が生じる。勢い込んで試さずにいられない人もいた（足を思い切り踏み鳴らすと、音が八回反復して、遠くの爆竹のような音がした）が、ほとんどの人はもっと静かに音を出すだけで満足し、礼拝所で示すのと同じ敬意をもってこの場所に接しているかのようだった。

それから私はかつてのアンテナ台に上がってドームの中心にたどり着いた。ドームは直径およそ一五メートルの球体から下三分の一ほどを除いた形をし、黄ばんだ六角形で構成されていた。床上二メートルの高さまで落書きが帯状に描かれているが、第二の小さな開口部のところだけそれが途切れている。その開口部から五階建ての塔を支える建物の屋上まではさえぎるものがなく、落ちたら下まで一直線だ。レコーダーを取り出してこの場所の印象を口述記録し始めた私は、すべての言葉がレードームからの反射音のせいで二重に聞こえることに気づいた。

このトイフェルスベルクで、私は球形のマッパリウムで生じる効果について調べたいと思っていた。(21)マッパリウムでは並外れて強力な集音作用のおかげで、自分の声にささやきかけられているような奇妙な感覚が体験できる。あるいは、ハートマンによればこんなことが起きる。

マッパリウムの球体の中心に近づいていくと、不意に自分の声の反射音が強く聞こえるのに気づく。……体を左に傾ければ自分の声が右耳に聞こえる。体を右に傾ければ声は左耳に聞こえる。(22)

トイフェルスベルクでは、顔を上に向けてささやくとこの効果が最大になる。そうしたほうが、音を跳ね返して集める凹面が広くなるからだ。そこで、ベルリンにあるファイバーグラス製レードームの五階に上がって頭を後ろにそらすと、わくわくするような両耳性《バイノーラル》の〝音の驚異〟に遭遇できた。この効果から、音の来る方向を私たちがどのようにして突き止めるかわかる。哺乳類は、耳が二つあるおかげで音源の位置を感知することができる。動物の聴覚は、危険を察知し、餌食にありつこうと忍び寄ってくる捕食者の存在に注意を喚起できるように進化した。人間はすぐれた視力をもつが背後からの脅威を目で検知することはできないので、音を聞いて危険の所在を突き止められることがきわめて重要なのだ。

音の発生源の位置を感知するのに、主な方法は二つある。誰かに左側から話しかけられているとしよう。声はまず左耳に届く。右耳に届くまでにはほんの少し余分に時間がかかるからだ。脳は音の大きさについても細かく識別できる。音が右耳に届くには頭のまわりを回折する必要があるので、高周波の音はかなり小さくなる（低周波の音の大きさは、頭による影響をほとんど受けない）。脳は低周波の音が左右の耳に届く時間差を検討し、左右の耳に聞こえる高周波の音の大きさを比較することによって、音がどこから来るかを特定する。

球形のスペースでは、この二つの手がかりが狂うことがある。音の大きさによる手がかりがゆがめられ、音源の位置を特定する力がうまく働かなくなる。その結果、音の来る方向を誤認する。それについてハートマンはこう説明している。「マッパリウムの橋に立ち、南米に顔を向けているとしよう。ノイズの音源が右側にあるのに、音が左側から聞こえてくると思ってしまう![23]」。球体の内壁からの反射による強力な集音作用によって左耳に大きな反射音が聞こえると、脳は音の発生源が左側にあると勘違いするのだ。

音源の位置を特定する際、ふつうは最初に耳に到達する音を判断材料とする（先行音効果）。この経験則が有効なのは、最初に届く音は最短ルートをとり、ふつうこのルートは発声者と聴取者を結ぶ直線になるからだ。教会の礼拝で、牧師ではなくスピーカーが説教しているように感じたことがあるかもしれない。そう感じられるのは、スピーカーから来る音のほうが早く聞き手に到達するからだ。電子処理によってスピーカーに若干の遅延を加えて、牧師の口から直接届く音波のほうが先に到達するようにすれば、この問題は解決できる。

しかしスピーカーのボリュームが大きすぎると、あとから届く大きな音に先行音効果が負けてしまうので、遅延を加えても効果がない。ロックコンサートではたいていこの状況が起きる。とはいえ電子的に音を増幅させない限り、通常は壁面からの反射音は問題を引き起こすほど強くない。ところがマッパリウムやトイフェルスベルクのように、あとから届く音がドームの集音作用によって著しく増幅されると反射音が非常に強くなり、私たちはだまされて音源の位置を誤認してしまう。トイフェルスベルクで風船を割ってみたところ、天井から戻ってくる最初の反射音は風船からの直接音より一一デシベル大きかった（図5・6参照。目安として、測定される音の大きさが一〇デシベル上がると、

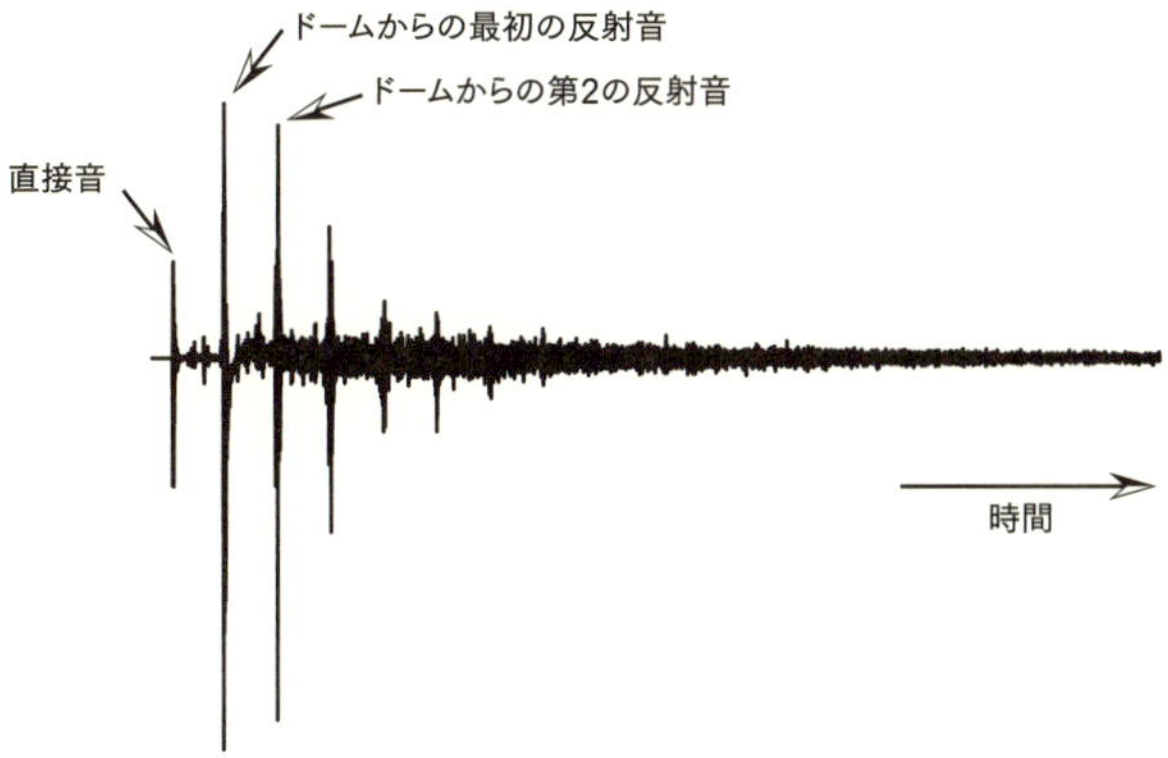

図5.6　トイフェルスベルクのレードームの中心で風船を割ったときの直接音と反射音

感覚的には音の大きさがだいたい二倍になったように聞こえる）。膝をついてナップザックを開けたときには、誰かが頭上でナップザックを開けているような音がした！

　マサチューセッツ州ブルックラインにあるニューイングランド芸術学院のバリー・マーシャルは、かつてマッパリウムでガイドを務めたことがある。そのときに音響効果を利用したいたずらを仕掛けて見学者を「びっくり仰天」させたといって、手口を教えてくれた。見学者から遠く離れたところに立って不意に「こっちですよ」と声をかけると、強い集音作用のせいで相手は間違った方向を向いたそうだ。[24] トイフェルスベルクを訪れた私は、見学者たちの話し声が集中するポイントを見つけ、他人の会話を盗み聞きして楽しむだけにとどめた。

　遠くから伝わってくるささやき声や集められた音を聞くと、人は落ち着かない気分になりやすい。それは、自分の聞いている音が超自然的なもののように感じられるからだ。仮にふつうの部屋で私が誰かとおしゃべりするなら、私の声の低周波音は相手がどこを向いていても頭のまわりを容易に回り込めるので、どちらの耳にもだいたい同じ大きさで聞こえるはずだ。通常、一方の耳ばかりで低周波音が著しく大きく聞こえるとすれば、それは私が相手のすぐ横にいて、声が相手の頭にさえぎられる「音の陰」を極端に大きくした場合だけである。この効果によって反対側の耳に届く低周波音が小さくなるので、相手は私がすぐそばにいるのを感じる。しかしマッパリウムは球体なので、音を一方の耳に思い切り集めて送り込むことができる。そのおかげで脳はだまされて、私がすぐそばにいるに違いないと思ってしまう。何メートルも離れたところから愛する人に甘い愛の言葉をささやけるだけでなく、ナルシスト的なささやきを自分に聞かせることもできるのだ！

ささやきで大事なのはもちろん、意図せぬ相手に聞かれないように小声で話すことだ。米国連邦議会の下院議員たちは、議事堂の建設当初のドームで秘密のメッセージをささやき合うことができたらしい。しかし、増幅作用は逆方向の作用ももたらした。議員は同僚の秘密を漏れ聞くこともできたのだ。曲面による音の増幅というと、私たちはおのずと盗み聞き、策略、密通を連想する。フェリーニは映画『甘い生活』でこの連想を利用して、ドラマを演出した。凹状の洗面台を通して、屋敷の下の階で語られる言葉を聞く場面があるのだ。(25) この効果をめぐる最も興味深い盗み聞きの伝説には、シチリア島のシラクサの近くにある「ディオニュシオスの耳」と呼ばれる巨大な石灰岩の洞窟が登場する。伝説の中で暴君ディオニュシオス（紀元前四三〇～三六七年ごろ）は洞窟を牢獄として使い、その音響効果を利用して、あわれな囚人たちが互いにささやき合う話の内容を知った。

洞窟はロバの耳のように細長く先のとがった形で、上のほうが極端に狭くなっている。図5・7に示すように、楔《くさび》形が音に対してじょうごのように作用し、地面の高さで発せられたささやきを拾って二二メートル上の洞窟の天井に集めることもできる。言い伝えによれば、ディオニュシオスは牢獄の上に盗聴部屋を設け、洞窟の天井にこっそり開けた小さな穴から増幅された音を聞いて囚人のようすをうかがっていたらしい。

この洞窟は観光地として人気があり、以前は盗聴部屋を見学することもできた。一八四二年、ある旅行者は「そこへ行くにはロープと滑車を使うしかなく、冒険者は小さい危険な座席に命を託すことになる」と記している(26)。今でも観光客は言い伝えを聞かされるが、盗み聞きが本当に可能だったのかと疑念を呈する報告もいくつかある。一八二〇年、トマス・ヒューズ牧師はこんなふうに書いている。「ごく小さなささやきは不明瞭なざわめきのようにしか聞こえない。大きな声はエコーの混沌にかき消されてしまう。複数の人がいっせいに話すと、その声はガチョウの鳴き声と変わらぬほど理解不能となる。よって、古代のシチリア人が演奏会でもおしゃべりをやめない現代のシチリア人の半分でも饒舌だったなら、盗み聞きをする暴君はしばしば辟易したに違いない(27)」

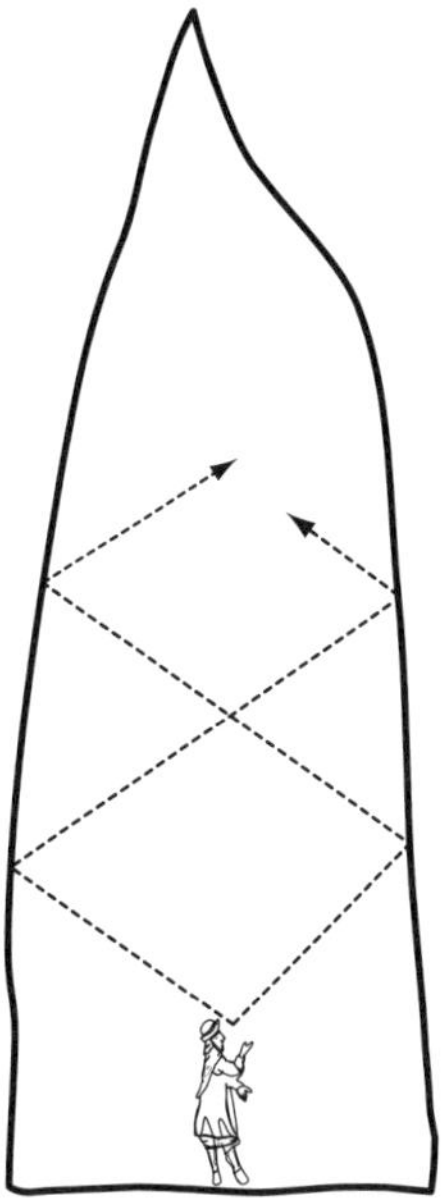
図5.7　ディオニュシオスの耳の音響

現在では衛生上および安全上の理由から、見学者は上の部屋に入ることができなくなった。今となっては地面に立って残響を堪能し、言い伝えに感嘆し、洞窟の巨大な耳の形を眺めることしかできない（音に関係する伝統で、おこなわれなくなったものがもう一つある。観光客向けの銃の発射だ。先ほどとは別の一九世紀の旅行者によれば「ピストルが発射されると、その銃声は四八ポンド砲を撃ったかのようだった[28]」）。

最近になって、ナポリ第二大学のジーノ・イアンナーチェと共同研究者らは洞窟の所有者に頼み込み、音響調査をするために盗聴部屋に立ち入る許可をもらった。私のチームが劇場や教室や駅の音響評価をするのと同じように、イアンナーチェのグループは洞窟内の話し声の聞き取りやすさを評価するためにさまざまな測定をおこなった。その結果は「平均を下回る」もので、洞窟では残響によって話し声がくぐもって理解不能になることが判明した。イアンナーチェはここであきらめずにいくつかの知覚試験をおこない、洞窟内で発声された語句を聞き取り役に書き取らせたが、一語たりとも正しく書けた人はいなかった。残念ながら、科学的な測定によって言い伝えを裏づけることはできなかったというわけだ。

恐怖は去らず、苦痛のあまり、私は反対側の壁までころがっていった。

そのうちに、また意識がだんだん遠くなっていった。身体もどんどん弱っていくような気がする。もう限界だ。そう思った時、突然、地面を揺るがすような大きな音が鳴り響いた。音は壁に反響しながら、だんだん小さくなっていき、やがて地下道の奥に消えていった。それは雷鳴に似ていた。

両手をついて起きあがると、私は何気なく壁に耳をつけた。すると、どこか遠くのほうから、言葉のようなものが聞こえてきた。ほとんど聞きとれないような小さな声だったが、誰かが話しているような気がする。背筋を戦慄が走った。

〈幻聴だ！〉私は考えた。

いや、そうではない。もう一度、注意深く聞いてみると、それは現実の話し声だった。[29]

これはジュール・ヴェルヌの『地底旅行』（高野優訳、光文社古典新訳文庫など）で、主人公のリーデンブロック教授とアクセルが花崗岩の迷路で生じるささやきの壁のおかげで奇跡的に再会する場面である。ここは驚くべき構造となっていて、アクセルは自分の聞いている音が八キロ離れたところにいるリーデンブロックの声だと察知する。

ジュール・ヴェルヌの想像力の外にある地上の世界では、私の知る限り実在する最大のささやきの壁は長さが一四〇メートルあるが、ヴェルヌの描いた壁と比べれば赤ん坊のようなものにすぎず、ロマンにも欠ける。その最大のささやきの壁とは、オーストラリア南部のバロッサ貯水池をせき止めるコンクリート造のダムである。なぜかは知らないが、ダムは正確な弧形につくられた。この灰色の巨大なコンクリートの壁が意外にも観光地となり、見学者たちがダムの両端から互いに向かって話している。

楕円面の天井やドームとは違って、この壁では集音作用は起こらない。聴取者と発声者の位置が弧の焦点から遠すぎるのだ。代わりにここで起きるのは、音がコンクリート壁の内側に沿って進み、驚くほどの大きさを保ったままダムの反対側まで伝わるという現象である。[30]

ささやきのアーチもこれと同様に作用し、やはりまったく思いがけない場所に出現する。ニューヨークのグランド・セントラル駅の地下にある有名なオイスター・バー&レストランの前の通路では、一九一三年にラファエル・ガスタヴィーノとその息子が設計したタイル張りの大きなアーチが天井を支えている。アーチの一方の端に向かってささやくと、その音はタイル張りの天井の曲面を伝わり、やがて反対側の端に下りてくる。効果を最大限にしたければ、ささやき手と聞き手は互いに教室の反対側の隅に立って何か悪だくみをするいたずらっ子のように、アーチの石材のすぐそばに立つ必要がある。

私はその光景を見ても即座に求婚のプロポーズが頭に浮かぶことはないが、この場所はそのためのスポットとして人気がある(ジャズミュージシャンのチャールズ・ミンガスもここでプロポーズしたと言われている)。ここの音響効果は文学や映画にもインスピレーションを与えている。たとえば作家のキャサリン・マーシュは児童小説『ぼくは夜に旅をする』(堀川志野舞訳、早川書房)や『たそがれの囚人』(未訳)でこのささやきのアーチを物語の発端として使い、アーチを「ニューヨークでとりわけイカす場所の一つ」と書いている。

私はささやきのアーチの確認された例をこれまでに十数カ所見つけている。その奇妙な音響をわざと狙ってつくられたものは皆無か、あるとしてもきわめてまれだ。ミズーリ州セントルイス・ユニオン・ステーションにあるアーチには銘板が飾られていて、そこに記された言葉はこんなふうに始まる。「ささやきのアーチ　設計上の偶然か、それとも秘密の共有者か」(これは興味深い問いだ。おそらく答えはどちらもありえるのだから)。この音響効果は一八九〇年代に発見されたらしい。銘板によると「作業員がアーチの一方の端でハンマーを落としたところ、一二メートルほど離れた反対の端にいた塗装工にその音が聞こえた」。ということは、このささやきのアーチは設計上の偶然の産物だ。
ほかにもまだ見つかっていないささやきのアーチはたくさんあるに違いない。戸口を囲む装飾的な戸枠の上部が大きな弧形になっていると、戸枠の片側から反対側へ音が伝わりやすい。音響学者でマヤのピラミッドの専門家でもあるデイヴィッド・ラブマンは、ペンシルヴェニア州のウェスト・チェスター大学でそんな構造物の測定をおこなった。アーチ型の戸枠に沿って、雨どいを伏せて湾曲させたような溝が走り、その中を音が伝わっていく。人は音源から離れれば音が小さくなるのに慣れているので、アーチの溝を伝わってきたささやきの大きさに驚く。音を伝える溝には目的がほかに見当たらないので、ラブマンはこのささやきの効果が意図的に設計されたのではないかと考えている[31]。あるいは戸口のデザインに伴う副産物として、偶然にこうなっただけかもしれない。残念ながら、ささやきの効果は交通騒音のせいで今ではほとんど聞こえなくなってしまった。

私の気に入っているささやきのアーチは、アイルランドのオファリー州にあるクロンマクノイズの修道院遺跡にある（〝音の驚異〟の収集家なら、このクロンマクノイズという地名には抗えまい）。一五世紀につくられた壮麗なゴシック様式の入り口は、頭上に聖フランシスコ、聖パトリック、聖ドミニコの像が刻まれ、屋根のない大聖堂の遺構に通じている。グランド・セントラル駅のオイスター・バーの前にあるアーチと同じく、ここもプロポーズをするのに人気のスポットとなっている。言い伝えによれば、この入り口にはかつてきわめて特異な用途があったらしい。らい病患者が入り口のかたわらに立ち、入り口を囲むアーチに刻まれた半円筒状の溝に向かって自らの罪をささやいたという（図5・8）。聖職者は病気がうつらないように十分な距離をおいてアーチの反対側に立ち、溝から聞こえてくる懺悔に耳を傾けたという。私はある午後、バスに乗り込んで訪れた外国人たちが雨と吹き

図5.8　クロンマクノイズでは、入り口を囲むアーチに刻まれた半円筒状の溝に向かってささやく

すさぶ風をものともせずアーチに向かって楽しげにささやくようすを観察した。ささやきのアーチとはどんな仕組みになっているのか。じつはささやきの回廊と同じような仕組みなのだ。

ロンドンのセント・ポール大聖堂にあるささやきの回廊には、ティーンエイジャーでまだ幼かった私がボーイスカウトの遠足に出かけたときの、音響に関する古い思い出がある。この大聖堂は十字型をしていて、十字の交わる部分からドームがせり上がっている。これはロンドンの非常に重要な歴史的建造物なので、第二次世界大戦でロンドンが大空襲を受けていたとき、ウィンストン・チャーチル首相は士気を高めるために何としてもこれを守りぬけと命じた。

見学者は大聖堂の一階から二五九段の階段を上がってドームの基部まで行き、そこからドームの壁の内側をめぐる、幅が二メートルほどしかない狭い回廊に出る。この位置でドームの直径は三三メートルだ。豪奢で壮麗な光景に感嘆しながらドームの頂点を見上げたり大聖堂の床を見下ろしたりする人が転落しないように、回廊の内側には金属製の手すりが設けられている。私はドームのあちこちにいる友人たちに呼びかけて大いに楽しんだのを覚えている。混雑してうるさかったが、びっくりするほどの距離を隔てて伝わってくる友人たちの下品なささやきはちゃんと聞こえた。

ささやきの回廊は数々の著名な科学者たちを魅了してきた。惑星学と光学の業績で最もよく知られる王室天文官のジョージ・エアリーもその一人だ。一八七一年、彼はささやきの回廊の仕組みに関する説を発表したが、これではマッパリウムのように完全な球形のスペースで起きる現象しか説明できない。ノーベル賞を受賞した物理学者のレイリー卿も関心を抱き、セント・ポール大聖堂に関しては「エアリーの説明は正しくない」と記している。レイリーは自説を証明しようと、長さ三・六メートルの亜鉛片を半円状にして、ささやきの回廊の縮尺模型を作製した[32]。一方の端で呼子笛を吹き、亜鉛片の内側に沿って進むさえずり音を発生させた。反対側の端に到達した音は驚くほど大きく、炎を揺らすほど強力だった。亜鉛片の内壁のどこかに細い障壁を設けると、炎は揺れなくなった。この結果から、音波は湾曲した亜鉛片の内側面に沿って伝わっていることが明らかになった。

回廊の壁の内側に沿って音が伝わるという事実は科学的発見としては満足のいくものだが、これだけではささやきの回廊で生じる驚くべき効果を説明することはできない。見学者はしばしば奇妙な音を耳にするのだ。たとえばC・V・ラマンは一九二二年の論文でこう報告している。

ふつうに会話をすると、それに反応して奇妙で不気味な音と人の言葉をまねするようなささやきが周囲の壁から聞こえてくる。大声で笑うと、たくさんの友人が漆喰の裏にしっかり身を隠しているような反応が返ってくる。どれほどかすかなささやきも端から端まで聞こえ、ただ壁に向かって話すだけでその壁から応答する声が聞こえるように感じられ、どれほど声を抑えようと、会話はドームの反対側まで容易に伝わるかもしれない(33)。

壁に沿って伝わる音は予想をはるかに超えて大きくなるので、音の錯覚を引き起こす。また、この効果を生じさせるには、ささやき手と聞き手の双方が壁のそばにいる必要がある。聞き手が耳を壁から少し離すと、音は一気に小さくなる。音源までの距離を特定しようとするとき、脳は音の大きさを一つの手がかりとして使う。通常、ささやきが大きく聞こえるのはささやき手がそばにいるときだけである。そのうえ、頭を少し動かすだけで音が急激に小さくなるのは、音源が近い場合だけだ。ささやきの回廊では耳を壁から離すとささやきが急に弱くなるが、脳はその意味を誤って解釈し、音源が石壁の中にあるに違いないと思ってしまう。

ラマンは光の散乱に関する研究でノーベル賞を授与されたが、音響についても幅広く研究した。二〇世紀の初頭、彼はインド国内にある五つのささやきの回廊について記録を残しており、そのなかにはビジャープルにある一七世紀の巨大な墓廟、ゴール・グンバズが含まれている。ゴール・グンバズは堂々たる外観の建造物で、アーディル・シャーヒー王朝の権勢のほどを物語る。廟は周囲の平地から抜きん出てそびえ立つ。巨大な立方体のような形で、四隅に八角形の細い小塔を備え、上には巨大なドームが載っている。ドームは直径が三八メートル、基部からの高さが三〇メートルほどある。音響エンジニアのアリエン・ファン・デル・スホートはこんなふうに表現している。

建物に入ると内部は狭い。しかし音を出し始めるとすぐにその音響にまどわされて、狭いことなどたちまち忘れてしまう。ゴール・グンバズの残響は驚異的で、インドの人々はただそれを聞くために何日もかけてここを訪れる。そしてたどり着くと、一〇〇人もの人々が中で声を限りに叫んでいるのに出会うのだ[34]。

子どもたちが楽しげに歓声を上げては自分の声が何度も反復されるのに耳を傾けているときは、混雑したプールのような雰囲気になる。しかしファン・デル・スホートは、音響測定をおこなった際に無人の廟を堪能するという貴重な楽しみを経験することができた。「正規の許可を得てここを二時間ほど無人にしてもらえるまでに二年かかった。バスで押し寄せた客たちをゲートで待たせておいて、私たちはこの驚くべきささやきの回廊が無音になった状態で作業することができた。ここでは、周囲が静かなときには一回のささやきに対してエコーが一〇回数えられる[35]」

ゴール・グンバズは見学者を大いに楽しませるが、ささやきの回廊ができたのは設計上の偶然だった。広間の上にドームを設けることが決まったのは、着工してからだった。私の知る限り、意図的につくられたという証拠のあるささやきの回廊は一つしかない。一九二四年の「スルー・ジ・エイジズ・マガジン」誌によれば、「ミズーリ州議会議事堂にあるささやきの回廊（ジェファソンシティー、一九一七年竣工）は、著名な音響専門家による綿密な計算にもとづいて設計された。そして間違いなく、そのようなもくろみの成功が記録された最初の例である[36]」。

音響学の学会のため、私はささやきの回廊で音波が伝わっていくようすを表すアニメーションをいくつか制作した。高性能のコンピューターで最新のアルゴリズムを使って、ささやきが壁面に沿って

図5.9　ささやきの回廊の音響

どのように進むのかを動画で示した。講演の準備をしていたときにちょっと暇ができたので、私は一九世紀の音響学のバイブルであるレイリー卿の『音響論』を借りようと図書館に走った。驚くべきことに、これはレイリー卿がエジプトでリウマチ熱にかかったあとの療養中に執筆したものだ。ささやきの回廊の仕組みを描く彼の説明はすっきりと概要を伝えていて、私の複雑なコンピューターモデルを使うよりもはるかにわかりやすい。

円形のビリヤード台で、側壁とほぼ平行にボールを突くとしよう。ここでボールは、ささやきの回廊で誰かが壁に沿ってささやいたときの音と同じ動きを示し、思いがけない効果が明らかになる。ボールは円の中心のほうへ出ていくことがなく、湾曲した壁面に沿ってぐるぐると回るのだ。図5・9に示したとおり、ささやきの回廊の音でも同じことが起きる。

トイフェルスベルクの通信傍受施設を訪れたとき、私はツアーガイドのマルティンにささやきの回廊の効果を実演してみせた。彼は以前からほかの見学者たち

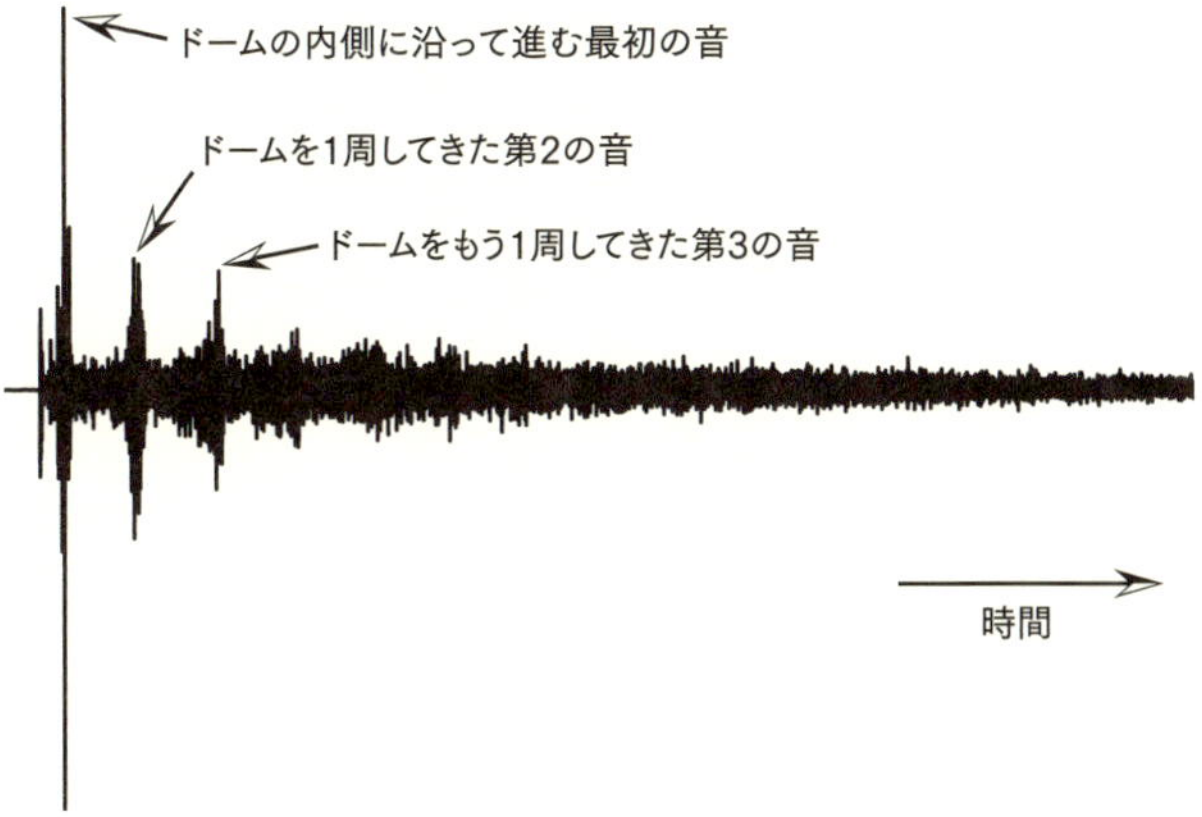

図5.10　トイフェルスベルクのレードームをささやきの回廊として使い、風船を割ったときに生じる音

に部屋の中心で音響効果を試してみることは勧めていたが、声が部屋の壁に沿ってめぐることには気づいていなかった。そのあとレードームにほかの人がいなくなったすきに、私は録音機をドームの壁にもたせかけ、反対側の壁際で風船を割るというやり方で測定をおこなった。このように大きな破裂音を使うと、音は減衰して消えるまでにドームの縁を何周も回ることができる。あるときにはバンというはっきりした音を八回数えることができた。録音の一つをプロットした図（図5・10）を見ると、音がマイクの前を通過したことを表すスパイクが四、五回生じていることがわかる。

しかしセント・ポール大聖堂のささやきの回廊は、なぜ「話し声」の回廊ではなく「ささやき」の回廊なのか。私は先ごろ、大聖堂を再訪してひそかに録音をおこなった。回廊に行くときは、音を立てる人が多すぎないように、早い時間帯がよい。ささやき役のできる友人を連れて行くのがベストだが、私は一人で行った。幸い、ささやき声をとりわけうまく出せる実験に適した案内係がいた。研究室に戻って録音を分析すると、ふつうに話すのではなくささやき声を出すべきもっともな理由が一つ見つかった。大聖堂の一階の床から立ち昇る背景雑音は、ふつうの話し声と重なる周波数帯域の音がかなり強いのだ。しかし案内係のささやきはそれより周波数が高く、その帯域では背景雑音がはるかに弱いので、かすかな音でも背景のざわめきに負けることがない。

私がこれまでに見つけた大型の建造物から生じる〝音の驚異〟は、ほとんどが偶然の産物だったが、意図的に試みたらどんな音が出せるだろう。偶然に生じた〝音の驚異〟で観察される物理学的特性を利用して新たな音響効果を生み出すには、どんな形状がよいだろうか。一七世紀のイエズス会士の学者、アタナシウス・キルヒャーからヒントを得ることができる。彼は例の悪名高い猫ピアノについて書き残しただけでなく、しゃべる彫像や、機械に作曲させるための作曲箱など、音響にかかわる一風変わった仕掛けを想像して図に描いている。現代の発明家は、こうしたスケッチの現代版を考え出すべきかもしれない。

〝音の驚異〟を探し求めて世界を旅しながら、私は自分でもそのようなものをいくつか考えるようになった。トイフェルスベルクにある球体のレードームで生じる音のひずみを調べていたときには、何年も昔にお祭りのびっくりハウスの鏡で遊んだことを思い出した。湾曲した鏡の一つは私の姿を不格好な小鬼《ゴブリン》に変えた。別の鏡はまた別の形に湾曲していて、そこにゆがんで映し出された私は脚がぐっと引き伸ばされ、胴体がほとんど消えていた。複雑な曲面を使ってささやきの回廊を設計することはできないだろうか。それができれば、これまでにない画期的なものになるはずだ。私がこれまでに見つけたささやきの回廊と壁は、どれも単純な弧や曲面やドームだった。

物理学者のC・V・ラマンはささやきの回廊に関する論文で、インドのバンキポールにあってかつては政府の穀物庫として使われていたゴールガールについて記述している。一七八三年に建てられ、昔の養蜂箱のようなドーム型で、高さ三〇メートルの最上部からはすばらしい眺望が得られる。ラマンは内部の音についてこう記している。「ささやきの回廊として、このような建造物は世界中でほかに存在しないのではないか。隅でどれほど小声でささやいても、反対側の隅できわめて明瞭にその声が聞こえる」[37]。しかし私が関心を抱いたのは、その建物の外観をとらえた写真だった。昔風の遊園地の滑り台のように、外壁に沿ってらせん状に階段がめぐらされている。階段の外壁をゆるやかに湾曲させたら、音はその壁を伝ってらせんを描きながら上昇していくかもしれない。そうすればささやきの「ウォータースライド」となって、内部のささやきの回廊と対をなすことになる。

セント・ポール大聖堂のアニメーションを制作したコンピュータープログラムを使えば、奇妙な形をしたささやきの回廊を設計し、実際にうまくいくか調べることができる。これが近ごろの音響工学のやり方だ。建造物をつくる前にコンピューターを使って、役者の声が観客にはっきり聞こえるか、あるいは駅の構内放送でアナウンスがきちんと聞き取れるかを確かめる。つまり、私は自分のもつ工学的スキルと科学的知識の使い道をひっくり返したわけだ。曲面から生じる音響の異常を除去するために設計するのではなく、同じツールを使って最大限の音のゆがみを生み出すことを目指した。

スペインのビルバオにあるビルバオ・グッゲンハイム美術館の収蔵するリチャード・セラの作品のなかに、ささやきの壁と同じような作用を示す巨大な鋼鉄製の壁でできたものがいくつかある。これらの作品をヒントにして、私は実現できそうな設計を考えた。びっくりハウスの鏡のようなS字型の曲面に沿ってささやきを伝わらせたいと思ったが、残念ながら音を凸面に沿わせることはできない。

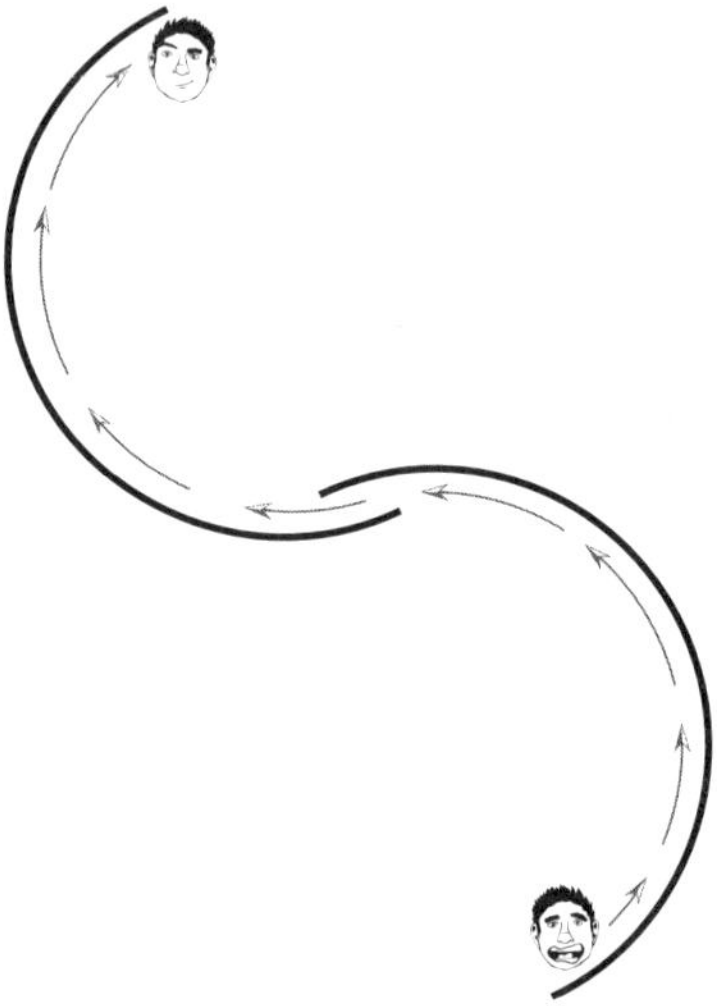

図5.11　新しいささやきの壁

この問題は、二つの孤形の壁をS字型に配置することで解決した。（図5・11）こうすれば、音は最初のカーブの内側を通過してから二つの壁にはさまれた狭いすき間をジャンプし、それから第二のカーブの内側に沿って進む。これで、びっくりするほど大きな音が聞こえるはずだ。

この種の場所のおもしろさは声が思いがけない距離を伝わってくることから生じ、その効果は最初の音が小さなささやき声だったらひときわ強烈な印象を与える。ささやき声がなぜよいのかについては、のちにレイリー卿が数理解析によって別の理由を示している。ささやき声に含まれるシューという音のような高周波音は、もっと低周波のふつうの話し声よりも壁に密着して進むのだ。また、セント・ポール大聖堂の回廊は音をとりわけよく伝えるようだが、音響学者はこの性質について、壁がわずかに傾斜しているためだと考えている。壁の上部が内側に傾いているおかげで、上に進んだ音がドームの上方へと消えていくのが抑えられる。

下水道で私の声がらせんを描いた理由がこれでわかった。レイリー卿の分析により、ささやきの回廊で音が壁面に沿って伝わる効果は円周が大きいほうが顕著になることがわかっているが、彼の理論からは、もっと狭い場所、たとえば直径が二メートルほどしかないようなトンネルでも、同じく円を描いて音が伝わる効果が起きることも証明できる。私の頭が下水道の天井のそばにあったので、声はトンネルの奥へ消えていくと同時に、ささやきの回廊で見られるのと同じように湾曲した壁面に沿ってらせんを描きながら進んだ。私が下水道で聞いた音は錯覚ではなかった。本当に音がらせんを描いていたのだ。

6 砂の歌声

セント・ポール大聖堂を訪れてから一年後、今度は録音技師のダイアン・ホープを連れてカリフォルニア州のモハーヴェ砂漠にあるケルソー砂丘（図6・1）に足を運んだ。砂丘の歌声を聞いてみたいと思ったのだ。この現象が記録されている場所は四〇カ所ほどあり、ケルソーもその一つである[1]。イングランドの博物学者チャールズ・ダーウィンは、現地の言葉で「うなるもの」とか「吠えるもの」を意味するチリの「エル・ブラマドール」山の話を記録している[2]。古い中国の書物には、鳴沙山《めいさざん》という砂丘で催される祭りの記述がある。「端午節（五月五日の龍船節）のならわしに従って男女が一団となって駆け下りると、雷鳴に似た大きなとどろきが砂から生じる[3]」

砂がなだれを起こすと、砂丘が歌い始める。斜面が急勾配で、砂がよく乾燥しているという条件が必要である。しかし乾燥した砂は当然ながらとてもさらさらしているので、私はケルソー砂丘の表面

図6.1　ケルソー砂丘

で足を踏みしめるのに苦労した。夏の砂漠だから極端な気温に対する備えはしてきたが、歌う砂丘の探索がエアロビクスのエクササイズになるとは思いもよらなかった。懸命に砂丘を登りながら思い切り空気を吸い込みたかったが、録音の邪魔になるので息を抑えていなくてはならなかった。

苦心して砂の斜面を登っていくと、砂に突っ込んだ足がげっぷのような音を出した。そこで私はマルコ・ポーロの記録の冒頭を思い出した。彼は砂丘が「さまざまな楽器や太鼓の音、そしてぶつかり合う剣の音で、ときおり空気を満たす」と書いているのだ。(4) 太鼓のようにドラマティックな音ではなかったが、それでも私は音楽のようなものを奏でていた。力を振り絞って足を踏み出すたびに、下手なテューバの演奏のようなブーという音が一度ずつ聞こえた。斜面の頂に近づき、疲れ果てた私が四つん這いで進むという手に出ると、今度はコミカルな金管四重奏のような音になった。げっぷのような音は愉快だったが、砂丘が高らかな声を聞かせてくれないのにはがっかりした。ロックバンド並みに一一〇デシベルに達して一キロ以上先まで聞こえるという轟音が鳴り続けるのを聞くために、はるばるここまでやって来たのだ[5]。午前の遅い時間に差しかかっていた。風のせいで録音が難しく、暑さも耐えがたくなってきたので、また翌日に挑戦することにして砂丘から撤退した。

　キャンプ地に戻ると、鳴き砂の研究で博士号を取ったケンブリッジ大学のナタリー・フリーントに電話でインタビューしたときの録音を聞いた。どうしたら砂丘の声を聞くのに最適な場所が見つけられるのか、ヒントがほしかった。インタビューの途中でナタリーは、最近ケルソーを訪れた友人がその音に落胆させられたと、気がかりな発言をしていた。その現象の物理的特性を理解すれば、翌日には砂丘がちゃんと歌ってくれる確率を上げられるのではないかと期待して、主要な研究論文も見直した。げっぷの音を立てる砂が材料として必須であることまでは科学者たちの見解は一致しているが、実際に大きな轟音を起こす要因については活発な議論が続いている。砂丘の底層が巨大な楽器のように振動しているのか。それとも砂粒がいっせいになだれを起こして、互いに締めつけ合うのだろうか。

　ちゃんとした轟音が起きるときには、砂丘では何メートルにもわたって無数の砂粒が調和した合唱をする。滝の音も同様に広範囲に及ぶオーケストラで構成されるが、こちらで楽器の役割を果たすのは小さな気泡である。私がこれまでに聞いたなかで最も音が大きかったのは、アイスランドのヨークルスアゥ・アゥ・フィヨットルムという氷河川にあるデティフォスの滝だ。これはヨーロッパで最も力強い滝でもある。何年も前のことだが、腹が立つほど寒さの厳しい朝、私は妻とともに自転車でそこへ向かった。でこぼこで穴だらけの道路はわだちと言ったほうがよく、正面から吹きつける北風が北極地方から運んでくる寒気は強烈で、私たちはときおり立ち往生した。
曲がりくねった道を進んでいった。初めは起伏の激しい荒れ地を通り、そのあとはサンダーと呼ばれる荒涼とした土地を抜けた。サンダーには氷河からの流出堆積物と黒い火山性沈泥が広がっていて、ほとんど何も育たない、やがて自転車を置いて、滝が見渡せる断崖の端まで慎重に足を運んだ。滝は幅が一〇〇メートル以上、落差が四四メートルある。[6] 絶壁のすぐそばに立つと、激しい恐怖が全身を貫いた。毎秒一八〇立方メートルの水がなだれ落ちているから、足を滑らせたら確実に命はない。絶え間なくとどろき渡る滝の猛烈な音のせいで、私たちは話をしたければ声を張り上げるしかなかった。滝その音は、低いうなりからザーという高音まであらゆる周波数を同時に網羅しているようだった。滝の発する音は、人を圧倒して周囲から遮断された気分にさせた。CIAから尋問される者が感覚遮断の拷問を受けたときに特殊な音が使われたとして議論を招いているが、この滝の音はそれと同じようなものだ。[7]
水というのは単純な物質だが、さらさらと流れるせせらぎの音から、砕ける波の音、土砂降りの雨音、一粒のしずくの落ちる音まで、じつに多様な音を出すことができる。アメリカのナチュラリストであるジョン・ミューアは、ヨセミテ滝の水についてこんなふうに記している。「壮大な山の脈打つ心臓から不規則にほとばしるようである。……滝の底では、水はたいていザーザーという音とともに落下して沸き立ち、上空に向かって渦を巻く塊となる。……この高貴なる滝は、この峡谷にあるすべての滝のなかでずば抜けて豊かで力強い声をもっている。その音色は、常緑オークのつややかな葉をかすめて吹き抜ける風の鋭いザーという音やカサカサという音、マツの木からこぼれ落ちる柔らかいシューという音から、山の頂にそびえ立つ岩のあいだで鳴り響く暴風や雷鳴のこのうえなく大きなうなりまで、さまざまに変化する(8)」

数十年前から、科学者は波が砕けるときのように水の落下によって水中で音が生じる仕組みに関心を抱いてきたが、それは水中の音が敵艦の音を監視する潜水艦の乗組員の障害となるからだ。しかし私が知りたいのは水面より上で起きる現象であり、ありがたいことに科学者たちも今ではこの問題に関心を向けている。

スコットランドのヘリオット・ワット大学のローレント・ガルブランは、エネルギー使用量を削減するために水量を最小限に抑えながら印象的な音の出る噴水や水を使ったオブジェをつくる方法を研究している。それと似た研究として、イングランドにあるブラッドフォード大学のグレッグ・ワッツらは、交通騒音を隠すのに最適な音を求めて、さまざまな岩や水たまりに落下する水の研究をしている。多様な水のオブジェの音を録音し、被験者に聞かせてそれぞれの音の快適さを評価させた。この実験は音響実験室でおこなう必要があったが、ふだんの実験室のままでは屋外の水のオブジェについて美的判断を下すのにほとんど役立たない。そこで実験室内に劇場のようなセットが用意された。ガーデンバルコニーを模したもので、被験者がそれらしい気分になれるように、竹垣や植物の鉢植えから庭用家具まで完備していた。

それぞれの音についてどのくらい気に入ったか被験者に採点させた結果を受けて、ワッツは結論に達した。排水管や実用一辺倒の地下排水路に流れ込む水を思わせるうなりのような響きをもつ音が最も嫌われ、小石の敷き詰められた平坦でない面に水が落ちるときのように、自然なばらつきをもつパチャパチャという音が最も好まれることがわかった。ガルブランも同様の実験をおこない、テストしたすべての水音のなかで最もリラックス効果が高いのは、ゆるやかに流れる自然の小川のおだやかな

さざめきであることを発見した。(9)

私はまず、水の落ちる音が生じる仕組みを知って驚いた。このあいだ私の大学の無響室にテレビ局の撮影隊がやって来て、水が落ちるようすを撮影した。水を入れた水槽に一粒の水滴が落ちるところを高速カメラがとらえた。上から撮影したビデオをスローで見ると美しい。水滴が水面から細い水柱を立ち上がらせ、さざ波を立てる。しかし聞こえる音について理解するには、水面のすぐ下を横から観察する必要がある。視覚的にインパクトが強いのはさざ波だが、音の大部分は小さな気泡一つから生じる。水滴の底部が水面に突入するとき、水面が盛り上がり、そこから不意に小さな気泡が一つ水中に放たれる。閉じ込められている空気は直径が数ミリしかないので見過ごしやすく、撮影するのは難しい。小さな気泡ではあるが、中の空気が振動し、共鳴してポトンという音を出し、それが水中を通って空気中まで伝わる。

水が石の上に落ちるときにはこれとまったく違った音になるが、それは水中に気泡を生じさせることができないからだ（石の上に水の層が存在しない限り）。音の出る仕組みについてはやはり、水滴が石に当たって一面に飛び散るときに音が起きるのだと思う人が多いだろう。しかし実際には、落下する水滴が石の表面で広がって薄い膜となるときに、周囲の空気をかき乱すことで音が生じるのだ。

撮影隊が気泡の撮影に来てから数カ月後、私はアーティストのリー・パターソンから水の音についてさらに教わる機会を得た。イングランド湖水地方へ会いに行くと、リーはイングランド北部の池や水路で熱帯雨林に劣らぬほど豊かな水中音を発見したときのことを語ってくれた。彼が湖水地方で録音した音を使って作曲する予定だという作品について、私たちは語り合った。《笑う水の流れ》というタイトルで、その数年前にコッカーマスという近くの市場町《マーケットタウン》を襲った壊滅的な洪水から着想を得た作品になるとのことだった。リーはその作品において「水の流れが体現するさまざまなタイプのエネルギー、水の流れの副産物として生じる音」をどんなふうに探求するか説明した。(10)

私が訪ねていった日、彼は岩壁に囲まれて水のたまった小さな採石場で録音をしていた。焼けつくような熱い陽射しが降り注ぎ、周囲で鳥が鳴く、田園風の場所だった（目障りなコンクリート造の物置小屋に背を向けている限り）。リーは自作したシンプルな水中マイクをもっていた。派手な色のペットボトルキャップに光沢のある圧電素子がはめ込まれていて、水中で音波が当たってゆがむと電気が発生する。彼はこれを水中に投げ入れ、増幅器の出力を上げると、私にヘッドフォンを渡した。

何かをむさぼり食うような、忌まわしげな音が聞こえてきた。何かの動物が私の鼓膜を食いちぎろうとしているかのようだ。しかし音の主は、ボトルキャップに藻類がついているのではないかと無駄な期待を抱いて水中マイクをこするオタマジャクシだった。オタマジャクシは酸素を発生させる水草のあいだを泳いでいるので、水中マイクの位置を細かく調節したら、ベーコンを炒める音に似た機械的で奇妙なさえずり音が聞こえた。この音を発生させているのは、水草から次々に立ち昇る小さな気泡だった。気泡はグラスの中で浮かび上がるシャンパンの泡に似ている。光合成をする植物が気泡の流れを発生させていたのだった。(11)

数日後、今度はサウサンプトン大学のヘレン・チェルスキーと話をした。彼女は気泡ができるときに音が生じる仕組みを研究している。その研究によると、細いノズルの先端で気泡が形成されるときに音が生じるのは、ノズルに付着しているあいだは涙形だった気泡が、水中に放たれるときには球形になるからだ。この形状の変化によって気泡が振動し、内部の空気を共振させて音を出す。ヘレンは、水草でこれが起きるとは考えにくいと言った。光合成で生じる自然の気泡はもっとゆっくり形成されるので、水中に放たれるときの推進力が足りないのではないかとのことだ。私が聞いたのは気泡が互いにぶつかり合う音か、あるいは水中マイクにぶつかる音だった可能性のほうが高い、というのが彼女の考えだった。

アイスランドのデティフォスの滝で聞こえる音は、振動する一つの気泡による作用をスケールアップして、白く泡立つ滝に含まれる大量の気泡について考えれば説明がつく。閉じ込められた空気の球はサイズがいろいろなので、それぞれに固有の周波数の音を出す。滝の中では、無数のランダムな音が組み合わさって壮大な気泡のオーケストラが形成され、シューシュー、ゴーゴーという音が生じる。

どの滝にも独自の声色がある。大きな気泡の多い滝は重低音を発するだろう。気泡が小さければ、ミューアが記したヨセミテ滝のようにザーという音が多くなる。周囲の岩によって音がさらに変化する場合もある。アイスランド南部にあるスヴァルティフォスの滝は、落差が二〇メートルほどしかない。六角柱形の玄武岩からなる断崖が馬蹄状に張り出していて、そこから水が流れ落ちる。滝の名前は「黒い滝」を意味し、そこの岩の色に由来する。私が訪れた日には、霧雨の降るどんよりした空模様のせいで、その色が一段と黒々していた。それでも雨の中を一時間かけて歩いていく価値はある。周囲の岩のおかげで見事な休暇旅行のスナップ写真が撮れるのに加えて、岩に当たるザーザーという水の音も増幅されるのだ。

アイスランドで印象的な滝といえば、セリャラントスフォスもある。ここでは瀑布の裏側に入れるので、滝つぼを叩く水のシューシューという音の反射を背後の断崖から浴びて、音に包まれることができる。水の流れが一定ではないので、音はせきこむような響きになる。目を閉じると、小さな貨物列車が頭上をゴトゴトと通過するようすを思い描くことができる。

滝の音は格別にめずらしくはないが、「潮津波《タイダルボア》」の音はなかなか聞けるものではない。潮津波とは、高波が広い浅瀬から河口に進入し、川の幅や深さが縮小する箇所で勢いを増して内陸へさかのぼる現象である。ブラジルのアラグアリ川で起きる潮津波は、現地の先住民トゥピ族の言葉で「強力な音」を意味する「ポロロッカ」と呼ばれている。[12] 私の住まいにもっと近いところでは、イングランドのグロスターの近くでセヴァーン川の潮津波が見られる。つかのまの小春日和が訪れた九月の霧の朝早く、秋分の大潮の余波で四つ星クラスの潮津波が起きるとの予報が出された。川岸に沿って歩いていた私は、流れの途中で数人のサーファーが波をとらえようとサーフボードをつかんでいるのを見かけた。ここは観察するのにぴったりな場所に違いない。私はそう思ってまず水際に立ったが、あたり一面に前夜の上げ潮の残した沈泥があるのに気づいて、水際から離れて川岸のもっと高い場所へ移動した。潮の作用を相手にするときには用心が必要だ。一九九三年一〇月三日、中国で八六人が潮津波にさらわれている。[13]

そして私は待った。さらに待ち、それからもっと待った。予報より二〇分遅れて、下流から低い音が響いてきた。潮津波が姿を現したかと思うと対岸に打ち寄せ、川を隔てた真正面で波が砕け続けた。海で大波が砕け散るのと似ているが、次々と海岸に寄せては砕ける波の心地よいリズムとは違い、この潮津波では一つの砕け波の音が途切れることなく続いていた。

カナダのノヴァスコシア州に面するファンディー湾に次いで、セヴァーン川河口域の潮差は世界で二番目に大きく、大潮のときには一四メートルに達する。地図でセヴァーン川を見ると、曲がりくねったじょうごのような形をしていることがわかる。しかし地図を見ただけでは、内陸へ進むにつれて水深が急激に浅くなっていることはわからない。大量の潮が海から河口に流れ込むと、水は先細りの水路を上流へと押し込まれるが、その水路はどんどん浅くなる。余分な水は上方へ向かうしかないので、それで高波が生じるのだ。

ショーの目玉は第一波だが、それだけ見てさっさと帰ってしまうと、潮津波に続いて次々に到来する「子ども」とでも呼ぶべき波の音を聞き損ねてしまう。第一波のあと、たっぷり三〇分は潮津波を追うかのごとく洪水のようなうねりが押し寄せる。それが木を根こそぎ引き倒したりがれきを押し流したりするのを見れば、その力がよくわかる。水中で生じた大きなうねりがあちらこちらで砕けて音を放ち、大量の水が動くことで生じるゴボゴボとかゴーゴーという音と合わさって、海岸の波の音と下水道を流れる水の音が混ざったような音になる。

潮津波の高さでいえばセヴァーン川は第五位で、ブラジルのポロロッカのようにこれより高いものはもっとすさまじい音がする。中国の詩人の仇遠《きゅうえん》は、銭塘江《せんとうこう》の潮津波を「一万頭の馬が厩《うまや》から逃げ出して天上の太鼓を叩き、五六四の伝説の巨亀が裏返って雪山を崩壊させる」かのごとしと言い表している。[14] 一八八八年、英国海軍司令官のW・アズボーン・ムーアは、もっと抑えた言葉遣いでこれを表現している。「静まり返ったおだやかな夜、二〇キロあまり離れた場所では、到達する一時間二〇分前にそれがはっきりと聞こえる。その音はごくゆるやかに強まり、やがて川岸で観察する者の前をナイアガラ滝の下の急流にもほぼ劣らぬ轟音とともに通り過ぎる[15]」

ユベール・シャンソンは、フランス北部のモン・サン＝ミシェルの近くで潮津波の音響の研究をしている。[16] 第一波の轟音は大波に含まれる気泡によるもので、波が岩や橋脚にぶつかることでもっと高い周波数の音も同時に生じる。優勢を占めるのは、ピアノの低音の一オクターブに相当する七四～一三一ヘルツの低周波音だ。

物書きが潮津波の音を形容するための言葉を必要とするなら、ロマン派詩人ロバート・サウジーの「ロドアの大滝」にあたるのが一番だ。一九世紀初頭に書かれたこの詩は、さまざまな擬音語を用いてイングランド湖水地方にあるロドアの滝を描写している。詩の長さは一〇〇行以上に及ぶので、水の動きを表現する語彙がおそらく余すことなく使われ、「そしてヒューヒュー、ザーザーと……。そしてザワザワ、ゴーゴーと……。そしてバリバリ、バチャバチャと」などと記されている。しかし水音を発するのは、滝やめずらしい潮津波ばかりではない。さらさらと流れるせせらぎのように静かで繊細なものからも大きな楽しみが得られる。注目すべき点は、とどろく潮津波でも曲がりくねってゆったり流れる小川でも、小さな気泡は私たちにとって最も聞き取りやすい周波数帯域の音を出しているということだ。この物理的性質が、どうやらサウジーによるロマン派の詩にぴったり合っているらしい。しかし、これは単なる偶然の一致ではないかもしれない。流れる水の発する周波数の音を特に識別できるように、私たちの聴覚が進化してきたとは考えられないだろうか。私たちの聴覚がこの周波数帯域で機能しなければ、生存に不可欠な物質である水を耳で見つけることはできないはずだ。

水滴が水中に落ちるときの音の周波数は、形成される気泡の半径から計算できる。また、凍った水についてもサイズと周波数の数学的関係は存在する。私は妻とアイスランドを訪れた際、南海岸に足を運んだ。ブレイザメルクルヨークル氷河から分離した氷が、氷山となってヨークルスアゥルロゥン潟湖を漂流していく。偶然に形づくられた妙に青っぽい氷塊が、氷河から離れて海へ流れ出るか、あるいは黒い溶岩でできた海岸に打ち上げられる。観光客はそこにしばらくとどまり、写真を撮ったりボートツアーで氷のそばまで行ったりして、それから主要環状道路をめぐる行程を続けていく。私たちは潟湖のほとりでキャンプすることにした。一晩中、車やボートの音に邪魔されず、鈴が鳴るような音に耳を傾けた。水際に打ち寄せる波の水面で小さな氷塊がおだやかに揺れ動きながら互いに触れ合って、スレイベルのようにリズミカルな音楽を奏でていた。

氷柱の音の周波数はサイズによって決まる。ノルウェーの打楽器奏者で作曲家のテリエ・イースングセットは、氷のシロフォンでそれを実証している。アイスランド旅行から何年も経ったころ、私はイースングセットのいう「演奏後に飲める唯一の楽器」を聴くために、イングランドのマンチェスターにある王立ノーザン音楽大学に出かけた。[17] 彼はノルウェーヴァイキングを絵に描いたような容貌で、長身にぼさぼさの髪をして、演奏するときはパーカに身を包む。その演奏は情緒的で趣のある音に満ち、聴いているとノルウェー旅行の思い出がよみがえってきた。

コンサートホールはスカンジナビアの夏のように、寒いくらいに冷房されていた。それでも氷の楽器は長持ちしない。大きな冬物コートと手袋を身につけたアシスタントが、氷でできたトランペットやシロフォンの音板を取り出して準備する。演奏が終わると、付き人がさっと楽器を包んでフリーザーに手早くしまう。

氷のトランペットは、ベルの部分が外側に向かって派手に広がっている。テリエの唇が楽器に貼りついてしまわないように、マウスピースに処理が施されている。狩猟のときに使われる角笛に似た原始的な音を聞くと、私はかつてマドリードで聞いたほら貝を思い出す。音響学的見地から言えば、第4章で述べたとおり、管楽器の材料は硬度さえあればほかの点は重要でない。貝殻と角と氷は見た目にはまったく別物と思われるかもしれないが、楽器の中を進む音波にとってはいずれも非透過性の物質という点で同じようなものだ。もっと重要なのは、外側に広がる管の形状と、演奏者の唇の働きだ。ほら貝はフレンチホルンと同じように管が指数曲線状に広がっていて、これが特有の音色を生み出すとともに音を増幅して送り出すのを助けるということが、科学的な測定で判明している。[18] 私の想像では、氷のトランペットも同じ原理で機能する。

氷のシロフォンは細長い桶状の氷の台に五本の音板が載っていて、それぞれのサイズによって音の周波数が決まる。音板はノルウェー国内の凍結した湖からチェーンソーを使って切り出し、専門家が削ってから、はるばるイングランドまで運ばれる。トランペットとは対照的に、シロフォンでは氷が激しく振動するので材質がきわめて重要になる。音板が震えだすと、付近の空気の分子も振動して音波を発生させ、これが空気中を伝わって聴衆に届く。台の中の空気も共振し、空気の振動を増幅して音を大きくする。

テリエが使う氷は、氷なら何でもいいというわけにはいかない。ぴったりの微視的構造をもつ氷を見つける必要がある。彼の説明によると、「氷が一〇〇個あれば、すべて違う音がするはずだ。そのなかですばらしい音がするのは三つくらいかもしれない」。[19] 音板の微視的構造は、水が凍結したときに含まれていた不純物の量と凍結時の条件によって決まる。特に凍結速度に影響する周囲の気温が重要で、凍結プロセスはゆっくり進むのがベストだ。そのほうが乱れの少ない規則的なパターンで結晶構造が形成されるので、がっかりさせるような冴えない音ではなく、よく響く音が出せる。

氷のシロフォンはシロフォンの仲間らしい音を出していたが、音板の材料が木や金属でないことはすぐにわかった。ワインの空きびんを軟らかいマレットで叩いているような硬質の音がした。そのピュアでクリアな音は、完璧にその材料に似つかわしかった。しかしこの「ピュア」で「クリア」という二つの形容詞は、私たちが音を評価する際に見た目がどれほど影響するかを示す証拠にすぎないかもしれない。透明な音板がクリアな音以外の音を出すことなど考えられるだろうか。[20]

私たちが材質の違いをきちんと区別できるのは、木材と金属のように物理的特性が大きく異なる場合だけだ、ということを科学者は明らかにしている。[21] 音を聞いた人は、音の持続時間を把握する。肌理《きめ》の粗い木材のほうが金属よりも内部摩擦が大きいので、振動が早く止まる。シタン材の木琴がポコポコという音を出し、金属製の鉄琴は音がよく響くのはそのためだ。

氷のシロフォンが出す音は、凍った湖からテリエの楽器をつくるための氷を切り出す作業員が耳にするピシッとかゴーとかヒューなどという音とはまるで違う。日の出のころに凍結した湖のそばでじっと待っていると、氷が移動したりひび割れたりする。あるいは日没時に待っていれば、温度が下がるにつれて氷が割れたり鳴くような音を出したりする。これらの音は地質学的作用の発する音であり、地球を形づくる力が聴覚化されたものである。科学者は北極地方の氷床の厚さを推定するために、水中マイクを使ってこうした地殻の活動による音を測定している。[22]

氷が放つ信じがたいほど多彩な自然の音――ピシッ、シュー、バン、ビーンなど――についてもっと知りたくて、私はマンチェスターの騒々しいカフェでアーティストのピーター・キューサックと会った。音響の世界のインテリであるピーターは、おだやかな口調で語り、自分の聞いた音をきわめて正確に描写する。彼はシベリアのバイカル湖で録音をするために一〇日間過ごしたときの話を聞かせてくれた。「シベリアの真珠」と称されるバイカル湖には、世界の地表にある淡水のおよそ二割がたたえられており、北米の五大湖をすべて合わせた水量を上回る。春になると分厚い氷が徐々に融け出すのだが、最初は割れてばらばらの流氷となる。氷床の端から細いつらら形の氷が割れて分離し、風や波に押されて周囲の水面を漂う。何百万もの氷片がぶつかり合って、ピーターに言わせれば「チリンチリン、カチャカチャ、ザワザワという音」を立てる。[23]

地球の裏側にあたる南極のロス海では、録音技師のクリス・ワトソンが、やはり同じように氷河の氷が海水に変わるときの音をとらえた。彼は水中マイクを海中に沈めるか、あるいは氷河にこじ入れるというやり方をしていた。ロス海は南極海が南極大陸に深く湾入した海域で、スコットやシャクルトン、アムンゼンといった初期の南極探検家たちがここに基地を置いた。クリスは、巨大な氷の塊（なかには一軒家ほどの大きさのもある）が氷河から分離して、まだ凍っている海に落ちるときのようすを語ってくれた。分離する氷はピストルの衝撃音に似た爆発的な音を立てる。そして氷がこすれ合うと「びっくりするようなきしみ音……一九五〇年代か六〇年代初めの電子音楽みたいな音」がするそうだ[24]。地上では、氷はほとんど音を立てないし動きがないように見えるが、クリスの水中マイクは氷が水面下でいかに活発に動き回るかを明らかにした。氷が海水に変わる終盤では「スラッシュ・パピー」〔訳注　みぞれ状のフローズンドリンク〕状の氷が、何かをすりつぶしたり打ち砕いたりするような音を立てる。「これまでに聞いたなかで最高に力のこもった音の一つだ。この音がなぜ起きているのか考えたらそう感じずにはいられない」とクリスは説明した。何十キロも先まで連なる浮氷の向こうから、南極海がこの氷の海原を動かし、砕いているのだ。

　分厚く凍った湖の上を歩くと、氷がずれるときに生じる雷鳴のような反響が氷のあちこちで聞こえることがある。氷がもっと薄い場合には、石を投げ落とすと耳慣れぬさえずり音が聞こえるかもしれない。氷の楽器の演奏会を聴いてからまもない冬のある日、ウェールズ北部のスランデグラの森でマウンテンバイクに乗っていた私は、厚さ五センチほどの薄い氷の張った貯水池に行き当たった。氷の表面をかすめるように石を投げると、ＳＦ映画に登場するレーザー銃を思わせるビューンという音が何度も響いた。聞き慣れない音だった。というのは、音が鳴るたびに音高が急激に下がり、日常生活ではほとんど耳にしないようなグリッサンドを奏でていたからだ。

凍った水面に石がぶつかるたびに、寿命の短い振動が氷全体に伝わり、それからビューンという音となって空気中に発散される。空気中では周波数の異なる音も同じ速度で進むので、音はすべて同じタイミングで耳に届く。ところが氷の中では話が違う。最も速く進む高周波の音がまず聞こえ、それからグリッサンドの終わりにはもっと進むのが遅い低周波の音が耳に届く。長いワイヤでも同じ効果が生じる。音響デザイナーのベン・バートは映画『スター・ウォーズ』シリーズの効果音を制作していたとき、アンテナ鉄塔に張られた高圧線をハンマーで叩いて録音し、その音をレーザー銃に使った。(25)

スウェーデンの音響学者でスケーターでもあるグンナー・ルンドマルクによると、氷の出すさえずり音を使って、凍結した湖の氷の厚さと安全性を調べることができる。スケートの刃が氷の表面を移動すると、氷の内部でわずかな振動が発生し、それによって音が生じるが、その音の優位周波数は氷の厚みによって決まる。スケートの刃から出る音は横に広がるので自分のスケート靴の出す音を聞くことはできないが、二〇メートルほど離れたところで仲間のスケート靴から出る音を聞くことはできる。ルンドマルクはこれを検証するために測定をおこなった。「私の助手、といっても幼くて体重の軽い息子だが……その助手に斧で氷を叩かせて、私が……安全な場所でマイクとミニディスクを使ってその音を録音した」(26)。音が四四〇ヘルツ(音楽で言えば、オーケストラの音合わせで使われるAの音)なら氷はたいてい安全だが、周波数がこれより少し高くてたとえば六六〇ヘルツ(ピアノの白鍵でAから四つ上のEの音)くらいだと、氷の厚さは五センチほどしかないので薄くて危険だ、と彼は結論づけている。しかしスケーターが氷の歌声を利用するには周波数かそれに対応する楽音を特定する必要があるが、それは絶対音感の持ち主でなくてはできない。音楽が得意でないスケーターは、何か別のやり方で氷の厚さを知るしかない。
氷では、氷柱のサイズとそれの出す音の周波数は強く関連している。水中の気泡についても同じことが言える。歌う砂丘についても、砂粒のサイズと周波数とのあいだに同様の数学的関係が存在するのだろうか。高音のヴァイオリンは低音のコントラバスよりサイズが小さいというふうに、たいていの音源にはサイズと周波数の相関関係が存在するので、砂丘も同様だと思う人もいるのではないだろうか。しかし、うなる砂丘の周波数に対して砂粒のサイズが重要な意味をもつかどうかについては活発な議論が続いており、今のところ決定的なデータはまだ得られていない。とはいえフランスのパリ・ディドロ大学のシモン・ダゴワ゠ボーイらが最近おこなった実験室での実験によって、証拠をめぐる状況が変わったかもしれない。砂粒のサイズによって砂丘の周波数が決まることが示されたのだ。ダゴワ゠ボーイはオマーンのアル・アッシュクハラ近郊の砂丘から砂を持ち帰り、ふるいにかけて特定のサイズの砂粒を選別すると音が変わることを示した。選別前の砂粒のサイズは一五〇〜三一〇ミクロンで、音は九〇〜一五〇ヘルツという広い周波数帯域にまたがっていた。ところが砂をふるい分けて粒のサイズを二〇〇〜二五〇ミクロンの範囲に絞ると、九〇ヘルツのクリアな音だけが聞こえたのだ。(27)

二〇世紀初期の冒険家エーメ・チフェリーは、馬でアルゼンチンからワシントンDCへ向かう一万六〇〇〇キロの道中、ペルーの海岸沿いのうなる砂丘で眠った。報告によると、「現地人」が彼に「砂丘は……霊にとりつかれていて、『墓場』に埋葬されている先住民の死者が夜ごとに太鼓の音に合わせて踊る」と説明したらしい。そして「実際、この砂丘について身の毛のよだつような話をさんざん聞かされた彼は、死なずにすんで幸運だったと思い始めた」[28]。当然ながら、説明のつかない自然界の音の周辺では、数々の伝説が生まれる。キャンベル・グラントは北米の岩壁画に関する記述の中で、雷神鳥がしばしば描かれていることを指摘してこう述べている。「雷雨が起きるのは、巨鳥が翼をはためかすことで雷鳴を起こし、目を開閉することで稲光を起こすせいだと信じられていた」[29]

雷鳴には、二つの明確に区別できる音の相がある。バリバリと引き裂くような音とゴロゴロととどろく音だ。一九三一年の映画『フランケンシュタイン』のために録音された古い雷鳴の効果音には、この二つの相が完璧に取り込まれている。さまざまなアニメでもまさにこの音が使われ、スポンジボブ、スクービー・ドゥー、チャーリー・ブラウンなどを怖がらせている。実際、この効果音は長年にわたって非常に幅広く使われているので、嵐の中の幽霊屋敷を見たことがある人ならこの雷鳴を耳にしているはずだ[30]。じつのところこの効果音はかなりおとなしく、私の記憶にある本物の雷雨のなかで最も強烈なもののほうがはるかに恐ろしい。自分の家に雷が落ちたかと思うほどの大きな雷鳴に仰天し、ベッドから飛び出したときのことは今でも思い出せる。ハリウッドの音響デザイナー、ティム・ゲデマーは雷鳴のつくり方を説明してくれた。空を切り裂いて全天を明るく照らすような「腹に響く」大きな雷鳴を映画で再現したい場合、本物の雷鳴の録音を一つ使うだけでは無理で、本物の録音から始めるにしても、「腹の底で感じる体験」を実現するには雷雨以外の音も加えるのだそうだ[31]。

子どものころ、雷雨がどこまで近づいているかを推定するには、稲妻が光ってから雷鳴が聞こえるまでの時間を計ればよいと教わった。この計算方法では、音は光よりも速度がはるかに遅いという性質を利用する。音はおよそ毎秒三四〇メートルで進むので、稲妻から雷鳴までのあいだに三秒の遅れがあれば、雷雨は一キロほど離れたところまで来ているということになる。そんなわけで私は稲妻が雷鳴を引き起こすという事実を疑ったことがないが、驚くべきことにこの因果関係は一九世紀まで確定していなかった。古代ギリシャの哲学者で科学的手法を自然現象に適用した先駆者でもあるアリストテレスは、雲から可燃性の蒸気が噴出することで雷鳴が起きると考えていた。ベンジャミン・フランクリン（アメリカ合衆国建国の父の一人）や古代ローマの哲学者ルクレティウス、それにフランスの近代哲学の祖とされるルネ・デカルトは、雲がぶつかり合うことによって雷鳴が生じるのだと信じていた。雷鳴の原因は稲妻だということがなかなか証明されなかった理由の一つは、この現象を調べるのが難しいという点にある。稲妻が起きる場所や日時を正確に予測するのは不可能なので、実際に発生している地点から遠く離れたところで科学的測定をするはめになることも少なくない。

雷の落下地点の付近では、自然の発する音のなかでもトップクラスの大きな爆発音が起きる。それに続いて起きるゴロゴロというとどろきは、通常は一〇〇ヘルツ前後の低い周波数でピークに達し、数十秒間続くこともある。雷雲内の電位差によって電離した空気がきわめて高温の放電路となり、その温度は摂氏三万度を超えることもある。この熱によって通常の大気圧の一〇倍から一〇〇〇倍にあたる強烈な圧力が発生し、そこから衝撃波と音が生じる。[32]

稲妻は、曲がりくねったジグザグを描いて地表に到達する。仮に稲妻が直線を描くなら、雷鳴はバリバリと鳴るだけでゴロゴロととどろくことはないだろう。およそ三メートルごとに折れてうねる道すじで、曲がるたびに音が生じるのだ。それぞれの折れ目で発生する音が合わさって、あの特徴的な雷鳴の音になる。轟音が長時間にわたって続くのは、稲妻の描くルートが何キロにも及び、そのルート上に散らばったすべての折れ目から音が届くまでに時間がかかるためである。[33]

世界各地で聞かれる謎の轟音のなかには、衝撃波によるものもある。そうした音には多彩な名前がついていて、ニューヨーク州のキャッツキル山脈にあるセネカ湖の近くでは「セネカの銃」、ベルギーの海岸沿いには「霧のげっぷ」、イタリアのアペニン山脈には「雷もどき」というのがある。[34]
二〇一二年の初めごろ、ウィスコンシン州のクリントンヴィルという小さな町で、住民たちが夜ごとに家の揺れで起こされ、遠い雷鳴のような音を聞いた。住民のジョリーンは「ボストン・グローブ」紙の取材に対してこう語った。「主人はおもしろがっていましたが、私はそんな気にはなれません。冗談じゃない……何がどうなっているのか知りませんが、とにかくこんなのはごめんです」。[35]音の原因は小さな地震の群発であることが、地震モニタリングによって確認された。[36]一九三八年にこれと同様の弱い地震が起きた際、チャールズ・デイヴィソンが住民から話を聞くと、地震に伴って発生した音については、遠くの大砲や爆破による轟音、大量の落石、海岸に叩きつける波の音、遠くで太鼓を叩くくぐもった音、エリマキライチョウの大群の羽音など、さまざまに表現されていた。[37]
UFOの目撃談のように、轟音の多くは超自然的ではない理由で説明がつく。二〇一二年四月にイングランド中部で恐ろしいほどの騒音が起きたが、これは二機のタイフーン戦闘機が引き起こしたソニックブームによるものとされた。ヘリコプターの操縦士から自機がハイジャックされたという遭難信号が誤って発信されたため、ヘリコプターをすぐさま奪回すべく飛び立った二機のタイフーンが音速の壁を突破してしまったのだ。飛行機が低速で空気中を進むときには、機体の前後から音波がさざ波のように発生して音速で広がっていく。このさざ波は、ゆっくり進むボートの船首と船尾から生じるおだやかな波と同じようなものだ。ところが飛行機が加速して音速（時速約一二〇〇キロ）以上になると、音波は十分な速さで機体から離れることができなくなる。この音波が集積して衝撃波となり、高速で進むボートの航跡と同じようにV字型を形成して機体を後ろから追いかける。機体からはソニックブームが絶えず発生しているが、地上にいる人の上空を機体が通過するのは一度だけだ。タイフーン戦闘機の音を聞いた人は「バンとすごく大きな音がしたかと思うと部屋が揺れて、グラスハンガーにかけたワイングラスがみんな揺れました。……不気味でしたが、長くは続きませんでした[38]」と報告している（バンという音が二回聞こえることもある。この場合、一度目は機首からの伴流、二度目は機尾からの伴流によるものだ）。

しかし人類がこれまでに経験した最も強烈な自然界の音と比べれば、ソニックブームなど大したことはない。その音とは、一八八三年にインドネシアの火山島クラカタウで起きた噴火の音である。目撃者の一人、イギリス船ノラム・キャッスル号のサンプソン船長はこう書き残している。

私は今、真っ暗闇の中、手探りでこれを書いている。われわれは軽石と塵の雨が絶え間なく降りしきる中にいる。爆発はあまりに激しく、船員の半数以上の鼓膜が破れてしまったほどだ。最後に思うのは愛しい妻のことだ。最後の審判の日が来たのだと確信している[39]。

サンプソン船長がいたのは、このインドネシアの火山からわずか数十キロの地点だった。噴火の威力は猛烈で、五〇〇〇キロ離れたインド洋中部のロドリゲス島にいた人たちにも爆発音が聞こえた。ロドリゲスの警察署長ジェイムズ・ウォリスは「夜間に数回……遠くで重砲が轟くような音が東の方角から聞こえる」と記している。これは可聴音が伝わるには膨大な距離で、たとえばサウジアラビアのメッカからロンドンまでの距離にほぼ相当する[40]。一九八〇年にワシントン州のセント・ヘレンズ山で起きた大噴火のニュースは私の記憶にもある。噴火の音がクラカタウと同じくらい大きければ、アメリカの北部を越えてカナダ東岸のニューファンドランドまで届いたことだろう。

クラカタウで起きた爆風と爆発の可聴音は驚くほど遠くまで伝わったが、不可聴音はさらに遠くまで伝わった。火山が噴火すると、人間の可聴域より周波数の低いインフラサウンドと呼ばれる音が大量に生じる（可聴周波数の下限はおよそ二〇ヘルツ）。世界各地の気圧計はクラカタウで生じたインフラサウンドを検知し、低周波の音波が検出不能なほど小さくなるまでに地球を七周、距離にしておよそ三〇万キロもめぐっていたことを示した。

今日、科学者は噴火の性質の予知や識別のために火山性のインフラサウンドを監視し、地震計による地盤振動の測定を補足している。放出されるインフラサウンドは地中の奥深くで起きている事象によって変化するので、これを調べると火山内部の活動について遠く離れた安全な場所から、ほかの方法では得られない知見を得ることができる。

これ以外にも、火山からはもっと静かだが聞き取ることのできる音も発生する。気泡が破裂したり、マグマ片が岩に飛び散ったり、火口からガスがシューシュー、ゴーゴーと噴出したりするときの音だ。これらの音を体感してみたいが噴火中の火山の近くで命や手足を失う危険を冒すのはいやだという人は、活発な地熱地帯へ行くとよい。

アイスランドはまるで地質学の教科書を拡大して、さらに地球を形づくるさまざまな作用を鮮やかに描き出す音を加えたような土地だ。北米プレートとユーラシアプレートにはさまれた大西洋中央海嶺上に位置する。広がっていく二つのプレートが地震や火山活動によって地形をつくり出し、都会から離れた地方では噴石丘やごつごつした溶岩原、岩の断層があちこちに点在する。北部のクヴェリルではアンズ色の風景が広がり、まるで慢性的な化膿ニキビを患っているかのように見える。不快な硫黄臭が鼻腔を襲う。見学者はやけどするほどの熱水に膝まで突っ込んでしまわないように、足を下ろす場所に気をつけなくてはいけない。

あちこちで大小の石と土が腰の高さまである塚のような小山となり、蒸気が噴出するときにシューと音を立てる。まるで爆発の危機が迫っていると警告するかのようだ。地下八〇〇メートル以上の深さまで浸透した地下水がマグマで熱せられ、摂氏二〇〇度の過熱水蒸気となって地表に押し戻される。小山の割れ目から蒸気が勢いよく吐き出され、周囲の静かな空気をかき乱す。その結果、空気が目に見えない渦となってシューという音を立てる。この小さな渦がどんなものか頭に描きたければ、木星の表面に見られる大赤斑か竜巻のミニチュア版と考えればよい。

このほかに、鈍い灰色の泥がふつふつと沸き立ってうごめく熱泥泉もある。まるで生き物のように見える。粘っこくどろりとしたレンズマメのスープのようにぐつぐつと煮え立つものもあれば、食欲をそそらない薄がゆを強火にかけたように吹きこぼれるものもある。また、ほぼ規則的なリズムでテンポの速い音楽のような音を立てるものもある。沸き立つ熱泥泉の中で硫化水素が強烈な悪臭と泥を発生させ、硫酸が岩を溶かす。(41) 熱泥泉内の泥が過熱水蒸気の力で空中に噴出し、飛び散って水中に落ちる。これまでに熱泥泉の音響を研究した科学者はいないが、私の推測では音の発生源は滝の場合と同じく気泡だ。

熱泥泉の音をテーマとした科学論文を見つけられないかと、私はサウサンプトン大学のティム・レイトンに連絡をとった。ティムはハリー・ポッターが中年になったような風貌だが、魔法の薬ではなく気泡の専門家だ。熱泥泉を見たことはないそうだが、一二歳のときにつくった間欠泉の模型のことを話してくれた。加圧熱水まで出るようにした完璧なものだったらしい。三分ごとに噴出するようになっていて、空中になんと二、三メートルの高さまで熱水を吐き出した。ティムはこうこぼした。「あのころはこれを論文にして学術誌に投稿しようなんて思いつかなかった。もったいないことをした。ともあれ、今では研究室のすぐ下にある実験室で同じ実験ができる」(42)

間欠泉を意味する英語の「geyser」という語は、アイスランド南西部にあるグレート・ゲイシール(Great Geysir)という温泉の名に由来する。残念ながらグレート・ゲイシールはもう何十年も自然噴出していないが、その近くのストロックル(「攪乳器」の意味)間欠泉では数分おきに高さ三〇メートルまで熱湯が噴出する。規制ロープの後ろに立つ人の群れの中では、間欠泉の噴出するタイミングを予想する見学者たちが興奮したようすでしゃべるさまざまな言語が聞こえる。噴出するときの最初の前兆は、地面に開いている穴から水がドーム状にせり上がってくることだ。この水が巨大な青緑色のクラゲのように震えたかと思うと、不意にヒューッと音を立てて熱水が空高く舞い上がる。地面に落ちるときには、岩を叩く波のようにバシャッとかザーなどという音を立てる。

間欠泉があまりあちこちにないのは、特殊な条件がそろう必要があるからだ。地中では、水の漏れない天然の噴出管が必要で、さらに管を満たす水と地熱も必要だ。超高温の熱水が管の中を上昇してくる一方で、地表付近ではもっと温度の低い地下水が管に入る。上層の低温水の重みがかかるため、下層の熱水は沸騰せずに通常の水の沸点を超えることができる。管が水で完全に満たされると、間欠泉の上部から水のドームがせり上がる。必然的に少量の水蒸気の気泡が生じ、管の上層から少量の水を押し出す。こうして上層の水が放出されると下層の圧力が下がり、熱水からさらに水蒸気が爆発的に生じる。するとこの水蒸気の力で管内の水が押し上げられ、空中に高々と噴出する。(43)

自然界でとりわけ驚異的な音のなかには、たとえばストロックルのように人の居住地から遠く離れた場所で生じるものがある。私はモハーヴェ砂漠の冒険に出かける数年前、オーストラリアのウィットサンデー島のホワイトヘイヴン・ビーチで美しい音を出す砂に出会ったが、それはケルソーの歌声がバスだったのと比べるとソプラノと呼ぶべきものだった。オーストラリアの海岸のまばゆいほど白く熱い砂のほうが周波数はずっと高く、たいてい六〇〇〜一〇〇〇ヘルツ程度だった。私は休暇中に期せずしてこの音響効果に遭遇し、最高のきしみ音を聞こうとビーチを歩き回って楽しんだ。チャールズ・ダーウィンはブラジルでこれと似た音を聞いた経験を記録している。「乾いた粗い砂を歩く馬が、さえずるような奇妙な音を立てる」[44]。砂丘では低くうなるような音がするが、砂浜ではこのような高い音が聞こえることのほうが多く、オーストラリアにはスクイーキー・ビーチ（キーキーいうビーチ）という場所さえある。

キーキーいう砂浜や低くうなる砂丘からは、人が声を合わせて歌えるような明確な楽音が生じる。この事実は、砂粒が同調して動いていることを示唆する。砂粒がばらばらに動くなら、落葉樹の葉がこすれ合うときのランダムな音にもっと近い音がするはずだ。トマス・ハーディの田園小説『緑樹の陰で』（藤井繁訳、千城）の冒頭では、木々のあいだを吹き抜ける風が複雑な音を立てるようすが描かれている。

森に住む人々には、どんな木もその木に特有の姿と声をもっている。微風が吹き過ぎるとモミは揺れ、すすり泣き、うめく。ヒイラギはもがいて口笛を吹く。トネリコは震えてしゅっしゅっと鳴りやまず、ブナは広げた枝を上下に揺らしてさらさらと音を立てる。冬、木々は葉を落としてその音色を変えはするが、その個性を失うことはまずない[45]。

スウェーデンのオリヴィエ・フェジャンなど、これらの音が生じるさまざまな仕組みを研究した科学者もいる[46]。ハーディが書いたブナのように落葉樹の葉が茂っている場合、木が風で揺れると葉と枝がぶつかり合うので、葉が振動してカサカサと音を立てる。カバノキは岸で砕ける波によく似た音を出す[47]。風が強くなると衝撃も強くなるので音は大きくなるが、優位周波数は意外なほど一定している。

フェジャンは、風力発電機のブレードから生じる騒音を隠すのに木のざわめきが使えないかという問題に関心を抱いている。たいていの風力発電機はふつうはとても静かだが、僻地ではほかの音がほとんどないので、ブレードから生じるごくわずかな音もマスキングされない。フェジャンはさまざまな落葉樹をテストし、そのなかでカバノキやオークよりも八〜一三デシベル大きな音の出るポプラが最適だと結論した。一〇デシベル上がると、知覚される音の大きさはおよそ二倍になるので、ポプラの立てる音はほかの木と比べて二倍の大きさになるはずだ。ただし落葉樹を使う場合には明らかな欠点が一つあり、冬には葉が落ちて葉ずれ音が出せなくなる。

常緑樹なら年間を通じて音が出せる。ケルソー砂丘のふもとで、私はギョリュウの木についた細い群葉を吹き抜ける風の音を聞いた。明確な楽音が強弱の波を打っていたが、楽器のようにクリアな音ではなかった。むしろ口笛の練習をしている子どもが出すような音に近い。楽音は聞こえるが、あえぐように不安定な音だった。そのざわめきは、電線のあいだを吹き抜ける風がヒューと音を立てるのと同じように、針状葉のまわりで空気が動くことによって生じる（このような風の音の発生については第8章で扱う）。葉がそれぞれ一つの楽音を出すが、その音高は風速と葉の直径によって決まる。

この数千個の小さな音源が協調して、ハーディの描いたようなうめき声や泣き声を生み出す。フェジャンが秒速六・三メートルという中速の風でトウヒとマツのざわめき音を測定すると、周波数はフルートの音域の上限に近い一六〇〇ヘルツだった。風速を二倍にして強風に変えれば、ざわめき音の周波数はおよそ一オクターブ上がって三〇〇〇ヘルツ付近になる。これはピッコロの音域内に入る。

ハーディによる木々のうめきの描写はきわめて適切かもしれない。というのは、風速が自然に衰えるにつれて、音の周波数も嘆き悲しむ人の声のように下がっていくからだ。私の耳には、ギョリュウの葉ずれ音は周波数が高すぎてうめき声のようには聞こえず、むしろオーストラリアに分布するモクマオウの木の出す音に似ていた。きゃしゃな分枝からなる垂れ下がった群葉は、映画で幽霊屋敷の効果音に使うのにぴったりな、ヒューという不気味な音を出すことが知られている。グレートバリアリーフ周辺の島々で何カ月も暮らしたナチュラリストのメル・ウォードは、「海とそよぐ木々の奏でる音楽で心が落ち着いた」経験を記している。[48] 残念ながら最近では、モクマオウの木は観光地からほとんど姿を消し、「空調や音楽など、快適さを提供するためのものが屋外の音をマスキングしたり消したりする」ようになっている。私はギョリュウの音を聞くと、ビーチで過ごした休暇の思い出がよみがえる。子どものころに海辺を訪れた経験と結びついたヒューヒューという音は、海辺の断崖に茂るハリエニシダを吹き抜ける風の音だった。今の私にはそれがわかる。

風が人工の構造物を吹き抜けるときには、不快な音が生じることもある。イングランドのマンチェスターで二〇〇六年に完成した高さ一七一メートルのビーサム・タワーは、風が吹くと吠えるような音がするということで、たびたび地元紙に取り上げられている。あまりのうるささに、世界最長寿のメロドラマ『コロネーション・ストリート』の収録が中断されたこともある（撮影用のセットはタワーからわずか四〇〇メートルのところにあった[49]。

タワーの最上階から、模様の刻まれた板ガラスのルーバー〔訳注　羽板を枠組みにすき間を空けて平行に取り付けたもの〕が金属製の足場に支えられて垂直にそそり立っている。この構造物のおかげで、タワーは完成時にヨーロッパで最も背の高い居住用建築物となったが、それはまたヒューヒューという騒音の原因にもなっている。非常に強い風が吹くと、板ガラスの端をかすめる空気が乱流と騒音を発生させる。乱流が起きるのは、空気圧が不規則に変化するせいだ。これは飛行機を揺さぶったり急降下させたりする乱気流を小さくしたようなものである。音というのは基本的に空気圧の微小な変動なので、乱流が起きれば音が生じる（フルートのマウスピースから息を吹き込むときにも同じことが起きる）。二〇〇七年にはタワーの騒音に対する当座の解決策として、乱流の発生を防ぐようにガラスの鋭い端を覆うフォーム材のパッドが取り付けられた。同じ年のうちにアルミ製の段鼻も加えられ、そこそこの風速なら騒音は出なくなったが、猛烈な暴風雨の際には今でも挑みかかるような騒音が聞こえる[50]。

乱流は風が橋や欄干や建物といった構造物をかすめて吹くときにしばしば生じるが、通常その音は小さくて感知されない。ところがビーサム・タワーは近隣住民の睡眠を妨げ、地方当局には何十件もの苦情が寄せられている。共鳴による増幅がなければ、これほど大きな騒音が出ることはない。フルートの場合、楽器内の空気の共鳴によって音量が増幅される。ビーサム・タワーでは、平行に配置された何列もの板ガラスのあいだに深いすき間があり、そこに空気が閉じ込められて共鳴が生じる[51]。

風速が遅ければ、ガラスの縁で生じる乱流の音は構造物に固有の共鳴周波数に達しないのでタワーは騒音を出さない。この事実から、問題解決に向けた一つのヒントが得られる。強風によって発生する周波数では共鳴しないように、板ガラスのサイズと間隔を変えるのだ。ニューヨークのシティースパイア・センターでは、そのような対策で騒音が解決されている。このタワーの発するうなりがあまりにもひどいので、管理会社はその騒音に対して罰金を科された。といっても、金額はわずか二二〇ドルだったが[52]。騒音は中央C音より一オクターブほど高く、第二次世界大戦中の空襲警報に似ていると言われた。発生源は、建物の上に設けられたドームに取り付けられたルーバーだった。これを半分撤去すると共鳴周波数が下がり、問題は解決した。

ある夜遅く、私はふと思いついてビーサム・タワーの音を聞きに行くことにした。寝る前になんとなくネット検索をしていたら、タワーの騒音で眠れないと不満を訴える人たちのツイートが目に入ったのだ。ある音響エンジニアは、タワーの足元から一〇〇メートルほど離れたところで七八デシベルだとツイートしていた[53]。これは中くらいの音量でテナーサクソフォンを吹いている人のそばで聞こえる音量に相当する。庭に出ると、かすかなうなりが聞こえた。タワーの音だろうか、それとも近くを走る道路の騒音か、あるいは遠くでヘリコプターが飛んでいるのか。パジャマの上に服を着込んでレコーダーをつかむと車に飛び乗り、街の中心部へ向かった。冬の冷たい空気をものともせずにサンルーフを開け、夜空に向けて突き出したマイクで騒音を録音しながら街を走り回った。

車外のうなり音は自宅の庭で聞こえたのと同じ音だと、即座に断定できた。少なくとも四キロは街を伝わってきたということだ。あいにく風が強く、うまく録音するのは難しかった。急に強風が吹いては、マイクのまわりで乱流を発生させていた。タワーの騒音を引き起こしているのと同じ物理現象が、録音を邪魔していたわけだ。この問題をなんとかしようとマイクの上部をフォーム材のカバーで覆ったが、そんなことではほとんど効果がないほどの強風だった。

うなり音は風が吹くたびに生じては消えていった。低音の楽器が出すような長く不気味な音で、二四〇ヘルツ（中央C音のすぐ下のB音におよそ一致する）の明確な楽音だった。はっきりとわかる音なので、交通騒音の中でも容易に聞き取れる。そしておそらくこれこそ住民たちがわずらわしく感じる理由だろう。私たちの聴覚は、この種の楽音――人が声を合わせて歌えるような音――を無視するのに困難を覚えるのだが、それはこうした音には有用な情報が含まれている可能性があるからだ。なにしろ、話し言葉の母音（ア、エ、イ、オ、ウ）は特定の周波数でいつも決まった高さで発音されることが多い。楽音は耳につきやすいということが理解できれば、『コロネーション・ストリート』の録音技師がとった単純で暫定的な解決策も説明がつく。サウンドトラックに周波数帯域の広いかすかなノイズ――交通量の多い遠くの道路の重低音などがぴったりだ――を加えて、聞く人の注意を引きつけにくいノイズでうなり音を隠したのだ。

しかし砂丘のげっぷ音が音の発端にすぎないのと同様、ビーサム・タワーでガラスの端をかすめる風が起こす騒音もきっかけにすぎない。砂の音も風の音も増幅が必要だ。砂丘については、増幅をもたらす原因をめぐって今も議論が続いている。ある説では、砂が固く詰まった下層の上に厚さ一・五メートルほどの乾燥してさらさらの砂の層が載っていることに着目している。

ナタリー・フリーントは、砂層説の出どころは彼女の博士論文の指導教官だったカリフォルニア工科大学のメラニー・ハントだと、私に説明してくれた。ハントの説を検証するため、ナタリーはアメリカ南西部のさまざまな砂丘で実地測定をおこなっている。下層の構造を解明するために地球物理学の力を頼り、地中レーダーと地震探査を利用する。砂丘からサンプルを採取するために、直径一センチのプローブも使うそうだ。表面のゆるい砂の層には難なくプローブを差し込むことができたが、一・五メートルほど進めたあたりでコンクリートのような硬い層にぶつかった。「私たちのなかで最も体格がよくてたくましい男性にハンマーでプローブを叩いてもらいましたが、それでも先に進めることはできませんでした[54]」。この非常に硬い層の上部から採取したサンプルを調べると、湿った砂粒どうしが炭酸カルシウムで固められて、音をほとんど通さないバリアとなっていることが判明した。

さらさらした上層の砂は、光ファイバーが光を伝えるのと同じように、音を伝える導波路の役割を果たす。砂がなだれを起こすと、さまざまな周波数の音が生じる。そして砂が導波路となって、特定の音を拾って増幅する。これと同様に、ビーサム・タワーの板ガラスのルーバーに吹きつける風も、さまざまな周波数の音を発生させる。すると板ガラスのあいだで生じる共鳴によって特定の音だけが増幅されて、聞き取ることのできるうなり音が生じるのだ。

一方、砂丘の砂が層をなしているという条件が必要かどうかをめぐって議論している人たちもいる。シモン・ダゴワ＝ボーイのチームは、合板に布を張った分厚く重たい実験台をスロープにして、そこに少量の砂のサンプルをこぼすというやり方によって、実験室でうなり音を再現した。彼らの説によると、砂はいっせいになだれを打って滑り落ち、砂粒が一定の割合でぶつかり合い、砂丘の表面を拡声器に変えて明確な楽音を発生させる。だが、砂粒がなぜ同調して動くのかはわからない。この説が正しいとすれば、ナタリー・フリーントの観察した砂の導波路は音を発生させる根本的な要因ではなく、音を装飾するだけということになるかもしれない。あるいは導波路が砂粒の同調を助けるという可能性も考えられる。

音楽を奏でる砂丘の砂粒をふるい分けるのに、風は重要な役割を果たす。ケルソーのマスタード色の砂は、荒涼とした低木の茂みと遠くにそびえる花崗岩の山々からなる周囲の風景の中で、妙に抜きん出て見える。西からの卓越風が、アフトン峡谷の出口に位置するモハーヴェ川の干上がった川底から砂を巻き上げて、ケルソーで落とす。つむじ風が起きると、砂は高さ一八〇メートルの砂丘まで運ばれる。砂は主に砂粒でできていて、そのなかで最も多いのが石英の細片で、ほかに細粒砂と呼ばれるもっと小さな粒子も混ざっている。この地に特有の風の流れにふるい分けられた結果、砂丘の風下側では砂粒の直径がほぼそろい、細粒砂はほとんど混ざっていない。

げっぷのような音が起きるのは、砂粒の角が丸くなり、すべての粒の直径がよくそろっているからだ。音を出すのに砂粒の表面の被膜が重要な働きをするらしい。フランスの物理学者ステファーヌ・ドゥアディは、実験室の砂のサンプルが音を出さなくなることがあるのに気づいた。それからさらに、砂に塩を加えて水洗いしてから高温で乾燥させると再び音が出ることを発見した。このプロセスによって砂にシリカと酸化鉄からなる被膜ができ、隣り合った砂粒どうしの摩擦に変化が起きたのだ。

ケルソーでの二日目、ダイアン・ホープと私は涼しくて風の吹かないうちに砂丘に登れるようにと、日の出とともにキャンプ地を出発した。その日は夏至で、テントを片づけていると朝日が見事なV字型となって近くの山々の頂ごしに空を照らした。

カリフォルニア州のデュモント砂丘について書かれたナタリー・フリーントの研究論文を調べると、彼女がうなり音を測定した斜面は私が前日に滑り降りた斜面よりもずっと長かったことに気づいた。三〇度ほどのもっと急な勾配が必要であることもわかった。ダイアンと私は砂丘を登りながら、最も距離が長くて色が白っぽく、植物の生えていない砂地はどこかと斜面を見渡した。私たちは初日に灰色っぽい砂はげっぷ音を立てないということを学んでいた。灰色の砂のほうが歩きやすく、崩れにくい。歌声を上げる砂丘はたいてい風下側で音を出すので、私たちは砂丘の頂ではなく、前日に挑戦した場所よりも卓越風に対してもっと垂直に近い、長くて急勾配の斜面のある尾根を目指した。

私は恐る恐るテスト滑降を始めた。すぐさま、前日の斜面とは違うのがわかった。尻の下で地面の振動が感じられた。ほんのつかのまだが、砂の歌声が聞こえた。砂丘の音のスイートスポットが見つかったのだ。あとは完璧な滑降をするだけだ。滑り降りていくと、砂が体にまとわりついてくる。だから足を砂に深く突っ込みすぎず、動きが止まらないようにしつつ、うなり音を出すのに十分な量の砂を動かし続けなくてはならない。

多くの著述家がこの音に音楽的な性質を認めているのは、明確な周波数（私たちの測定の一つによれば八八ヘルツで、チェロの低音に相当する）があり、そこにいくつかの倍音で彩りが加えられているからだ。私はこの音を聞いて、空港で地上走行するプロペラ機のうなりを思い出した。ケドルストン侯爵カーゾン卿はこう記している。「まず、かすかなささやきかむせび泣き、あるいはうめき声のような音が聞こえ、これはエオリアン・ハープの調べにたとえられることがある。……それから振動が大きくなって音が膨れ上がると、その音はオルガンに、あるいは鐘の深い音にたとえられる……。最後に地面が激しく振動しているときには、遠い雷鳴のようなとどろきが聞こえる」[55]。この描写に欠けているのは、私が意気揚々と滑降しながら全身で経験した感覚だ。うなり音が鼓膜を動かし、なだれが下半身を揺さぶり、自分が砂丘を歌わせたという感動で全身が震えていた。

7 世界で一番静かな場所

　砂丘の歌声を録音するための遠征中、私はめったにない体験をした。完全な無音状態だ。焼けつくような夏の暑さで観光客の足は遠のいていた。同行した録音技師のダイアン・ホープと私はほぼずっと二人きりだった。ケルソー砂丘のふもとでは、堂々たる花崗岩の山を背にして、低木の茂る荒涼とした谷間でキャンプを張った。上空を飛ぶ飛行機もほとんどなく、ごくまれに遠くから自動車か貨物列車の音が聞こえるだけだった。録音にはうってつけの条件である。雑音がないということは、録音が一発で完了するということなのだ。しかし日中はたいてい風が激しく、しょっちゅう耳元を風の音がかすめていった。それでも夕暮れ時や早朝には風がやみ、静寂が訪れた。夜のあいだに静けさが破られるのを聞いたのは一度だけだった。近くをうろつくコヨーテの群れが赤ん坊の亡霊のような声で吠えるのを聞いて、私はその音楽的とも言えそうな遠吠えとわめき声に怖気づいた。

二度目の早朝、私は砂丘に上がり、ダイアンが録音装置を準備するのを待っていた。彼女は少し離れたところにいたので、私は真の静寂を堪能することができた。耳には精妙な感受性が備わっている。きわめて小さなささやき声を感知すると、鼓膜から内耳に音を伝える中耳内の耳小骨が水素原子の直径の一〇〇〇分の一にも満たない幅で振動する。(1) 音のないときでも、分子のわずかな振動が聴覚器官のさまざまな部位を動かしている。この絶え間ない運動は音とは無関係で、分子のランダムな動きから生じる。人間の聴覚の感度がもっと上がったとしても、外部の音をもっとたくさん聞き取れるようにはならず、鼓膜や中耳の鐙《あぶみ》骨、蝸牛《かぎゅう》の有毛細胞での熱擾乱《じょうらん》によって生じるザーという音が聞こえるだけだろう。

砂丘では、高い音が聞こえた。かろうじて聞き取れるくらいの音だったが、私は耳鳴りを起こしているのではないかと不安を覚えた。耳の中で音が鳴っているのは、サクソフォンをあまりにも大きな音で演奏してきたせいで聴覚が傷ついた証拠ではないかと。医者の定義によれば、耳鳴りとは外部に音源がないのに音を知覚することだ。常に耳鳴りを起こしている人が人口全体の五〜一五パーセント、耳鳴りのせいで夜に眠れなくなったり、仕事に支障をきたしたり、苦痛を覚えたりする人が一〜三パーセントいる。(2)

耳鳴りに関する説はいろいろあるが、外部からの音の入力が減少することで生じる何らかの神経の再編成によって引き起こされるという点で専門家の見解はおおむね一致している。内耳の有毛細胞が振動を電気信号に変換し、これが聴神経を伝わって脳に送られる。しかしこのルートは一方通行ではない。電気パルスが双方向に流れ、脳が信号を送り返して内耳の反応の仕方を変えるのだ。静かな場所にいるときや聴覚が損傷している場合には、脳幹内の聴神経細胞が聴神経からの信号の増幅を高め

図7.1　ソルフォード大学の無響室

て外界音の欠如を補う。望ましくない副作用として、聴神経線維の自発性活動が亢進することにより神経にノイズが生じ、これがヒュー、ザー、ブーンという音として知覚される(3)。砂丘で私が聞いていたのは、音を聞こうとしたが何も聞き取れなかった脳から生じたアイドリングノイズだったのかもしれない。この高周波のヒューという音は常に聞こえているわけではない、ということに私は気づいた。これはしばらく経って脳がノイズに慣れたしるしかもしれない。

砂丘の静けさは変動するが、私の大学には「無響室」というのがあり、この部屋では安定した無音状態が確保され、風や動物や人間の出す音に邪魔されることがない（図7・1）。無響室の入り口は実用本位で感興をそそるものではないが、ここを訪れる者は必ず感嘆する。入り口のすぐ外にはほこりっぽい金属製の通路があり、近くでは建設業者が隣接する実験室で大量の騒音を出しながら試験用の壁をつくっていることが多い。この壁ができあがったら、その遮音性の分析がおこなわれる。無響室を保護しているのは、灰色の重たい金属製の扉だ。部屋の中にもう一つ部屋が収まっている構造なので、正確に言えば無響室にたどり着くには扉を三つ通らなくてはならない。室内を無音にするため、内側の部屋はいくつものどっしりした壁で囲まれて防音処理が施され、外部の騒音が入らないようになっている。無響室は邪魔な振動が内部の聖域に侵入するのを妨げるため、近ごろのコンサートホールでやっているのと同じように、スプリングの上に設置されている。

室内は立派なオフィスほどの広さがある。初めて足を踏み入れる人はたいてい警戒を示すが、その大きな理由は足元にワイヤが網状に張りめぐらされていて、きつく張られたトランポリンのようだからだ。中に入って扉を閉めると、ワイヤのネットの下にある床も含めて、あらゆる面が楔《くさび》形の大きな灰色のフォーム材で覆われているのが目に入る。見学者を案内するとき、私はこの時点では口をつぐんでいるのを好む。この信じがたいほど静かな空間に順応していくとき、相手の顔に「なるほど」という表情が浮かぶのを観察するのが楽しいからだ。

それでも完全な無音になるわけではない。この部屋をもってしても、体内で生じる音を抑えることはできない。録音技師のクリス・ワトソンは、この種の部屋での経験をこんなふうに語っている。「耳の中でザーザーという音と低い脈動音が聞こえたが、それは私の想像では自分の血液が体内を循環する音だった(4)」。奇妙なのは体内の音が聞こえることだけではない。床や天井や壁に取り付けられた楔形のフォーム材が話し声をすべて吸収するので、反射音は生じない。私たちは、床や壁や天井といった室内のさまざまな面から音が跳ね返ってくるのを聞くのに慣れている。バスルームでは音がよく響いて残響が生じ、寝室では音が弱まって抑えられるのも、反射の違いによるものだ。無響室では話し声が非常に弱まって聞こえるので、まるで飛行機に乗っていて気圧のせいで耳に違和感が生じたときのようだ。

『ギネス世界記録』によると、世界一静かな場所はミネアポリスにあるオーフィールド研究所の無響室で、そこの背景音はマイナス九・四デシベルだそうだ。[5] しかしこれは実際にどのくらい静かなのだろう。人としゃべるときの話し声を騒音計で測ると、だいたい六〇デシベルくらいだ。最近つくられたコンサートホールに一人で静かに立っている場合、騒音計の値は一五デシベル程度に下がる。聴覚の閾値、すなわち若年成人が聴取できる最小の音量は、およそ零デシベルだ。オーフィールド研究所の無響室はソルフォード大学の無響室と同様、この閾値より静かだということになる。

無響室の静けさが特別な印象を与えるのは、二つの尋常でない感覚を同時にもたらすからだ。外部の音が入ってこないだけでなく、感覚の調子が狂わされるのだ。視覚を通じて部屋がはっきりと見えているのに、部屋であることを感じさせる音は何も聞こえない。さらに三つの重たい扉の奥に閉じ込められるという閉所恐怖的な演出も加わるとなれば、不安を覚えて部屋から出してくれと頼む人もいるだろう。一方で、その奇妙な体験に心を奪われる人もいる。建造された音響空間で、常にこれほど強烈な作用を人に及ぼすものを私はほかに知らない。それでも脳は、この静けさと各感覚からの矛盾したメッセージに驚異的なスピードで慣れてしまう。この奇妙な感覚経験が整理されて記憶の中に収まると、それまで異常だったものがもっと当たり前になる。無響室を初めて訪れたときとまったく同じ魔法のような衝撃を再び経験するのは非常に難しい。それは無響室の数が非常に少ないからというだけでなく、脳の働きによってこの衝撃が経験できるのはたいてい一回限りとなるからだ。

しかし、世界で最も静かな部屋を体験することだけが静けさではない。精神的な静けさというのもある。ジョン・ケージが作曲した《四分三三秒》という有名な無音の楽曲が端的に示すとおり、静けさが美的性質や芸術性を帯びることさえある。私がこの作品の演奏会に行くと知った十代の息子は、何も聞かないのに料金を払うなんてと憤慨した。ケージは一九五二年にハーヴァード大学の無響室を訪れたあと、この作品を作曲した。彼は無響室で数千個の楔形のファイバーグラスに囲まれれば無音状態が得られると思っていた。ところが実際には完全な無音ではなかった。自分の体の中で音が生じているからだ。彼は高周波の音が聞こえたとも記しているが、それは耳鳴りによるものだった可能性が高い。

私が《四分三三秒》の演奏を聴いたのは、砂漠旅行の九カ月前だった。演奏会には、ふつうのコンサートにつきものの華やかさや堅苦しさがすべて備わっていた。会場の明かりが落ちると出演者がステージに出てきて、聴衆の拍手に対してお辞儀をした。それからピアノの前に座って椅子の高さを調節すると、楽譜のページをめくり、鍵盤のふたを開けたかと思うとまた閉めて、タイマーをかけた。ほかに何もしなかった。ただ、白紙の楽譜をときおりめくり、三つの楽章の終わりと始まりを示すために鍵盤のふたを開け閉めしただけだった。最後にもう一度、ピアニストは鍵盤のふたを開き、立ち上がって聴衆から拍手を浴び、お辞儀をすると退場した。愉快なことにこの作品にはさまざまなオーケストラ編曲があるが、音楽家ユニオンに人気が高いのは、音を一つも演奏せずにギャラをもらえる人が最も多いフルオーケストラ版ではないかと私は想像している。

最初に驚かされたのは、ピアニストがステージに上がる前だった。扉が閉まって会場が暗くなると、私は不意に興奮を覚えてぞくぞくした。ふつうのコンサートの前よりも強烈な感覚だった。現代のコンサートホールは、都会に存在するきわめて静かな場所の一つだ。イングランドのマンチェスターにあるブリッジウォーター・ホールでは、一九九六年のテロ事件で平時としてはイギリス史上最大の爆弾が爆発したとき、ホール内にいた作業員たちは爆発音に気づかなかったが、それはホールが外界からしっかりと隔離されていたからだという話をツアーガイドがよくする。アイルランド共和国軍（IRA）が街の中心部に仕掛けた爆弾によって、店舗が破壊され、半径一キロ以内にある窓がほとんど割れ、直径五メートルのクレーターが残った。

今どきのコンサートホールで雑音を遮断するのにどれほどの精密さが必要か知りたければ、舞台裏の見学ツアーに参加するとよい。たいていのツアーガイドは、ホールがスプリングの上につくられているということをいかにも得意げに話す。スプリングは自動車のサスペンションを巨大にしたようなもので、ホール内に振動が入るのを妨げる。地面の振動でホールの一部が動きだすと、そのかすかな振動によって空気の分子が運動を始め、聴取可能な雑音が生じる。電気ケーブル、配管、排気ダクトなど、ホールにつながっていて振動を伝える可能性のあるものはすべて、それぞれに小さなサスペンション装置をつけて入念に設計しなくてはならない。細部にまで信じがたいほどの配慮がなされているのだ。

この数十年間でクラシック音楽用のコンサートホールは静音設計が進み、指揮者と演奏者は最大限のダイナミックレンジを使ってドラマティックな効果を利用したり生み出したりできるようになっている。現代のすぐれたホールでは、客席にいる聴衆の呼吸や身動きから生じる雑音全体のほうが、外部雑音や換気装置による背景音よりも大きいほどなのだ[6]。

《四分三三秒》の演奏中に聴衆が聞く音は、ホールの遮音性と聴衆自身の静かさによって変わる。私の行ったホールは遮音性が最高というわけではなかったので、交通量の多い外の道路を走るバスの音がときおり聞こえた。聴衆はおよそ五〇人と少なかったが、何かをいじったり咳をしたりする音が聞こえた。曲が進行するあいだ、私はこれらの音に注意を奪われ、気持ちが散漫になっているのを感じた。しかしこれらの音は本当に気を散らす邪魔物なのか、それともじつは音楽なのだろうか。ステージには演奏者がいたが、ケージの作品は焦点を演奏者から聴衆に移す。このようにして受け身の聴衆から演奏の一部へと立場が変わったことが、私にとって二つめの驚きの核心をなしていた。曲が終わると、演奏者やほかのすべての聴衆とともに一つのことをなし遂げたという強い達成感を覚えた。聴衆が拍手をして何人かが「もっと！」とか「アンコール！」などと叫んでいるとき、私は一つの経験を共有したという感覚に圧倒されていた。私たちは全員でまったく無意味なことをしたのだ——いや、本当に無意味だろうか。

芸術において、静寂の瞬間は広く用いられている。特に演劇の分野では、ハロルド・ピンターやサミュエル・ベケットといった劇作家がその点でよく知られている。ピンターの場合、静寂によって観客は登場人物の頭の中に思いをめぐらせる。ベケットの場合、静寂は存在の無意味さと永遠性を象徴するのかもしれない(7)。短い静寂は音楽でもよく使われる。にぎやかに演奏しているジャズバンドが不意に一瞬だけ音を止めて、それから数拍後に再びいっせいに音を出し始めて、休止などなかったかのごとく演奏を続けていくことがある。静寂は、脳にとって心地よいやり方で期待を裏切ることによって、ドラマティックな緊張をもたらす。

ミュージシャンがピアノの前に座り、お気に入りのメロディーの一部を何度も繰り返して演奏するところを想像しよう。予測可能性がすぐに退屈と化す。また、猫に鍵盤上を走り回らせてでたらめに音を出させるというもっとランダムなやり方をしても、やはりほとんどおもしろくないだろう。よい音楽というのは、完璧な反復ではなく完全なランダムでもないのだ。すぐれた音楽は両者の中間に位置し、リズムやメロディーの規則的な構造をもつ一方で聴き手の関心をつなぎとめる変化も備えている。

音楽を聴いているときに脳が実行するタスクの一つは、ビートやグルーヴといったリズム構造の分析を試みることだ。ビートを見つけてそれに合わせて拍子をとるというタスクは一見簡単そうだが、じつは脳の複数の領域が関与するもので、その実態は完全には解明されていない。大脳の奥深くにある大脳基底核が関与するらしいが、脳の前部に位置する前頭前野や、音を処理するのに使われる別の領域もかかわっていると思われる(8)。大脳基底核は運動指令を出したり調節したりするのに重要な役割を果たす。そのため、パーキンソン病でここが損傷すると、患者は運動を開始するのが難しくなる。

曲を聴いているあいだに押し寄せてくる情報を解読するとき、脳は絶えず次の強いビートが起きるタイミングを予想しようとしている。類似した曲を聴いた過去の経験と、今聴いている曲で演奏されたばかりの音をもとに、リズムの向かう行き先を把握しようとする。次の強いビートに関する予想が当たれば満足感が得られるが、巧みなミュージシャンが一定のテンポを乱して聴き手の期待にそむくのを聴くのも楽しいものだ。期待に逆らう方法の一つは予期せぬ静寂を加えることであり、その静寂はごく短くてもよい。脳は自らを調節して曲のビートに同調し続けることに快感を覚えるらしい(9)。

曲の途中で不意に音が休止すると、ビートを担う責任が聴き手に移る。というのは、ミュージシャンが再び音を出すまでしばらく聴き手が自分でテンポを維持しなくてはならないからだ。ジョン・ケージの作品のように、休止は音楽をつくり上げるプロセスの中心をステージから別の場所へ移す。《四分三三秒》が演奏されたコンサートの二曲目はチャールズ・アイヴズ作のもっと平凡なピアノソナタで、これは聴衆の参加を要求しないものだった。鍵盤上で指を左右に走らせるピアニストは、ケージの作品に音がなかったことを埋め合わせようとしているかのようだった。この曲を聴いて私はすっかり興ざめしてしまい、もう一度静寂を聴きたいと思い続けた。

映画のサウンドトラックを制作する際、サウンドミキサーはまったく音のない状態を避けるのがふつうだが、有名な例外が一つある。『二〇〇一年宇宙の旅』で、スタンリー・キューブリックは大胆にも静寂を多用した。今、映画監督がこれを試みたとすれば、その作品は《四分三三秒》の映画版となり、周囲の観客がジャンクフードをかみ砕いたりソーダをすすったりする音だけが延々と聞こえるに違いない。聞き手は音が聞こえないと思っているが、じつは「音がしない」という音が鳴っているというサウンドトラックはかなりたくさんある。エレクトロニック・アーツ社でオーディオ部門の責任者を務めるチャールズ・デーネンは、あるコンピューターゲームのサウンドトラックを制作していたときに静まり返った部屋の虜になったいきさつを教えてくれた。ほかに誰もいない部屋で録音した音声のボリュームを上げると、「驚くほど気味の悪い音」や「びっくりするようなキーキーいう音が発生している」ことがわかった。[10] チャールズは、たとえばラクダのうなり声などの音声を入手し、デジタル加工によって何オクターブも音を下げたものを聞いて明確な楽音や鳴り響く音が出現しないか調べ、シーンに合った不気味な音をつくり出す方法も説明してくれた。ゲームのプレイヤーや映画の観客はこうした背景音を意識しないかもしれないが、これらの音は場面の雰囲気を定めるのに重要な意味をもつ。

『スタートレック』の冒頭では、「宇宙、それは最後のフロンティア」というナレーションが流れる。宇宙船エンタープライズ号が画面を横切っていくときに流れるその声は、よく反響する大聖堂で録音したかのように聞こえる。宇宙が広い場所だということは私も知っているが、あの反響はどこから来るのだろう。いずれにせよ宇宙には音がなく、一九七九年の映画『エイリアン』からキャッチコピーを引用すれば、「宇宙では、あなたの悲鳴は誰にも聞こえない」はずだ。宇宙服を着ないで宇宙船の外でとらえられてしまった不運な宇宙飛行士は、酸欠死する前に悲鳴を上げたところで何にもならない。というのは、音波を伝える空気の分子が存在しないからだ。しかしハリウッドでは、観客を引き込むサウンドトラックをつくろうとするとき、物理学のようなつまらぬものに邪魔などさせない。映画『スタートレック』の最新版では、飛翔するエンタープライズ号を船外から映した場面で強力なエンジン音が盛大に発生していた。また、光子魚雷もずいぶん印象的な音を出していた。

本物の宇宙船の内部といえば、私は無重力状態でおだやかにゆったりと浮遊する人の姿を思い描く。二〇一二年の初めにNASA宇宙飛行士のロナルド・ギャレンに会ったとき、彼は国際宇宙ステーションでの六カ月間のミッションを終えて帰還したばかりだった。彼は、本物の宇宙船の音環境は静穏からは程遠いと教えてくれた。宇宙遊泳で船外に出たときでさえ（彼の過去のミッションには六時間半に及ぶ宇宙遊泳が含まれていた）、静寂など存在しなかったという。逆に静かだったら、それは呼吸用の空気を循環させるポンプが機能を停止したということなので、不安に駆られたはずだ。宇宙船は、冷蔵庫や空調装置やファンなどの騒々しい機械装置だらけである。理論上は騒音の軽減もできなくはないが、音が静かでそのぶん重たい装置は軌道への打ち上げ費用がかさむ。

ある一回のスペースシャトルのフライトに関する研究で、乗組員に一過性の部分的難聴が生じていることが判明した。国際宇宙ステーションの内部はとても騒がしいので、宇宙飛行士の聴覚は大丈夫かと心配する人もいる[11]。最もひどいときには、睡眠スペース内の騒音レベルは非常にうるさいオフィスとだいたい同じくらい（六五デシベル）だった。「ニュー・サイエンティスト」誌の記事は「かつて国際宇宙ステーションに滞在中の宇宙飛行士は一日中ずっと耳栓を装着する必要があったが、今では一日の勤務中に二、三時間だけでよい」と伝えている。[12] 一日中ではないにしても耳栓が必要だということから、そこのサウンドスケープがいかに過酷か察せられる。フォーム材でできた柔らかい耳栓は、音を二〇～三〇デシベルほど下げることができる。宇宙船内の無重力状態では二酸化炭素と大気汚染物質の濃度が地球上よりも高くなるので、このことも内耳が騒音による損傷を受けやすい一因かもしれない。

宇宙空間には聴取可能な音は存在しないかもしれないが、よその惑星に行けば事情が変わるので、土星の衛星タイタンに送り込まれた小型惑星探査機ホイヘンスなどの宇宙船には録音用マイクが積載されている。惑星や衛星に大気が存在する限り、すなわちこれらの天体がガスに取り巻かれている限り、音も存在する。マイクには、軽量で電力をほとんど必要とせず、カメラで撮影できないものを音としてとらえられるという利点がある。ただし、ホイヘンスがタイタンの大気中を下降していくときに録音された音は、地球上の音とまるで違うというわけではない。私はそれを聞いて、ハイウェイでドライブ中に開いた車窓をかすめる風を思い出した。とはいえ地球から十数億キロも離れた場所で録音されたことを思うと、このありふれた音にも大いに心が躍る。

火星にパイプオルガンを持っていってバッハの《トッカータとフーガ ニ短調》を演奏したら、宇宙飛行士は楽器の出す音の周波数が地球より低いと感じるだろう。火星の大気の作用で、この曲はおよそ嬰ト短調に移調するはずだ。オルガンパイプから出る音の周波数は、管の全長を音が行き来するのにかかる時間によって決まる。二酸化炭素と窒素からなる火星の大気は薄くて温度が低いので、音は地球上のおよそ三分の二の速さで進む。パイプ内の往復に時間が余分にかかるので、周波数は低くなる。大気中には有毒ガスが存在するので、火星を訪れた宇宙飛行士がヘルメットを脱いで歌うことはないはずだ。しかし大胆にもそうする人がいたら、その声はオルガンパイプと同じく音高が下がり、テノールだったはずの声がバリー・ホワイトの歌まねになるだろう。残念ながら、火星の大気は薄くて真空に近いので、その魅惑的な歌声をあまり遠くまで響かせることはできない。

金星では大気の密度がとても高いので、宇宙飛行士の声帯の振動が遅くなって声の音高が下がる。しかし金星の大気中では地球上よりも音が速く進むので、口とのどで共鳴が生じるはずだ。そのため、宇宙飛行士の声はヘリウムを吸入して話すときのようなキーキー声になる。サウサンプトン大学のティム・レイトンは、これらの効果が合わさることによって、宇宙飛行士の声は低音のスマーフ〔訳注　肌の青い小人種族のキャラクター〕のようになるだろうと示唆している。[13]

国際宇宙ステーションでは、騒音レベルはおそらく聴覚に害を与えるおそれがない程度まで低減されているが、騒音が健康に影響を与える可能性は聴覚の障害にとどまらない。また、この影響を懸念すべき人も宇宙飛行士だけではない。たとえば飛行機の騒音で睡眠が妨げられた人は、翌日に疲労を覚えがちで、かっとなりやすく、仕事の効率が下がる傾向が見られる。高レベルの騒音にさらされると、長期的には体の分泌するストレスホルモンが増えて、血圧上昇や心臓病リスクの増大につながるおそれがある。[14]つまり騒音の排除は健康にとってプラスなわけだが、それなら静寂も強烈なほうがよいのだろうか。私たちは完全な静寂を求めるべきなのか。

ある日、ＢＢＣがムカデの足音を測定しようと私の職場、つまりソルフォード大学の無響室に来たとき、録音技師のクリス・ワトソンからフローティングタンクを試してみてはどうかと勧められた。

フローティングタンクというのは外部の刺激から隔離された真っ暗なスペースで、濃い塩水に体を浮かべて感覚遮断を体験することができる。それをやってみるのに、モハーヴェ砂漠で静寂を聞いてから数日後というのはまたとない絶好のタイミングだった。私はボヘミアン文化の中心地、ロサンゼルスのヴェニス・ビーチへ向かった。肌を露出したインラインスケーター、挑発的なストリートパフォーマー、それに妙なファッションに身を包んだ者たちで有名な場所だ。予約は夜だった。このあたりは夜になると昼間の開放的な雰囲気を失い、明らかに危険が増す。

営業を終えた安っぽいショッピングモールに着くと、店員がシャッターを開けて迎え入れてくれた。タンクは奥の小さな店にある。店員は私を案内し、こまごまと指示を与え、やたらと長い免責同意書に署名を求めた。そして自分はもう帰るから好きなだけいていいと告げた。一人でタンクから出て、店の戸締りを確認してから帰るようにと言う。これを聞いて私は怖気づいた。タンクの中で寝入ってしまったらどうなるのか。出られなくなったらどうするのか。朝までタンクに閉じ込められてしまうのか。動揺しながら服を脱ぎ、耳栓をはめてシャワーを浴びてからタンクに向かった。

外から見ると、タンクは巨大な業務用冷蔵庫に似ていた。騒音を遮断するために金属でできていて、サイズは奥行きが二・五メートル、高さが二メートル、幅が一・五メートルほどある。中に入ってドアを閉め、体温と同じ温度の浅い塩水に体を横たえた。塩水の浮力で体がよく浮くが、頭と首と背中の角度に違和感があり、落ち着くまでしばらくかかった。タンク内は真っ暗だった。どうせ何も見えないので、目を開いていても閉じていてもどちらでもよかった。人けのない閉店後のショッピングモールで、外の音が聞こえない状態で暗闇に裸で横たわっていると、不穏な考えに襲われた。あの店員は、スウィーニー・トッドのニューエイジ版ではないのか。

もっと愉快なことに気持ちを向けて、この体験にゆったりと身を任せようとした。水音を立てずにじっと横になっていると、体の外からは何も聞こえない。砂漠で感じたのと同じように体内で生じる金属的な高い音は聞こえたが、しばらくするとそれも消えて、ときおり思い出したように聞こえるだけとなった。脈打つような低周波音も聞こえて、それを聞くと私は頭がふらつくような気がした。これは敏感な聴覚系が血液の規則的な拍出を聞き取ることで生じる拍動性耳鳴《じめい》という現象だ。激しい運動をしたときに心臓がどきどきするときの感覚と似ている。通常、血液の動きは外耳道から入ってくる日常の外界音より静かだが、フローティングタンクで耳栓をつけていると、この拍動する生命のサインが聞き取れた。その音はほんのときどき聞こえるだけで、たいていは何も聞こえなかった。この完全な静寂を堪能するには、頭の中の声を黙らせ、音に耳を凝らすのをやめる必要がある。しかしこれを実行するのは容易ではない。脳は何かが聞こえることを期待して、絶えず注意をどこかに向けているからだ。ジュリアン・ヴォワザンのチームは神経画像法による研究をおこない、無音状態では音が聞こえるより先に聴覚野が活発になることを発見している(15)。

聴覚と視覚の両方を遮断した影響と、温かい塩水が肌に触れる感覚によって、私は触覚を強く意識した。やがて自分の脚と腕が消失し、足と手が体から切り離されたように感じられた。しびれだす直前のように、手足に軽い麻痺に似た感覚を覚えた。このときの音の体験を明確に語るのは難しい。聴覚が存在しないということに尽きるからだ。おそらくこれは、私が今までに耳にしたなかで真に知覚された静寂に最も近いものだった。なぜなら長時間にわたって聴覚が完全に失われ、触覚しか感覚がないような気がしたからである。

そろそろ終わりにしようと思ってなんとか立ち上がり、ドアレバーを探り当てた。タンクの外で腕時計を見て驚愕した。二時間も塩水に浮かんでいたのだ！　シャワーを浴びてから服を着て、店を出た。運転席に座ると虚脱感と吐き気を覚えたが、それはひどい脱水状態に陥っていたからだろう。フローティングタンクは体内のコルチゾール濃度を下げることでストレスの緩和を助けるとされているが、私は気分がすぐれず、効果があったとはとうてい思えなかった。(16)

田舎に行って平穏や静けさに触れるのは健康によいということになっている。しかしじつは、田舎は静寂から程遠いのがふつうだ。人が多く農業が盛んな地方では、農業や人的活動による音を逃れるのは難しい。田舎に転居した人たちが騒音に不満を訴えるというメディア記事は、多年生の雑草のように毎年必ず現れる。

フランスのある村では、農場の騒音に苦情を申し立てることを村長が禁じている。都会から移ってきた人が田舎で平穏を得る「権利」を求めて訴訟を起こそうとすることが増えているのに対し、先制攻撃に出たというわけだ。ノルマンディーのカーンから二〇キロほど離れたセニー＝オー＝ヴィーニュの住民三〇〇人の仲間に加わろうとする都会人は、雄鶏の鳴き声やロバのいななきや教会の鐘の音に対して「文句を言わず」に共存することが求められている。(17)

しかし、音に期待を膨らませて理想の田園像を思い描いているのは、この人たちだけではない。(18)私の頭にも牧歌的な音が浮かぶ。野原で鳴く羊の声、小川を流れる水のせせらぎ、村のクリケットの試合でバットに当たるボールの音。私は特に昔を懐かしむ人間ではないが、かなり驚くべきことに、私が今描いた風景は、一〇〇年前のイングランドを舞台としたP・G・ウッドハウスの小説で間抜けな貴族のパーティー・ウースターと切れ者執事のジーヴズが登場する一場面と重なる。

自分にとって理想的な田舎のサウンドスケープをちょっと想像してほしい。そこで聞きたいのはどんな音だろう。完全な静寂という人がいたら、私はびっくりする。なぜなら田舎に行く人はたいてい、自然とのつながりを感じたいと思っているからだ。ワシントン州出身の録音技師で音響エコロジストのゴードン・ヘンプトンは、自然の静寂の保護運動に携わっている。自然の静寂は「生物種の保護、生息地の再生、有毒廃棄物の除去、二酸化炭素の削減と同じく必要不可欠なもの」らしい[19]。

ゴードン・ヘンプトンの主張によれば、アメリカには無人の土地はたくさんあるが、無音の場所はほとんど残っていない。網の目のように張りめぐらされた航路を飛行機が行き交っているので、人為的な音から完全に逃れるのは想像以上に難しい。ヘンプトンは飛行機の騒音の聞こえない希少な場所の一つを「ワン・スクエア・インチ・オブ・サイレンス」(一平方インチの静寂)と名づけ、ここが「アメリカで最も静かな場所」だと語っている[20]。この場所は、ワシントン州のオリンピック国立公園内にあるホー・レインフォレストの中に位置する。しかし音がまったく存在しないわけではない。人為的な騒音は聞こえないが、この魅惑的な雨林には耳を傾けるべき自然界の音がたくさん存在する。非常に樹齢の高い針葉樹と落葉樹がコケやシダ植物に表面を覆われて豊かな緑の天蓋となり、にぎやかな動物や鳥たちがそこで暮らし、豊富な雨によって大きな川音が生じる。テンポの速いミソサザイのスタッカートの鳴き声が聞こえず、ダグラスリスの「ピリロロロ」という鳴き声も聞こえず、真に無音だったらどんな感じか想像してほしい。ここは不毛で生気のない場所になるだろう。

イヤークリーニングを唱道する先駆的な音響エコロジストのマリー・シェーファーは、田舎の環境を称揚して「ハイファイなサウンドスケープ」と呼んでいる。高品質のオーディオ装置は音を再現する際に望ましくないノイズをごくわずかかゼロまで抑える。シェーファーはこれにもとづいてハイファイなサウンドスケープというものを定義し、聴覚系が望ましくない音に圧倒されないおかげで音による有用な情報が比較的微細であっても聞き取りやすくなっている場所、としている。これに対してローファイなサウンドスケープは、個々の音が交通騒音などの人為的な騒音でかき消される場所と定義している。[21]

アメリカ合衆国国立公園局は「自然起源でない音（騒音）で損なわれた公園のサウンドスケープを可能な限り自然の状態に回復し、自然のサウンドスケープを許容しがたい影響から保護する」ことを方針としている。[22] イングランド田園地帯保護協会（CPRE）は、田舎を訪れる人の半数が静穏を求めていると主張する。[23] また、静穏が得られればストレスが軽減するということが証明されている[24]（自然界の音が健康に役立つと考えられる理由をめぐる三つの対立する説については、第3章で概略を述べた）。CPREが外部に委託した研究で、自然の風景を眺めること、鳥の鳴き声を聞くこと、星を見ることが静穏感をもたらす三大要素であることが判明した。望ましくない要素としては、絶え間ない交通騒音を聞くこと、大勢の人間を目にすること、都市開発などがあった。これらの知見から、静穏には音以外の要素もかかわることがわかる。気持ちがおだやかで、場所のようすを気にかけるなどして心が乱れることのない状態も静穏をもたらす要素となる。各感覚が調和し、競合する刺激や対立する刺激のない状態が必要なのだ。

科学においては各感覚が別個に研究されることが多いが、私たちの脳はそんなばらばらのやり方をしない。さまざまな感覚から送られてくるシグナルの処理や解釈に別々の脳領域を使うことはあるが、情動反応全体は、見たもの、聞いたもの、嗅いだもの、味わったもの、触れたものの総体から生じる。シェフィールド大学のマイケル・ハンターらは、静穏な場所と静穏でない場所で脳が感覚入力をどう処理するのか、機能的磁気共鳴画像（ｆＭＲＩ）装置を使って明らかにしている。[25]彼らのやり方は独創的で、すべての実験で何の音だかはっきりしない録音を使い（海岸に打ち寄せる波は、混雑していない道路の交通音に驚くほど似て聞こえる）、画像だけを変えて、被験者に別の音を聞いていると思わせた。自然の海岸の風景を見せると、脳の聴覚野と他の脳領域との結合が増強された。人工のハイウェイを見せたときには、結合の増強は起こらなかった。この結果から、音を処理するときにどの神経経路を使うかは、目で見ているものに影響されることがわかる。静穏について評価する場合には、音と光景を合わせて考慮する必要がある。

作家のサラ・メイトランドは、静穏と孤独を得るためには労をいとわない。「自ら選んだ静寂は創造的なものとなりえ、自己認識、自己の調和、そして深い喜びを生み出すことができる」[26]。彼女は人里離れた小屋に移り住み、他者との連絡を絶ち、テレビや衣類乾燥機などのうるさい家電製品を可能な限り手放した。メイトランドは静かな生活から得た精神性について執筆している。彼女のほかにも、敬虔とも言えそうな抑えた言葉で田舎の静穏について語っている人はいる。実際、さまざまな調査で静けさと自然の場所と精神性とのあいだに関連が見出されている。

静穏なサウンドスケープには、教会で見られるのと同様の性質や情緒的な結びつきが存在する。そうした場所にいる人は、周囲の音に対してきわめて敏感になるが、そのせいでストレスを覚えることはない。[27]このような精神性は、単に脳の認知的負荷が軽減したことを反映しているのかもしれない。というのは、処理するサウンドスケープが静かなほうが、脳のストレスは少なくなるからだ。危険の兆候が生じた場合に聴覚で察知できるように、脳は絶え間ない単調な交通音のような一定した雑音を抑えるべく、常に機能している必要がある。こんな状況からは、ゆったりした精神的な充足感など生まれない。

ＣＰＲＥは静穏性の定量化までおこない、鮮やかな色で塗り分けて地域の静穏さを示したイングランドの地図を発表している。研究者らは自然および人工の対象物までの見通し線を測定することによって各地で見られる光景を特定するとともに、道路と航空機からの騒音レベルを予想することによって聞こえる音も特定するという方法を使って、静穏指数を計算した。[28] この地図で私の住む町を見たら、赤一色で埋めつくされていた。これは静穏が存在しないという意味だ。次にこの町からずっと北上したスコットランドとの国境のすぐ下にある濃緑色の地域に目が引きつけられた。このあたりは静穏な田園地域が広がっているらしい。

この緑色の地域のどこかに、イングランドで最も静穏な場所がある。私はそこに行きたいと思った。しかし数年前に初めて調査結果が発表されたとき、ＣＰＲＥは見物客に荒らされることを恐れて、最も静穏な場所の正確な位置を明かしたがらなかった。そんなわけで、地図の元データの閲覧が許可されて、その場所がノーサンバーランド国立公園のすぐ外側でキールダー・フォレストの近くだと特定できたときには、驚きとうれしさを覚えた。

当然ながらその場所は建物や各種インフラや道路から遠く離れているので、行くのは容易でないと思われた。砂漠から戻って数カ月後、私は作戦を練り上げ、最も近くを通る道路で近づけるところまで自転車で行くことにして出発した。秋に入ったばかりで、針葉樹林の落とす濃い陰に入れば寒すぎるが、太陽が照りつけるなかで斜面を上れば息が切れるし暑すぎる。私はイングランド北部の典型的な田舎を抜けていった。起伏に富んだ斜面に野原が広がり、石積み壁の囲いの中で羊や牛が草を食《は》んでいる。さらに上っていくと（最も静穏な場所は、ある丘の頂付近なのだ）低木の茂る荒れ地に入ったが、そこには射撃練習場があり、中央に戦車が置かれていた。一般用の地図ではこの場所に人工の施設がほとんど記載されていない理由がこのときわかった。それにしても、非常に静穏だとされるこの場所で、戦闘機の射撃手がしょっちゅう訓練しているというのは解せない。

最も静穏な場所になるべく近づこうと、マウンテンバイクで走ってきた道路を降りて林道に入った。自転車を停めてウォーキングブーツに履き替えたら、ここからはきつい長距離のクロスカントリーだ。木々をあとに残して、キールダー・マイア（コケとヒースで覆われた泥炭湿地をこのへんではこう呼ぶ）に足を踏み入れた。地面は凹凸が激しく、私の足は地面のくぼみや溝に何度もはまってびしょ濡れになった。ここに来る前は、この最も静かな場所がどこにあるか公表してもよいかCPREに相談しようと思っていた。しかし現地に行ってみて、それはまずいということがわかった。たくさんの人がここをハイキングの行き先リストに載せたら、この繊細な湿地の環境が損なわれてしまう。

幸い、森で木を伐採している人はおらず、兵士たちは休日だった。本当に信じがたいほど静かで、聞こえてくるのは自分の心臓の激しい鼓動と荒い呼吸、それにブーツの規則的なズブズブという音だけだった。一時間後には最終目的地に着いたと思われたので、GPS座標を調べようと携帯電話の電源を入れた。メールの着信音が鳴った。ほかに音は聞こえず、人間の活動を示すしるしも見えなかったが、それでも携帯電話の電波はちゃんと届いていた！

静穏を記録するために、録音装置を使ってみることにした。入力感度を最高に設定しても、装置の内部で生じる電気ノイズの単調なザーという背景音と、たかってくるユスリカを叩き殺そうとしてときおり起きるパチンという音以外、音はとらえられなかった。ちょうどそのとき、離れたところに数羽の鳥が飛来し、テンポの速いスタッカートのさえずりを上げたかと思うと、鳥の種類を突き止める暇も与えずにさっと姿を消した。

ここの静けさはあまり安らかではなく、元気を与えてくれるわけでもなく、気持ちをほぐしてくれるものでもなかった。足がずぶ濡れの私は疲労困憊していたが、水を含んだ泥炭湿地に腰を下ろすわけにはいかない。兵士が現れて不法侵入のかどで私を逮捕するのではないかという軽い不安も助けにはならなかった。それでも、イングランドの田舎で完璧な静寂を見出したことに驚きと感動を覚えていた。一方で、動物の出す音が聞こえたらもっといいのにと感じた。そして、針葉樹のみという周囲の単一な植生のせいで、生息する生物が限られてしまうのだということに思い至った。自然環境においては、完全な静寂は必ずしもすばらしいとは限らない。私は鳥の鳴き声や小川のさざめきが聞きたいと思った。ハエの羽音でもいい。とにかく生命の存在を表す音が聞きたかった。

現在では、世界人口の半数以上が都市に住んでいる。都市環境でも何らかの静穏を見出すことは可能だろうか。エンジニアは騒音の少ない車を開発しようと懸命に取り組んでいるが、車全体が増えているせいで、都市の平均騒音レベルは変わっていない[29]。また、騒音レベルの平均を考慮するだけでは、重大なトレンドが見過ごされてしまう。マイカー通勤者が混雑時間帯を避けてその前後に出勤するようになれば、それに伴う騒音のせいで、本来なら静穏だったはずの時間帯までうるさくなってしまう。ドライバーが渋滞を避けて静かな裏通りを抜け道として利用すれば、それまで静かだった場所に被害が及ぶ。都市は人間の活動や活気や刺激によって繁栄するが、人には喧騒から逃れて休むためのもっと静かな場所も必要なのだ。

政策立案者は静穏な逃げ場を維持する方法に関心を抱くが、実際にそのような場所を確保するのは難しいことが明らかになっている。[30] 騒音計で測定したりコンピューターモデルで予測したりできる単純な指標を考案するのが理想的だ。かつてある研究報告書は、騒音レベルが五五デシベル未満（安物の冷蔵庫の騒音程度）の地域を静寂地域と呼ぶことを提案した。別の報告書では、人為的な騒音は四二デシベル未満（一般的な図書館のレベル）とすべきという主張がなされた。[31] これらの基準によればロンドンのような大都市には静穏な地域が存在しないことになるが、それはおかしい。世界各国の首都と同じくロンドンも騒々しい場所だが、曲がり角を折れて裏道を歩けば、騒音が遠くから聞こえるだけでさほど邪魔にならない静かな一角に遭遇することも少なくない。まさにこのことが、人間の知覚を単純な数字に還元しようとすることの問題点を物語る。

都市で大事なのは、絶対的な音の大きさではなく相対的な静けさだ。田舎と同様、人為的な音は抑えるべきだが、完全に聞こえなくする必要はない。自然の音が大きくなれば街の静穏度が高くなるということが研究で判明しているので、鳥の鳴き声や葉のざわめき、水の流れる音などを積極的に取り入れるべきである。さらに聴覚以外の感覚についても考慮する必要がある。研究によれば、ハードランドスケープ（人工的な構造物）の多い場所は緑の多い保護地区よりも静けさが必要で、また特定のにおい、特に路上放尿の悪臭は静穏を阻害する。

そんな音響のオアシスをつくるにはどうしたらよいだろう。騒音源は目に入らないようにしたほうがふつうは静かになるので、区画設計はきわめて重要である。ロンドンの大英図書館の前にある広場は興味深い一例だ。非常に交通量の多い道路に面していながら、歩行者専用のこの広場ではいくらかの静けさを感じることができる。その理由は、道路を視界からさえぎる高い壁にある。周波数の高い音より低い音のほうが壁を越えて伝わりやすいので、残念ながら発車待ちのバスのうなりがほかの音を打ち負かすときもあるが、もっと道路に近いところにもっと高い壁をつくればこの問題は解決できるだろう。

静かな裏通りでは、じつは建物が騒音をさえぎる障壁として作用していることが多い。ロンドンでサウンドウォークに参加した際に、ヒルデガード・ウェスターカンプと話すことができた。彼女はカナダ在住の世界的に著名な作曲家、音響エコロジストで、ラジオを使ったアート活動も展開している。彼女の話では、「裏通りの石畳を歩く静かな足音」が聞こえるのは、通りが狭くて建物が密集している古い都市だけなのだそうだ。(32) 北米ではたいていの通りが広くて交通量が多いうえに、換気扇のむかるようなうなりを逃れるのも難しい。最も有効な対策は音源自体の音を小さくすることなので、車の数を減らして走行速度を落とすのはよいやり方だ。また、アスファルトやタイヤの設計を改良することで走行音を抑えるのも有効である。

望ましい音を積極的に用いることについては、たとえば水を使ったオブジェや噴水は水が流れたり跳ねたりする心地よい音を生み出し、この音によって邪魔な交通騒音をマスキングすることもできる。香港は信じがたいほど人口が過密で騒音も激しい。それでも街の中心付近の公園に巨大な鳥小屋があって、そこでは人為的な音がまったく聞こえず、鳥の鳴き声を堪能することができる。交通騒音が聞こえないのは、小川の流れる音が道路の音を隠す助けとなっているからだ。イングランド北部のシェフィールドはかつてイギリスの鉄鋼業の中心地であり、高品質の刃物類で知られていた。現在では、失業して経済的に困窮した元鉄鋼労働者がストリップ劇団を結成するというブラックコメディー映画『フル・モンティ』の舞台としてのほうが有名かもしれない。シェフィールド駅にはとてつもな

図7.2　サイ・アプライド社のクリス・ナイトが設計した噴水《ザ・カッティング・エッジ》の一部は、シェフィールド駅の前で遮音壁として機能している

く大きな噴水があり（図7・2）、大豪邸の庭でしかお目にかかれそうにないサイズとスケールを誇っている。私はよくシェフィールドに行くので、この巨大な水のオブジェのことは建設中から知っていたが、サウンドスケープの権威で地元の大学に所属する康健《かんじえん》が教えてくれるまで、その音響設計の絶妙さには気づかなかった。きらめく水の流れる壁がそびえ立ち、広場を交通騒音から守る遮音壁の働きをしている。さらにいくつもの大きな貯水スペースが階段状に配置され、それらのあいだを水が流れていく。立つ位置によっては、貯水スペース間の段差部分で水がいったん止まってからまた流れだすことで生じる蒸気機関車のようなシュッシュッという音が聞こえる。交通騒音よりもこの不規則な水音に注意が引きつけられるのは、持続的な音より断続的な音のほうが無視しにくいからだ。この噴水は音を物理的に遮断するとともに意識をそらす快適な水音を生じさせることによって、交通騒音を感じにくくしている。

私は都市における望ましい音響デザインを調べるという大規模な研究プロジェクトについて、それを手がけたソルフォード大学の同僚、ビル・デイヴィーズと話をした。その研究にふさわしくと言うべきか、彼は私がこれまで会ったなかで最もおだやかに話す人物で、ときにはほとんど聞き取れないくらい声が小さくなる。ビルと共同研究者らは被験者をサウンドウォークに連れていき、街の広場の印象を尋ねた。また、実験室で音を聞かせて気に入った音を答えさせた。その結果、重要なのは活気と心地よさであることが判明した。[33] にぎやかな広場が人でざわめいていても、広場の端のカフェに入って人の群れが行き交うのを観察するなどして少し距離を置けば、心地よい落ち着きが得られる。これは車が走っていても同じかもしれない。対照的に、ロータリー交差点と大差ないような街の広場には雑踏のざわめきがない。車の騒音には変化がなく、不快でしかない。

研究者は自然界の音が健康に与える効果を証明しているが、活気と心地よさに関するビルの研究結果から考えると、科学者は私たちの健康によい別の重要な音を見過ごしているように思われる。人間の活動に伴う音を聞くことも、ストレス軽減につながるのではないだろうか。カフェで客の静かなおしゃべりを聞けば気持ちがやわらぎ、とりたてて警戒心がかき立てられたりはしない。そのうえ、なごやかな雰囲気の中でほかの人たちに囲まれることに対して、人はポジティブな情緒反応を示すはずだ。そして何より、社会的な動物であるということが、私たちが進化で成功を収めるうえで重要な要素となった。この点は今後の研究が進むべき一つの方向かもしれない。

確かなことが一つある。静寂のとらえ方はきわめて主観的であるということだ。私はキールダー・フォレストに行ったとき、自然の音が存在しないことに物足りなさを覚え、そのような音が聞こえないせいでその場所が味気なく感じられた。モハーヴェの砂丘では、周囲を取り巻く静寂はその場所にふさわしく平穏に感じられた。広大で不毛な谷間を見渡せば、完全な静寂が何キロも先まで広がっているのを想像することができた。風がおだやかなヒューという音を立てて耳元を吹き過ぎるたびに、静寂は盛衰した。ときおり虫の羽音や鳥の羽ばたく音も聞こえた。これらの音のアクセントによって、静寂がとても自然なものに感じられた。

かつて私の同僚で今はオークランド大学にいるスチュアート・ブラッドリーは、南極大陸を訪れたことがある。そこも植生がなく静寂を聞くことのできる場所だ。スチュアートは長身のニュージーランド人で、一九七〇年代のサッカー選手を思わせる立派な口ひげをたくわえている。皮肉にも、スチュアートが南極大陸でやっているのは、騒音を発生させて、人の手の入っていない自然のサウンドスケープを一時的に破壊することだ。彼はソーダー（音波レーダー装置）を使って気象条件を観測している。奇妙なさえずり音を上空に向けて発射すると大気中の乱気流に跳ね返されて地上に戻ってくるので、それを測定するのだ。南極大陸で静寂を経験したことがあるかとスチュアートに尋ねると、地球上でおそらく最も不毛な、雪や氷で覆われていない干からびた谷間で過ごしたときのことを話してくれた。「静かな日に谷壁に座っていると、聞き分けられる音がまるでなかった（心臓の鼓動と呼吸だけは聞こえたかな）。生命も存在しない（私以外）。だから木の葉もない。流れる水もなく、風の音も聞こえない。あの原始の『気配』はまぎれもなく衝撃的だった[34]」。さらに、その静けさが無音の実験室とどう違うかについても語った。「無響室では閉塞感を覚えることがあるが、あちらではそれがなかった。……信じがたいほど静まり返っていても、眺望がものすごく開《ひら》けていたからではないだろうか（谷壁は高さが一五〇〇メートルから二〇〇〇メートルくらいあったから、そこからの視界はびっくりするほど広かった！）」

当たり前の生活や文明を脱することが、「静修」の大事な要素の一つだ。サンカノゴイの声を聞きに連れていってくれた（第3章を参照）音響エコロジストのジョン・ドレヴァーから、静寂を真に理解したければ静修を体験すべきだと勧められた。そこで私は、一八世紀に建設されたイングランドの片田舎の領主館でおこなわれる三日間の仏教体験に申し込んだ。砂漠に行く一カ月前のことだ。現地に到着して初めて、この週末の仏教体験では瞑想を一日に一五回するということを知った。中年の私が硬い体を不慣れな姿勢にして何時間も過ごすという苦行が待っていた。背中の痛む時間の終わりを告げる銅鑼が響くたびに、心からほっとした。この体を動かさない体操がもっとまともにできるように、あらかじめトレーニングをしておくべきだった。

初日に静修を始める直前、私たちは参加した理由をほかの参加者に話すように指示された。私が本を書くために静寂のリサーチをしていると言うと、相手の女性は夫との死別から立ち直ろうとがんばっていると語った。ここで、話をやめなさいと指示が出された。彼女が心のうちを垣間見せた打ち明け話は、三日間そのまま宙ぶらりんとなった。それからの一二時間に私が発したのは、当番のときに厨房で口にした「ゴミ入れは？」という言葉だけだった。その後の三日間でほかにしゃべったのは、導師たちを相手に短い問答を二回したときだけだ。

初日の晩、しゃべらないで館の中を歩き回るのはなんと異様なことかと痛感した。参加者は五〇人ほどだったので、しょっちゅう廊下で互いにすれ違ったり、食事やトイレの順番待ちで並んだりしていたが、言葉は交わさなかった。ふだん見知らぬ相手に向かって一カ月で見せるよりもたくさんの微笑をこの一日で見せていたものの、アイコンタクトだけでは奇妙で気まずい感じがした。

エンドウ豆のスープと全粒パンという質素な仏教食（腹の虫の静寂を保つには最善の選択肢ではないかもしれない）の席に着くと、私の正面には四〇代半ばの女性が座っていた。目のやり場に困ってしまった。互いのスペースに侵入していると言えるくらい間近に座っていながら挨拶もできない状況では、これほど近くにいることが並外れてわずらわしく感じられた。ちょっとした雑談もできないというのは妙な気分だった。静修所の導師らは参加者に対して、経験の共有の中で居心地のよいコミュニティーを見出し、静寂の中で支えとなるものを見出すようにと諭した。しかし私にとってそれは難題であり、冷え冷えとした強烈な孤独感を覚えていた。

瞑想をする部屋は小さな礼拝堂ほどの広さで、私たちは整然と並べられた敷物の上に座ったりひざまずいたりした。瞑想の時間を少しでも楽にするため、全員がクッションや毛布や小さな木製のツールでそれぞれの居場所を整えていた。私たちの前には導師が座り、ほとんど無言だったがときおり指示を出した。初めて瞑想にかかろうとしたとき、私は体の準備ができていないだけでなく瞑想のやり方も知らないということに思い至った。「今の体の状態を意識していますか……呼吸はどうなっていますか」と導師ははっきりした声でゆっくりと問うた。私は二〇年ほど前に自己催眠のやり方を習得し、それと同じころに姿勢をよくするというアレクサンダーテクニークもやっていたので、これらの技を導師の言葉から拾い上げたヒントと混ぜ合わせてなんとか瞑想しようと努めた。

導師は私たちに自分が「体の中に宿っている」ことを感じているかと問うた。無理な姿勢や呼吸ではなく周囲の音から、私はあることに気づいた。ここは静謐な修行の場ではない！　瞑想場の頭上にはミヤマガラスの大きな巣があり、ひなに餌を与える親鳥のうるさい鳴き声が瞑想場全体に響き渡り、さらにクロウタドリの柔らかいさえずりとモリバトのクークーと鳴く声がときおり割り込んできた。管のうなり声（胃と暖房機によるもの）と瞑想者たちの咳払いが詩情を損ねていた。私はその後の数日間で悟るに至ったのだが、これらの音を受容して瞑想に取り込むこともまた瞑想の一部なのだ。

静修所へ向かう道中、私はマインドフルネス〔訳注　判断を下さずに現在の瞬間に意識を集中する精神的エクササイズ〕の手法によって脳のネットワークがどのように変化するかを論じた研究論文をいくつか読んでいたのだが、そこに瞑想による精神集中の各段階が説明されていたのが役立った。[35]私はそれを再現した。まず一つの焦点、たとえば鼻腔を通る呼吸などに意識を集中する。必ず気持ちがそれる。気が散っていると感じたら、意識を再び焦点に向ける。これらの段階ごとに、関与する脳領域が異なる。ウェンディー・ハーゼンカンプは、被験者にfＭＲＩ装置内で二〇分間瞑想させて、脳の活性を測定する実験をおこなっていた。被験者には、気が散ったと感じたらボタンを押して、それから再び呼吸に意識を集中するように指示した。注意力の維持と注意散漫の回避に使われると考えられる脳領域のネットワークを見ると、熟練した瞑想者のほうが領域間の結合が多く生じていた。[36]領域間の結合が多く生じるのは瞑想を始める前からだったのかもしれず、そうだとしたら、そのような人が瞑想に向いているということを示す証拠となるかもしれない。あるいは、瞑想によって神経構造が変わるという証拠かもしれない。注意力が重要な場は瞑想だけではない。認知処理においても注意力は重要な役割を果たすのだ。注意力の喚起、解放、再生、維持といった瞑想にまつわるさまざまな側面は、生活の別の場面でも役に立つ。

最初の数回の瞑想に耐えた私は、オオムギとチコリの代用コーヒー（どうだ、おいしそうだろう！）をもらってラウンジに退散した。まるでテレビが故障して大変な状況に陥った高齢者ホームのようだった。椅子が壁際に寄せてあり、私たちはみなそこに座ってカップをじっと見つめたり、壁に目をやったり、窓の向こうで暗くなっていく緑の丘を眺めたりしていた。私は早く寝ることにした。知らない二人と同室だが、寝る前の挨拶さえできなかった。破綻した結婚生活を描く一九七〇年代のホームコメディーの一場面のようだった。というより、破綻した三人の同性婚生活か。目を合わせず、話もせずに室内を歩き回り、闇の中ですれ違う船のように互いをやりすごした。

このように静寂を分かち合うことに喜びを覚える人もいる。素性を偽らなくてすむからだ。沈黙は匿名性を生み出す。というのは、互いの名前や出身地や職業などがわからないからだ。私は朝食の席で意識集中《マインドフルネス》を中断し、周囲に目をやってその場にいる人たちが何者か推測しようとしたが、ゆったりとした瞑想着からは手がかりがほとんど得られなかった。フリースの腰布とウールの帽子を身につけた若い男性、絞り染めのトップスにレギンスを履いた三〇過ぎの女性、そしてトラディショナルなジャズバンドのメンバーを思わせる風貌であごひげを生やした年配の男性。自然食品の店で暮らしているような気分がした。

瞑想の時間の半分は瞑想ウォークだった。霧雨で寒くても、外に出られるほうがましだ。瞑想ウォークというのは、歩きながら足が地面をどう踏みしめるか、一歩ごとに膝から下がどう動いてどんなふうに力を込めるかを感じることを目的とする。敷地のすぐ外の道を自転車に乗った人が通りかかり、静修の参加者たちが何か目的をもったようすで信じがたいほどゆっくりと好き勝手な方向へ歩くのをじろじろと眺めていた。鳥の鳴き声のコーラスに加えて、満開の花をつけた木から邪悪なうなりも聞こえてきた。虫が授粉をしながら飛び回り、私の頭のすぐ上で羽音を立てていたのだ。

瞑想の時間の合間にも静寂を保っていると、持続的なマインドフルネスが促進される。静修所に滞在しているあいだは注意力を集中することに気をとられ、この静けさが私にどんな影響を及ぼしているか判断するのは難しかった。静修所を出てようやく、その影響に気づいた。帰りに駅で買ったサンドウィッチの味がやたらと濃く感じられたのだ。

瞑想によって基本的な知覚が変えられるという考えは科学研究において優勢になりつつあるが、研究結果はまだあまり得られておらず、味覚や聴覚に関するものは一つもない。キャサリン・マクリーンのチームは、三カ月にわたりコロラド州の辺鄙な山中にこもって仏教のサマタ瞑想の修行をするという実験をおこない、視覚の一側面を調べている。さまざまな太さの白い線を黒いスクリーンに映し出して被験者に見せ、それぞれの線を長いか短いかで区別させた。修行の終了時には、修行をおこなった被験者は対照群と比べて線の長さの違いを識別する能力が向上しており、五カ月後にも識別能力の高い状態であることが確認された[37]。

静修所から帰宅すると、私は家族に笑われた。妙におだやかな声で話し、カタツムリのようにのろのろと歩き回るようになっていたからだ。静修を終えた直後は、興味深い体験ではあったがもう二度とやりたくないと思った。しかしそれから数週間、数カ月と経つうちに、あのうるさい静寂の中でまた週末を過ごしたい、帰宅したときの安らかな状態を取り戻すためにまた時間を費やしたい、という思いが頭から離れなくなった。

8 音のある風景

ロンドンやパリやニューヨークの象徴的なイメージを訊かれた人は、英国国会議事堂やエッフェル塔、自由の女神といった有名なランドマークを挙げるかもしれない。では、象徴的な音はどうだろう。ある場所の特徴となってそこを特別な場所にする基調音、すなわち「サウンドマーク」をすぐに挙げられるだろうか。サウンドマークはランドマークと同じく多様性に富む。カナダのバンクーバーでは、ガスタウンの蒸気時計が鐘ではなく汽笛で時を告げる。シリアのハマを流れるオロンテス川では、ノリアと呼ばれる昔ながらの水車がゆっくりと回転しながら大きなうなりを上げる。私がアメリカ南西部を訪れたときには、アムトラックの列車の発する耳障りな警笛が折々に聞こえた。

イギリスを代表する音といえば、ロンドンにある国会議事堂の時計台に収められた巨大な鐘、ビッグ・ベンの音だ。イギリスでは、ビッグ・ベンは新年を迎えるときに鳴らされ、何十年間もニュース番組の冒頭で流れ続け、休戦記念日（アメリカでは「復員軍人の日」と呼ばれる）には二分間の黙禱の開始を告げるのにも使われる。鐘の音がこれほど特別扱いされるのはなぜなのか。この問いへの答えには社会的な側面もある（鐘は何千年も前から重要な文化的役割を果たしてきた）が、その音自体にも特別な要素がある。鐘の音を聴いてみると、最初は単純な響きと思われるものが、じつはとても複雑な音なのだ。なぜカーンという音で始まるのだろう。鳴り響く音に不協和な震音〔訳注　音楽のビブラートのように、周波数が一定の範囲で規則的に変動する音〕が混ざるのはなぜか。私たちが大鐘の音を知覚する際に、これから鐘が打たれるという期待はどんな役割を果たすのか。

国会議事堂への道すがら、これらの疑問が頭をよぎった。ビッグ・ベンの拝謁を賜りに行った日、時計の文字盤を囲む金色の装飾が冬の陽射しを反射してきらきらと輝いていた。ゴシック・リバイバル建築の時計塔の外観はヴィクトリア様式の壮麗な建物で、「舞台はロンドン」であることを表す場面設定ショットとして映画監督に好まれているが、内部は実用的にできている。三〇〇段を超す狭い石のらせん階段が鐘楼まで続く。われわれ見学者の一行は、塔を上る途中で階段を囲むように設けられた小さな部屋で休憩をとった。ここでガイドのケイト・モス（同姓同名のスーパーモデルとは無関係）が一九世紀半ばに時計が建造されたときの工学技術をめぐる驚くべき秘話を聞かせてくれた。

当時の王室天文官だったジョージ・エアリーが厳格な基準を定め、正時の鐘はいつも一秒以内の精度で突き始めなくてはならないとした。さらに彼は、時刻の正確さを確認できるように一日に二度電報をよこすようにと要求した。一秒以内という精度は当時の同じような時計よりも厳しく、長さが三メートルと四メートルある銅製の長短針に吹きつける風で針の回転速度が変わることもあるので、そんな精度を実現するのは難しかった。そこで、趣味で時計づくりを得意とする法廷弁護士エドマンド・デニソンが解決策を考え出した。塔の中心にぶら下がる巨大な振り子を天候の気まぐれから守るグリムソープ式脱進機だ。

休憩を終えた私たちは再び階段を上がり、時計の文字盤の裏側に設けられた狭い通路で足を止めた。時計の機構からゴトゴトという音が聞こえてきた。これは二分後に鐘が打たれるという合図だ。そこで私たちは足早に最後の階段を上って鐘楼に入った。この簡素で機能的なスペースには足場と木製の通路があり、外気に完全にさらされているので、刺すように冷たい風が吹き込んでくる。

大鐘は高さが二・二メートル、直径が二・七メートル、重さが一三・七トンある。私たちは鐘からほんの数メートルのところに立っていたので、耳を保護するためにケイトが耳栓を配ってくれた。大鐘が鳴る前に、鐘楼の四隅にある四つの鐘が有名な「ウェストミンスター・チャイム」を奏でる。ケイトが三つ目の鐘の音まで聞いてくださいと言った。それから耳栓をするとちょうどいいらしい。四隅の鐘がウェストミンスター・チャイムを鳴らしてからビッグ・ベンの大鐘が鳴り始めるまでに長い休止があり、そのあいだに私の期待と高揚は膨らんでいった。重さ二〇〇キロの巨大なハンマーがゆっくりと引かれたかと思うと、前に押し出されて大鐘の外側を打った。耳栓をつけていても、その力強さは腹の底に響いた。その音はナイトクラブで刻まれる低音のビートのように、私の胸の中の空気を共振させた。

大鐘は一〇回突かれたので、私はその音の性質を詳しく調べることができた。まず金属がぶつかり合うカーンという音がして、それが次第に弱まるにつれて朗々と響く音になり、二〇秒ほど続く。最初のハンマーの打撃から生じる音は高周波成分が多いが、それはすぐに消失し、もっとおだやかな低周波の響きが残ってゆったりと震音を発する。

楽音の出だしに聞こえる「アタック」（立ち上がり）と呼ばれる部分は一瞬で終わるかもしれないが、ものすごく重要である。私はサクソフォン奏者として、音の出だしをクリーンにする正しいやり方の練習に多くの時間を割く。リードに触れる舌を正しく使って、肺から出る空気の圧力を調整するのだ。ヴァイオリンの場合は、アタックで大事なのは運弓の始め方だ。ヴァイオリンを習っている人の出す音を聞けば、これを正しくやらないとどんな音が出るかわかるはずだ。アタックは音に個性を与える主たる要素の一つである。ビッグ・ベンのカーンという音は、長い震音やウェストミンスター・チャイムのメロディーと並んで、ビッグ・ベン特有の音を生み出す要素の一つとなっている。

ビッグ・ベンの冴えたアタックを聞いてから八カ月後、今度はサウンドアート作品でそれと正反対の音を聞いた。世界中を探しても常設のサウンドアートの例はきわめて少ないが、そのうちの三つはウェーブオルガンと呼ばれるもので、アメリカのサンフランシスコ、クロアチアのザダル、そしてイングランドのブラックプールにある。ブラックプールは典型的なイギリスの海岸リゾート地で、フィッシュアンドチップスの店やゲームセンターなどがあり、砂浜が何キロも続いている。この地に対する見方は分かれていて、庶民の一大行楽地と見る人もいれば、安っぽさを絵に描いたような町と見る人もいる。

私がそこを訪れたのは、典型的なイングランドの夏の日だった。アイリッシュ海から吹きつけてくる冷たい風から身を守るために、防水ジャケットを羽織らずにはいられなかった。太陽はときおり顔をのぞかせるだけだった。オルガンは遊歩道に隣接した駐車場の奥にある。道路を隔てて、イギリス最高の高さとスピードを誇るジェットコースターから歓声がかすかに聞こえてくる。春先に開き始めたシダの葉のような細長い形をした高さ一五メートルの錆びかけたオブジェがあり、ウェーブオルガ

図8.1　ブラックプールのウェーブオルガン

ンの最も目立つ部分となっている（図8・1）。風をよけられるので、足を止めてタバコに火をつける人がたくさんいる。私が到着したときには、オルガンはときおりうなるような音を放つだけだった。「牛のうめき声みたい」と、通りすがりの若い女性が感想を述べた。

上方に目をやると、錆びたシダの内部に教会で見かけるのとよく似たオルガンパイプが何本か見えた。どうなっているのかもっと知りたくて、私は高い護岸壁に上がった。コンクリート造の防波堤の先へ何本かの黒いプラスティック製の管が延び、その先端は海の中に入っている。潮位が上昇すると、管内の空気が圧縮されてシダの中のオルガンに送り込まれる。教会のオルガンと同様、オルガンパイプの側面に長方形のスリットが設けられ、パイプはそのすぐ下が細くなっている。波の力でパイプの下部から送り込まれた空気がスリットに到達すると、スリットから空気が勢いよく噴出し、パイプの本体内の空気を共鳴させることによって音が出る。

どんなオルガンでも、きれいに音を出し始めるには、空気をすばやくパイプに送り込む必要がある。ところがこのオルガンの場合、不規則に満ち引きする波を動力としているので、音がためらうように始まったかと思うと気まぐれに消えたりする。それでうなり声やうめき声のような音になるのだ。

側面につけられたプレートによると、ブラックプールのオルガンは潮の状態を音で表す「海の音楽的表現」だそうだ。そこで私は引き潮になったらどうなるのか確かめようと、近くをぶらつきながら待った。三〇分ほど経つと潮位が下がり、プラスティック管の中で水の動きが活発になった。高周波の音が出るように調律されたオルガンパイプが鳴り始めた。全体的な効果としては、列車の警笛で編成された物憂げなオーケストラか、あるいは悪夢のような縦笛のレッスンをスロー再生しているような感じだった。

さらに三〇分ほど経つと、海面はプラスティック管の先端をぎりぎりで覆うくらいまで下がり、オルガンは明らかに活気を帯びた。ほぼ規則的なパターンで次々にランダムな音が聞こえた。オルガンパイプはそれぞれの音が互いに調和するように調律されているが、全体として私が十代のころにコンピューターでつくったごく単純な曲を思い出させる音だった。つまり音のパターンがあまりにもランダムで、長く聴いていたいと思う人はなかなかいないような代物だ。第7章で述べたとおり、音楽は期待を裏切ることで聴き手の心をとらえる。私たちの脳は思いがけない音を聞くのを楽しむが、そこにはそれなりの限界がある。聴き手の頭の中に音楽の進行が予想できる枠組みがあって、場合によっては途中でそれが覆されるという程度が限界だ。(1) 潮のオルガンの出すランダムな音は、あまりにも予想しにくい。この作品を設計したアーティストの一人であるリアム・カーティンは、「これは環境音楽的な効果をもたらすが、一般受けするメロディーにはならないだろう」と語っている。そのうえ、このオルガンは二度と同じ調べを繰り返さない。カーティンに言わせれば、「嵐の日には荒れ狂った激しいパフォーマンスとなり、おだやかな日にはもっと落ち着いたサウンドになる(2)」。やがてオルガンは黙り込んだ。海岸を這うプラスティック管よりも潮位が下がったからだ。

うなるウェーブオルガンでも、一般的な楽器でも、あるいはビッグ・ベンでも、音のアタックは音源を特定する助けとなる。トランペットやヴァイオリンやオーボエの音から人工的に出だしの部分を消去すると、どれもよく似た音になり、一九八〇年代につくられた初期のシンセサイザーのような感じになる。弦に触れた弓が動きだすときの音も、あるいはオーボエのリードを開く息も、演奏されている楽器の種類を伝える重要な手がかりとなる。ビッグ・ベンの場合には、ハンマーが鐘を叩いてからゴーンという音に落ち着くまでの周波数の急激な変化こそ、聞こえているのが鐘の音だということを示す最初の手がかりなのだ。

大きな鐘の多くは震音を出す。ビッグ・ベンの音を聞いてから六カ月後、ルーレイ洞窟にグレート・スタラクパイプ・オルガンによる賛美歌の演奏を聴きに行き、明らかな震音効果を耳にした（第2章を参照）。私のそばの鍾乳石は、複雑な形状のせいで周波数がわずかに異なる二つの音を出していた。その結果として生じる振動は「うなり」と呼ばれ、図8・2に示すとおり単純に音波が重なることによって生じる。私の分析した音の一つは一六五ヘルツと一七四ヘルツの周波数をもっていた。これらの周波数は近いので、両者の平均値にあたる一六九ヘルツの周波数をもつ一つの音として聞こ

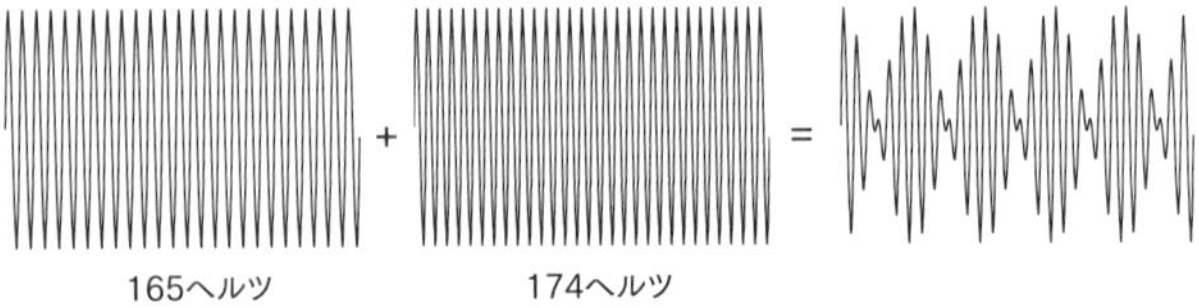

図8.2　2つの音が合わさってうなりが生じる

え、音の大きさは周期的にすばやく変動するが、この周期は周波数の差（九ヘルツ）によって決まる。鍾乳石の響きに微妙な震音が加わることで、楽音にＳＦの宇宙船のような雰囲気が添えられていた。

うなりを使ってギターをチューニングすることができる。一番低い弦の第五フレットを押さえて隣の弦は開放弦のままで、二本の弦を同時に鳴らす。二つの音が少しずれていたら（つまり周波数が一致していなければ）震音が聞こえるが、これはうなりによって生じるものだ。一方の弦のテンションを正しく調節すれば、二つの音の周波数が近づく。周波数の差が一ヘルツ程度の場合、うなりは「ワウワウワウワウワウ」と口まねできるくらいの遅い周期となる。差が縮まるにつれてうなりの周期はさらに遅くなり、二本の弦の音が一致するとうなりは完全に消える。

鐘の場合は対称性によって、というか正確には対称性の欠如によって、震音が生じる。完璧な円形でない場合、鐘はうなりを生じる二つの近接した周波数をもつ音を出す。教会の鐘を新たに鋳造するとき、西洋の鋳造所ではそのような震音を避けたいと考えるのがふつうだろう。ところが韓国では、この効果は音の質を決定する大事な要素と見なされている。西暦七七一年に鋳造された聖徳大王神鐘《ソンドクテワンシンジョン》は、「エミレの鐘」という呼び名のほうがよく知られている。この鐘を鳴らすと「エミレ」（お母さん）と子どもが泣き叫ぶような音がすると言われているのだ。言い伝えによると、鐘の音を響かせるために鋳造師が自らの娘を人身御供として捧げさせられたという。[3] ビッグ・ベンが明瞭なうなりを発するのは、いくつかの傷のせいで二つの周波数が生じるからであり、その傷の一つははっきり見てとれる。鐘が最初に設置されてからまもなく、ある面に大きなひびが入ってしまった。ジョージ・エアリーは、ハンマーの当たる部分から離れたところにひびがくるように鐘の向きを変えよ、今までよりも軽いハンマーを使え、亀裂がそれ以上広がらないように両端にきれいな四角い穴を開けよ、と命じた。

ゆっくりと減衰するビッグ・ベンの音は、木管楽器や弦楽器、金管楽器の長く伸ばした音ほど美しく響かない。一つの音は、実際には周波数の異なる複数の音が組み合わさっている。「基音」に「倍音（または上音）」が重なることにより、音に彩りが加わって音色が変わる。[4] クラリネットとサクソフォンはどちらもシングルリードで音を出す管楽器だが、クラリネットの低音は「ウッディー」で、サクソフォンとはずいぶん違う。クラリネットは円筒形の管なので、円錐形の管をもつサクソフォンとは倍音のパターンが異なるからだ。楽器と鐘の倍音を比較すると、音の違いを説明する助けとなる。図8・3に、私のソプラノサクソフォンで出した音の分析を示す。一番左に基音のピークがあり、その右側にそれ以外の周波数のスパイクが示されている。これを見ると、倍音の周波数がきちんと規則的な間隔で生じることがわかる。対照的に、図8・4に示すビッグ・ベンの音の分析では、スパイクが不規則な間隔で出現している。これらの倍音どうしの相互作用が、鐘が不協和で金属的な音を出す一因である。

同時に出ている二つの音がけんかしてぶつかり合うように感じられる場合、その状態を不協和という。西洋音楽の根幹には、緊張感に満ちた「不協和」と調和のとれた「協和」との切り替わりがある。

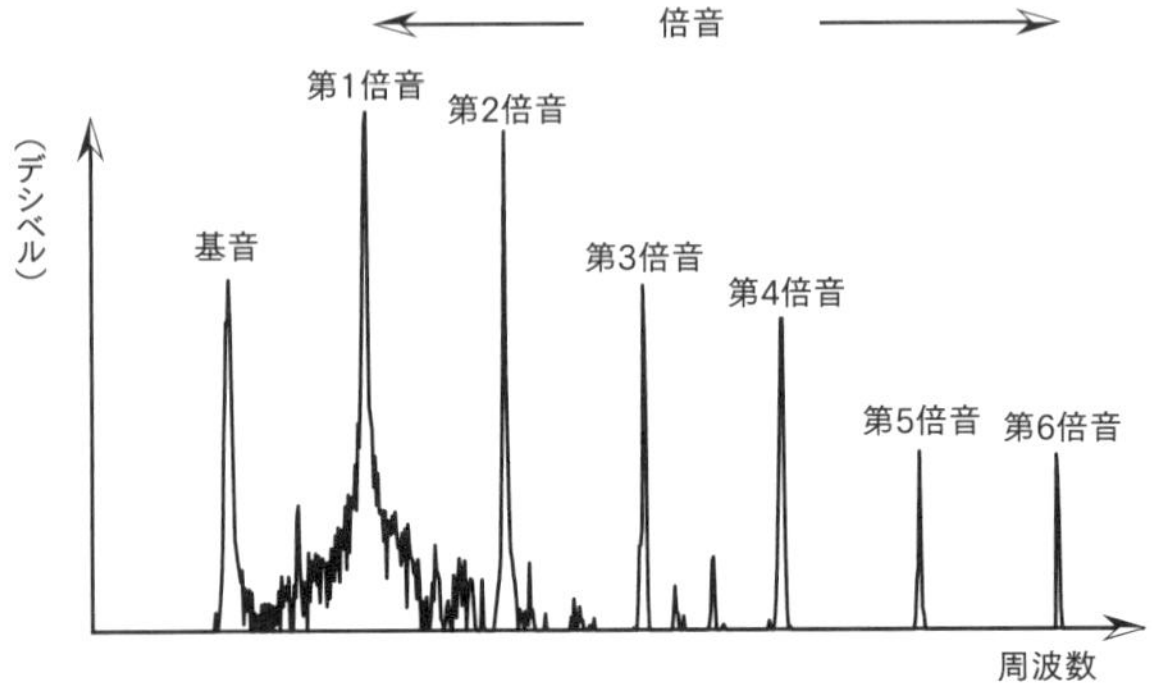

図8.3　サクソフォンで発した1つの音（基音を第1倍音と呼ぶこともあり、その場合にはそれ以降のピークを第2倍音、第3倍音、第4倍音……と呼ぶ）

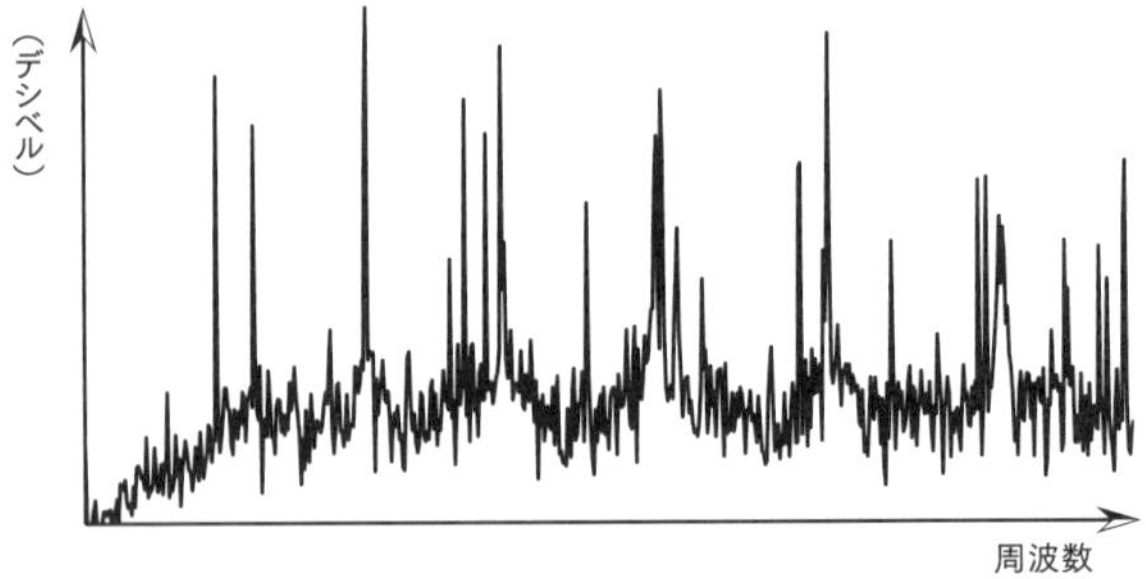

図8.4　ビッグ・ベンの鐘の音

賛美歌の終わりで「アーメン」と歌うときに「アー」のところでは音が未完成なように感じられ、「メン」の音に切り替わるとようやく落ち着いて聞こえるというのがそのよい例だ。このように緊張感が解消するという感覚を私たちは好む傾向がある。

二つの音を同時に出すと、それらの音は外耳道に入るときに混ざり合う。この複合音に対する私たちの反応の一部は、それぞれの倍音の周波数がどのように分布しているかによって決まる。二つの音が互いに心地よく協和して聞こえる完全五度のように間隔が単純な場合（図8・5を参照）、各音の倍音の周波数はきちんと一定の間隔で分布することになる。

一方、不協和に響く長七度のような間隔では、二つの音による倍音のパターンにはむらが生じ（図8・6を参照）、ピークの一部が密集する。振動が電気信号に変換される内耳では、複数の音の周波数が近ければ、それらの音は同じ周波数の帯域（臨界帯域）に属するものとしてまとめて処理される。二つの倍音が同じ臨界帯域内にあるが周波数が完全に同じではない場合、ざらついた不協和音が生じる。

不協和と協和はサウンドアートでも利用される。フランスの作曲家ピエール・ソヴァジョには《ハーモニック・フィールズ》というアート作品があり、私はビッグ・ベンに行く六カ月前にそれを見学した。バスで近づいていくと、イングランド湖水地方のウルヴァーストンに程近いバークリッグ・コモンという丘の上に、風の力で音を出す楽器がほうぼうに立っているのが見えてきた。中世にはこの高台は城を建てるのに適した土地だっただろうが、今では西寄りの卓越風をとらえるのにうってつけの場所となっている。私はバスを降りると、いくらか気をもみながら丘を登り始めた。風がほとんど感じられなかったので、楽器が鳴らないのではないかと心配だったのだ。しかし、足場で支え

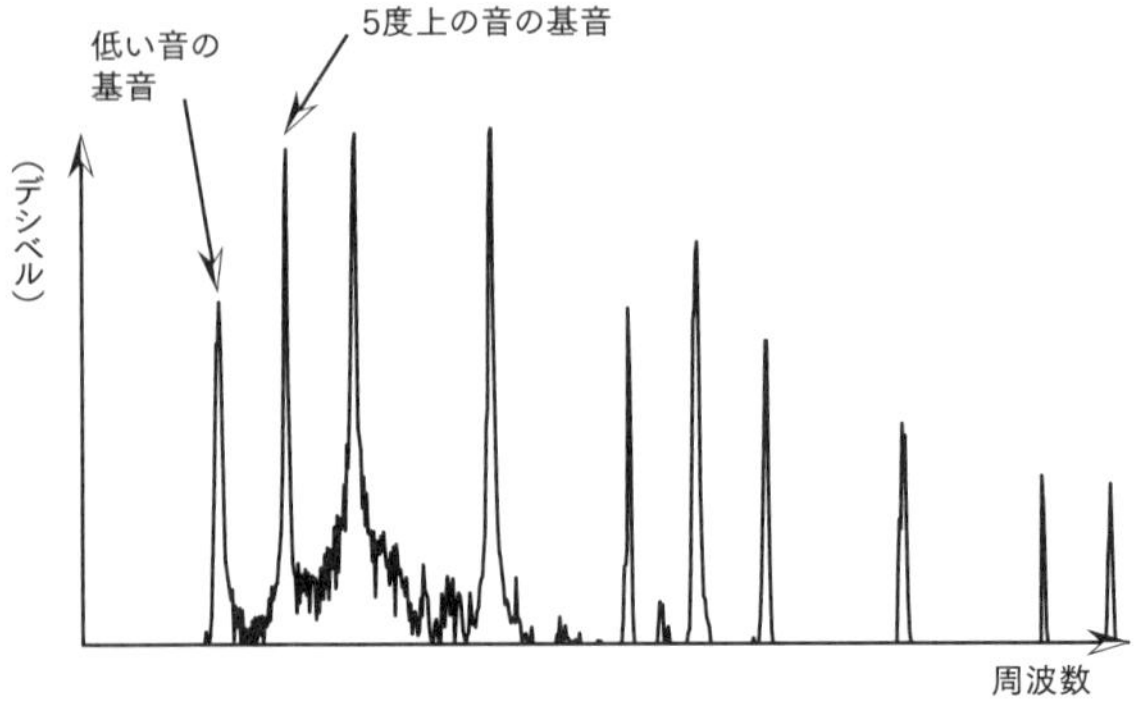

図8.5　サクソフォンの2つの音が協和して聞こえる場合

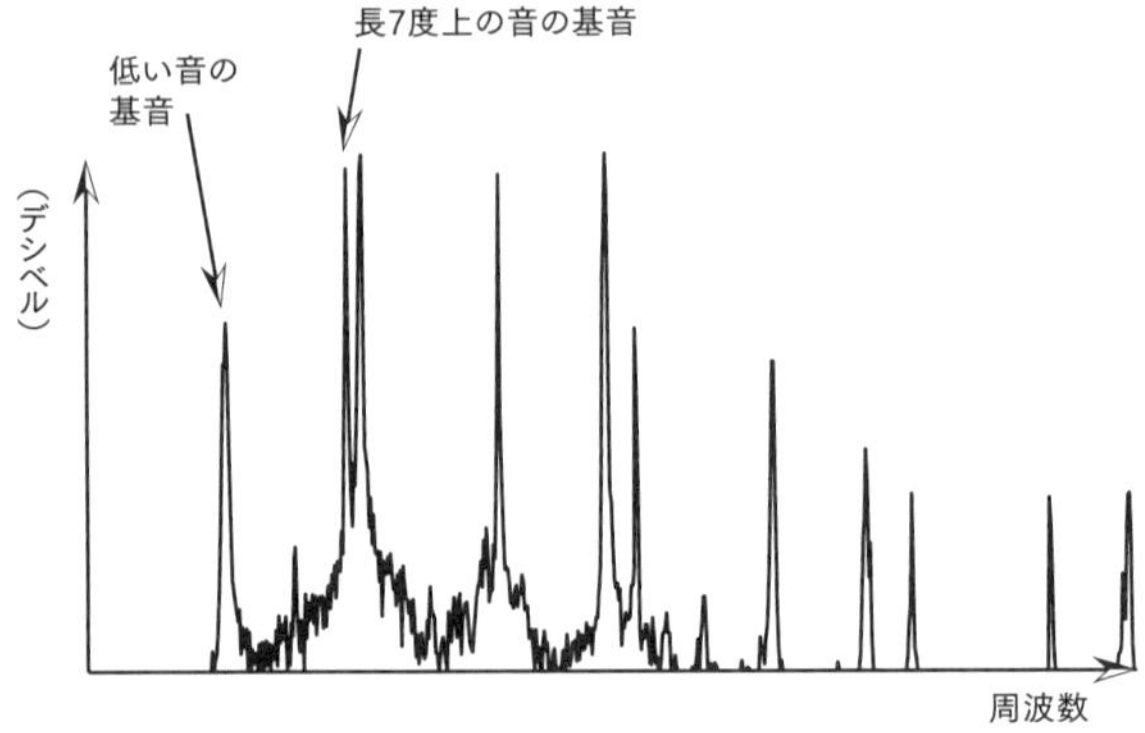

図8.6　サクソフォンの2つの音が不協和に聞こえる場合

られた背の高い柱から飾り物を吊るした金属製の枝が垂れ下がっている作品に近づいていくと、ブンブンという音が聞こえたのでほっとした。

《ハーモニック・フィールズ》は、数百個のさまざまな楽器からなる巨大なアート作品だ。見た目に魅力的なところはほとんどない。いかにも業務用といった感じのワイヤや球体や骨組みが、見る者を困惑させるようなパターンであちこちに配置されている。作者は見学者に対し、写真を撮るよりも音に集中することを求める。私はいくつもの列をなして立ち並ぶ竹のあいだをジグザグに歩いて通り抜けた。そこで聞こえるヒューヒューという音は、まるでアヘン中毒者のアンサンブルがパンパイプ〔訳注　ギリシャ神話の牧神パンが不気味な調べを奏でたとされる古代の管楽器〕を吹いているようで、その音色はフルートに似ていた。竹筒に刻まれたスリットの縁に風が吹きつけると、中の空気が共鳴する。滑車すべりのロープのように張られたワイヤに沿って歩く途中で足を止め、ワイヤの中ほどに取り付けられたドラムに頭を突っ込んだ。ドラムがワイヤの振動を増幅し、ギターの音域の中心にあたる中央C音よりわずかに高い音を出していた。ただしそのブーンという音は一定ではなく、濡らした指で大きなワイングラスの縁をこするような音を出しながら強まったり弱まったりしていた。

私が気に入った作品は、ごく単純で地味なものだった。三脚と三脚のあいだにリボン状のビニールが洗濯ロープのように張り渡されている。最初その近くに行ったときには、ヘリコプターが上空にいて私の録音を邪魔しているのではないかと、何度も空を見上げてしまった。だがそのうち、「ブンブンブン」という音がじつはリボン自体から出ていることに気づいた。リボンが巨大な風鳴琴のような働きをしていたのだ。

風がワイヤを横切って吹くとき、ワイヤのそばを通る空気はワイヤを回り込むために速度が上がる。

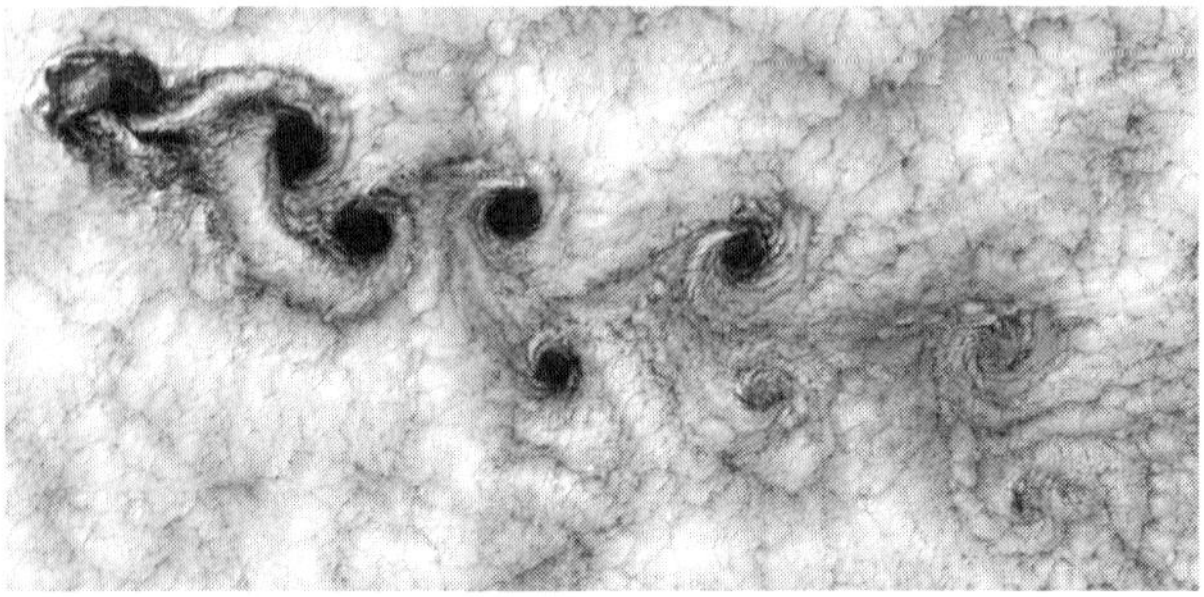

図8.7　チリのアレハンドロ・セルカーク島周辺の大気の流れを示す雲の衛星画像（島は画像の左上。島を通過した大気の描く渦は、流れの両側から交互に流れの内側に大気が入り込むことで生じる伴流。乱流を視覚的にとらえることができる）

ワイヤを通り過ぎたところで、速度の上がった空気が流れの本体から離れ、ワイヤのすぐ向こう側の空間に入り込む。ワイヤの上側を通った空気がまずここに入り、次に下側を通った空気がここに入り、さらに上下から交互に入り続ける。このように空気の流れが入れ替わることによってワイヤが前後に振動し、音が発生する。[5] これと同じ現象は、巨大な規模でも起きる。たとえば図8・7のような雲の衛星写真を見ると、大気の流れが島を通過するときに同様の現象が起きることがわかる。風鳴琴では、風速の変動に伴って音の周波数と大きさの両方が変化するので、音が絶えず変化する。

私は以前、庭の音をテーマとする『グリーン・イヤーズ』（緑の耳）というラジオ番組の司会をやったことがあるが、インタビューした専門家たちはことごとくウィンドチャイムを嫌っていた。そうした庭園の専門家たちにとって、《ハーモニック・フィールズ》の一部分はウィンドチャイム地獄のようなものだっただろう。グロッケンシュピールが林立し、タービンの力で絶えず動くマレットが狂ったようにこれを打ち鳴らしているのだ。ピエール・ソヴァジョは《ハーモニック・フィールズ》全体を一つの楽曲と考えて、「風で鳴る一〇〇〇個の楽器と歩き回る聴衆のための交響行進曲」ととらえている。[6] そのため管楽器は特定の音が出せるように細かく調律され、それらの音が合わさって、ある場所では甘美なハーモニーを奏で、ある場所では昆虫の大群のようにまがまがしい不協和音を発する。

協和と不協和は音楽の基本なので、人類が音楽を愛好するように進化してきた理由をめぐる議論においても、これらは中心的な位置を占めてきた。ドイツのライプツィヒにあるマックス・プランク認知脳科学研究所のトーマス・フリッツは、西洋音楽に触れたことのない人が協和音と不協和音に対してどのように反応するか知りたいと考えてアフリカ大陸のカメルーンへ赴き、マファ族の人々を調査した。マファ族はマンダラ山地の最北端で暮らしている。最も辺鄙な村落には電気が来ておらず、マラリアなどの病気の蔓延のせいで文化的に孤立している。マファ族は儀式の際に特別な音を出すのだが、トーマスはその一つを私に聞かせてくれたことがある。古い自動車のクラクションが奏でる不協和なコーラスのように聞こえたが、じつは力強い笛の演奏によるものだった。トーマスは、このアフリカ原住民と西洋人にロックンロールからマファ族の儀式の音に至るまでさまざまな音楽を聞かせて、両者の反応を比較した。すべての音楽について、常に不協和な響きをもつように電子的に処理したバージョンを作成してそれも聞かせた。どちらの被験者集団も、電子処理されたバージョンよりも不協和な部分の少ないもとの音楽を好むことが判明した。

西洋人から見れば、これは単純な話のように思われる。私たちが不協和音を不快に感じるのは、脳にそうした「生得的」なバイアスが組み込まれていて、この嗜好にもとづいて楽曲がつくられるからだ、と私たちは思っている。しかし最近では一部の科学者が、不協和をいやがらずに受け入れる文化もじつはたくさんあると指摘している。私はＢＢＣのラジオ番組で、ロンドン・ブルガリア合唱団のリーダーを務めるデシスラヴァ・ステファノヴァをインタビューしたことがある。彼女と仲間の団員は「鐘のような音を出す」というテクニックを披露してくれた。団員たちの歌う二つの音は、私が今までに聞いたなかで最も強烈な不協和を生み出した。その音を分析してみると、二つの音は内耳で同じ臨界帯域に属するのだが、周波数の差は最も不協和に聞こえる間隔となっていることがわかった。しかし団員たちはこの不協和音を解決して協和音に変えるのではなく、ただそのまま空中に漂わせていた。不協和音を楽しんでいて、解決する必要など感じていなかったのだ。

最新の科学的証拠にもとづけば、人間はもともと協和音を快適だと感じ、不協和音を不快に感じるのだが、この生まれつきの嗜好は子宮内で妊娠後期に聞く音楽から始まって、生きているあいだに耳にする音楽によって変わることがあると考えられる。この見解に対しては、そもそもなぜ私たちは協和音を快適と感じるのかという疑問が生じる。進化上のどんな推進力によってこの嗜好がもたらされるのか。人間のもつさまざまな特質が進化の賜物だとするニュース記事をよく見かけるが、ふつうは大昔のことについて科学的に確実なことなど言えない。しかしこのような困難をものとせず、私たちはあれこれ推測している。たとえば、協和音を心地よいと感じる反応は、うるさい場所でも話し声が聞き取れるように聴覚系が進化したことから生じる副産物だとする説がある。[7] なんといっても、話すことと歌うことのあいだには密接な関係があり、話しているときでも母音は歌うときとほとんど同じように発声されているのだ。この説は、実験心理学者スティーヴン・ピンカーの見解とも合致するかもしれない。彼が音楽を「聴覚のチーズケーキ」、すなわち心地よいが適応に役立つ機能はまったくないものと言い表したのは有名な話だ。つまり音楽は言語の習得といった他の進化圧から生じた副産物ということだ。

私としては、音楽が進化になんら役立たないとは考えにくい。チャールズ・ダーウィンは音楽を性的誇示の一つととらえ、オーストラリア原産の華麗なコトドリなどの生き物が発する複雑な求愛の鳴き声に相当するものと考えた。雄のコトドリは雨林で舞台をつくり、自分が聞いたことのあるさまざまな音を混ぜ合わせた非常に変わった鳴き声を繰り出す。シラヒゲドリやワライカワセミなど二〇種ほどの鳴き声をまねし、さらにはカメラのシャッターや自動車の盗難警報器、木を伐採するチェーンソーの音までまねする。しかし音楽は愛やセックスをテーマとすることが多いとはいえ、それをはるかに超越して生殖とはまったく無関係の抽象芸術にもなる。私はジョン・ケージ作の《四分三三秒》の公演に行ったとき、ほかの聴衆と一丸となって何かに取り組んでいると強く感じた。オックスフォード大学のロビン・ダンバーは、社会的な絆の形成において音楽の創出が重要な役割を果たし、共同で作業できるということが人類の進化を成功させた理由の一つだと主張している[8]。音楽はまた、親と赤ん坊のあいだに絆を育てる際にも重要な役割を担う。心地よい子守唄がそうだし、親が赤ん坊に話しかけるときに用いる大げさな抑揚（赤ちゃん言葉）は子どもが言葉を習得する助けとなる。

音楽への愛好がどこから生まれたにせよ、音楽が私たちに強い影響を及ぼすことは理解されている。音楽は既知のどんな刺激よりも脳を活性化させる。好きな音楽を聴くと脳の報酬系中枢が刺激され、神経伝達物質ドーパミンが放出される。音楽以外でも、セックス、飲食、ドラッグといった快感をもたらす行動で同様の反応が見られる。私の脳は、ビッグ・ベンの鐘の音に対してそんなふうに反応したのだろうか。神経科学者は、鐘の音などのサウンドマークに対する人間の反応についてはまだ詳細に研究していない。しかし自然界の音やそれ以外のなじみのある音に対する私たちの情緒的な結びつきから考えて、サウンドマークと快楽とのあいだには神経化学的な関係があると見てよさそうだ――

やや不協和なビッグ・ベンの震音に対しても。

町役場、教会、修道院といった権威のある重要な施設は、時を告げたり礼拝の開始を知らせたり重要な歴史的出来事を記念したりするために鐘を使う。コミュニティーに危険を警告したり、戦闘準備を命じたり、軍事的勝利を祝したり、あるいは洗礼や婚礼や葬儀といった人生の節目に敬意を表する目的で鐘が鳴らされることもある。一九世紀フランスの農村における鐘の役割を研究したアラン・コルバンは、社会的にも行政的にも音の到達範囲によって地域社会のテリトリーの境界線が定められたという説得力のある議論を展開している。一日の労働の終わりを告げるのに鐘が使われたので、住民はその音の届く範囲内にいる必要があったのだ。(9)

教会の鐘は世界各地で聞かれるが、ふつうは鐘の開口部を下に向けて吊るし、その中にぶら下がった舌を前後に往復させて打ち鳴らすだけである。それと異なるのが、「チェンジリンギング」(転調鳴鐘法)と呼ばれるイングランド独特の鳴らし方だ。これは一六世紀に誕生した奏法で、週末になるとイングランド各地の教会で聞くことができる。チェンジリンギングでは、複数の鐘を使って規則的なパターンで音を鳴らす。スティーヴ・ライヒやフィリップ・グラスによるミニマルミュージックの先祖のようなものだ。

チェンジリンギングについてもっと知りたいと、私はずっと思っていた。そこでビッグ・ベンを訪れる数カ月前の秋の午後、自宅近くの教会を訪ねた。セント・ジェイムズ教会はゴシック様式の村の教会で、マンチェスター郊外の緑豊かな一地区を受け持っている。正面玄関の外に設けられたジャムやケーキの販売所には目をくれず、身廊で婚礼に関する展示をやっているのも無視して、窮屈ならせん階段を上がり、とても低い入り口をくぐり抜けると、鳴鐘室に足を踏み入れた。天井の穴から六本の太いロープが下がり、それぞれに「サリー」と呼ばれる羊毛製の握り手がついている。ポールという名の正規のリンガー（鳴鐘係）が、チェンジリンギングのやり方について豊富な知識を披露しながら説明してくれた。正規のリンガーがもう一人いて、ジョンというその男性が卓上模型を使って熱心に実演してくれた。上の鐘楼のようすをウェブカメラで見ることもできる。

ロープはそれぞれ天井の穴を通って、鐘楼に設置された青銅製の鐘につながっている。セント・ジェイムズ教会の六つの鐘は長音階の最初の六音を出すが、メロディーの演奏が目的ではない。リンガー六人のチームでロープを引き、数学的なパターンに従ってさまざまな順番で鐘を鳴らす。ポールの前にはホワイトボードがあり、さまざまな色で書かれた数字を線で結んだ不可解な格子模様で埋めつくされている。これは鐘を鳴らす順番の例を示しているらしい。ポールの説明によると、鐘を鳴らすことは「耳を澄まし、目をホワイトボードにしっかり向けて」おこなう、規律と統制の必要な作業だそうだ。(10)

ジョンとポールが鐘を鳴らすタイミングを精密にコントロールできるのは、鐘が大きな輪に取り付けられていて三六〇度回転できるからだ。ジョンが鐘を鳴らす前にロープを引いて鐘をひっくり返し、開口部を上に向けた。しばらく鐘をその位置に保ち、やがてロープを再び引くと鐘はひっくり返って一回転し、上向きの位置に戻る。さらにロープを引くと、今度は先ほどとは逆方向に鐘が一回転する。鐘は信じがたいほど重たいので、ジョンの説明によると、鐘と格闘するのではなく協力する必要があるそうだ。私は初めてだったので作業を半分にして、後半の一回転だけやらせてもらうことにした。ジョンが先に鐘を一回転させて、それから私が逆回転させる。垂れ下がるロープを両脚ではさむようにして、私はサリーをクリケットのバットのように握った。ジョンがロープを引いて鐘を一回転させると、その勢いで私はロープを握った両腕を頭の上まで引っ張られてしまった。ロープを引き戻そうとしたが完全にタイミングが狂い、私は鐘を回転させようと四苦八苦した。さらに何度か挑戦して、ようやくタイミングが合った。目指す方向へ鐘が傾き始める瞬間にそっと長く引くと、一回転させることができるらしい。

鐘の音に対する人々の受け止め方をもっと知りたくて、私は音響アーティストのピーター・キューサックに訊いてみた。彼は一〇年ほど前にロンドンで音に対する一般市民の受け止め方の研究を始めていた。調査のやり方は驚くほど単純だ。「ロンドンで好きな音は何の音ですか。その理由も教えてください」と質問するだけなのだ。こうすると、記録すべき音がわかるのに加えて、その音をめぐる個人的な物語も知ることができる。その後、「好きな音プロジェクト」は規模を拡大してほかの人たちも実施するようになり、北京やベルリン、シカゴなど世界各地の都市でおこなわれている。

ロンドンでは、ピーターの質問に対して回答者はビッグ・ベンを挙げることが多かったが、それは必ずしも実際の鐘の音とは限らなかった。人々の心に浮かんだのは、音と音のあいだの時間、すなわち次の音が鳴るまで聴覚野がその音を待ちながら注意を集中するのに伴って、その領域の活性が高まる期待の瞬間だった。私も鐘楼でこの感覚を強烈に味わった。路上でビッグ・ベンの音を聞くと交通騒音で衝撃が弱められるので、鐘楼で聞く音とはだいぶ違って聞こえる。今からおよそ一五〇年前、大鐘が初めて鳴らされたころには、ロンドン市民がその音を聞ける範囲は今よりも広かったはずだ。最近では各地の都市が騒音に覆われているせいで、地域のシンボル的な音が聞こえる範囲は昔よりもずっと狭くなっている。

ロンドンのイーストエンド出身の労働者階級の人たちはコックニーと呼ばれ、脚韻にもとづく独特のスラングを使うことで知られている。たとえば「apples and pears」（リンゴとナシ）は「stairs」（階段）を意味し、「feet」（足）の代わりに「plates of meat」（肉料理）と言い、「trouble and strife」（厄介事ともめ事）と言えば「wife」（女房）のことだ。生粋のコックニーを名乗れるのは、セント・メアリー・ル・ボウ教会の鐘の音が聞こえる範囲内で生まれた者だけだ。ところが音響学的研究によれば、コックニーはもうすぐ「黒パン」（brown bread）になる、つまり死に絶える（dead）おそれがあるらしい。というのは、この教会の鐘が聞こえる範囲が今では非常に狭くなっていて、産院が一つも含まれなくなってしまったからだ。[11] 今から一五〇年前のロンドンは現在の田舎と変わらないくらい静かで、おそらく夜間には街の騒音が二〇～二五デシベルほどで、鐘の音は八キロ先まで届いたと推定される。近ごろでは、道路や飛行機、エアコンなどの騒音のせいでロンドンの騒音レベルは通常五五デシベル前後に達しているので、鐘の音が聞こえるのはせいぜい半径一・五キロまでとなってしまった。

ビッグ・ベンの鐘の音を聞きに行く半年前、私はセント・メアリー・ル・ボウ教会からわずか五〇メートルのところで《オルガン・オブ・コルティ》という音響彫刻（図8・8）の音に耳を傾けていた。これはフランシス・クロウとデイヴィッド・プライアーが設計した作品で、ロンドン市内の鐘の音をマスキングしてしまう交通音などの環境騒音を再構成してリサイクルすることを目指している。アクリル製の透明な円筒九五本が垂直に立っていて、円筒はそれぞれ直径が約二〇センチ、高さが四メートルある。内耳の蝸牛内にあって音に反応する器官「コルティ器」から名前をとったこの作品を見て、私は子ども用の巨大なプラスティック製遊具を思い浮かべた。透明な円筒が林立していて、通

図8.8 《オルガン・オブ・コルティ》

り抜ける人の姿がゆがんで見えるというものだ。

この作品の設計には、別のアート作品に触発された科学研究が利用されている。マドリードで一九七七年に設置されたエウセビオ・センペーレの《オルガノ》は、多数の直立する鋼鉄製の円柱が大きな円盤にびっしりと並べられた作品だ。マドリード材料科学研究所のフランシスコ・メセゲールのチームが一九九〇年代に測定したときに初めて、このミニマルアートの立体作品が音をつくり変えることが明らかになった。メセゲールはふだん、フォトニック結晶の研究をしている。これは光の進み方を変える小さな構造体である。白色光をフォトニック結晶に当てると、光を構成する色の一部が内部に閉じ込められて、反対側から出られなくなる。クジャクの尾羽を指に巻きつけると、色が変わるのがわかるはずだ。この虹色のきらめきを生み出すのは微視的な周期構造である。自然界では、チョウの翅、イカの胴体、ハチドリの羽毛にきわめて美しい特徴的な色彩が見られるが、これは色素ではなくフォトニック結晶によるものだ。

メセゲールは音響学専門家のハイメ・リナレスと話したとき、フォトニック構造体をスケールアップしたら特定の周波数の音を通過させないソニック結晶になるのではないかと思いついた。二〇一一年には私が、チョウの翅のフォトニック結晶が玉虫色の輝きを生み出すのと同様に、ソニック結晶は一部の周波数を強く反射するということを示した（残念ながら耳障りな音になるのだが[12]）。直径四メートルほどの円盤に円柱がおよそ一〇センチ間隔で規則的に配置された《オルガノ》は、メセゲールとリナレスが自分たちのアイデアを検証するのにぴったりな大きさだった[13]。

メセゲールは《オルガノ》のそばにスピーカーを置いてノイズを発生させた。《オルガノ》をはさんで向かい側に設置したマイクによって、仮説が裏づけられた。ある周波数帯域の音が円柱のあいだを通過できないことがわかったのだ。この周波数帯域は「バンドギャップ」と呼ばれ、音が通過できないのは「干渉」のせいだ。干渉とは、イギリスの物理学者トマス・ヤングが一八〇七年に初めて説明した現象である。ヤングは一九歳までに一四カ国語を話せるようになった神童で、最初は医師になるための教育を受けた。彼の考案した古典的な二重スリット実験を図8・9に図示する。この実験は今でも学校で物理学を教えるのに使われている。衝立《ついたて》に設けた二つのスリットを通して単色光をスクリーンに照射すると、明るい領域と暗い領域からなる縞模様がスクリーン上に現れる。ある部分では、二つのスリットを通り抜けた光波の山と谷がそれぞれ一致して互いを強め合う「建設的干渉」が生じ、その結果として明るい領域が生じる。その一方で、二つの光波が一致せずに互いを打ち消し合う「相殺的干渉」によって暗くなる領域もある。

スピーカーと衝立を用意して、スリットの間隔をもっと広くすれば、音についても同じ効果が実証

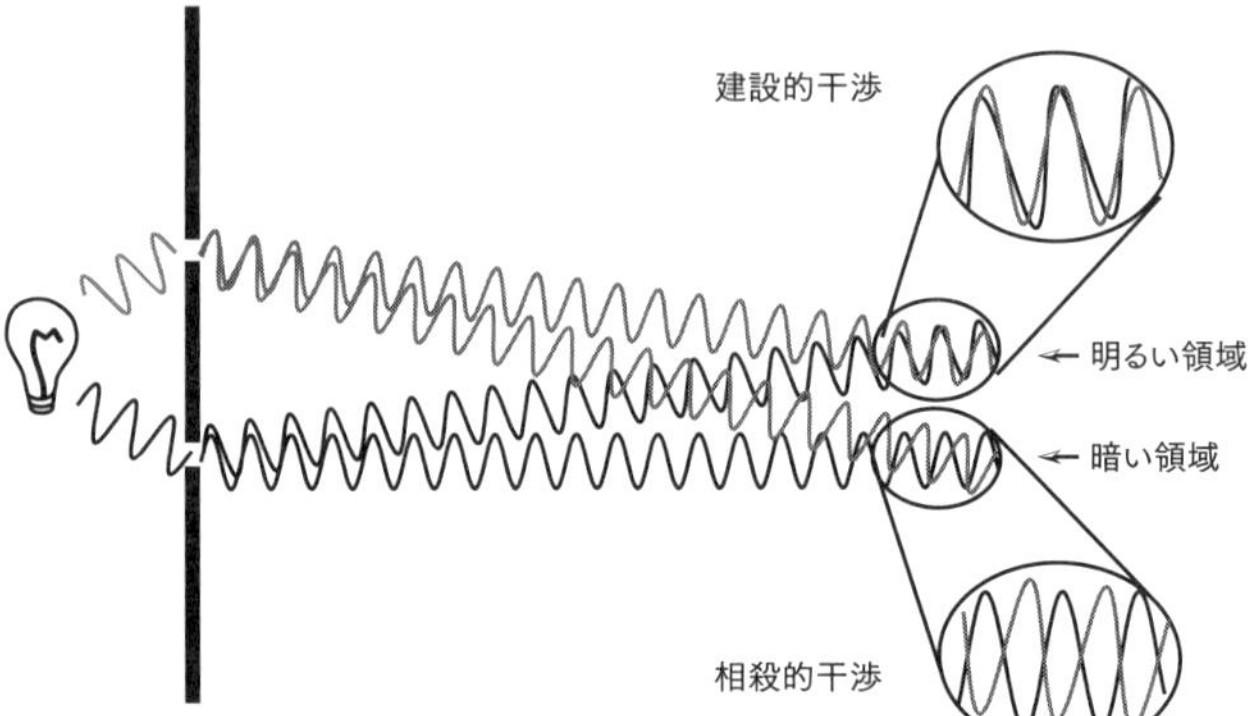

図8.9　トマス・ヤングの二重スリット実験

できる。スリットの数を増やしてもよいし、さらには穴を開けた多数の衝立を一定の間隔で前後に並べてもよい。ここで衝立を片づけて、スリットのあったすべての場所に円柱を一本ずつ立てれば、エウセビオ・センペーレの作品と同じようなソニック結晶ができあがる。二重スリット実験のときと同様、円柱群を通過して反対側で聞こえる音は建設的干渉と相殺的干渉によって決まる。一部の周波数帯域の音は内部に閉じ込められ、円柱のあいだを行ったり来たりするばかりで外に出られない。

ソニック結晶が音を遮断することが発見されるとすぐに、これを遮音壁として使えないか検証する実験が始まった。しかし、ソニック結晶は限られた周波数帯域の音を弱めることしかできない。よって広帯域の騒音を防ぐには、木材やコンクリートでできた硬い遮音壁のほうがほぼ確実に有効だ。ソルフォード大学での私の同僚であるオルガ・ウムノヴァは、もっと広い周波数帯域を吸収する音響ブラックホールを使った実験をしている。このブラックホールでは、配置されたソニック結晶の外側に近づくほど円柱の直径が徐々に細くなっている。その結果、外側を囲む円柱が音を中心部に誘導し、そこで従来の吸収材を使って音を除去することができる。(14) ソニック結晶はまた、ハリー・ポッターの透明マントと同様の効果を音に対して実現する手段としてもメディアの注目を集めている。私たちは通常、物体から反射される音を聞くことによって、その存在を感知することができる。「無音マント」は物体を包み込み、周囲の音波をうまく曲げることによって物体からの反射音が聞こえないようにする。残念ながらソニック結晶は大きすぎて実用には向かないことが多いが、それは特に光と比べると音波というのは非常に大きな波だからである。

《オルガン・オブ・コルティ》では作品の中に人が入れるように、アクリル製の円筒の一部を抜き取って曲がりくねったルートが設けられていた。円筒が規則的に並んでいるので、一部の周波数帯域の音が増幅される一方で、弱まる周波数帯域もあるはずだ。ところが私はロンドンで音に耳を傾けるには不向きな日を選んでしまった。道路工事の作業員が手持ちドリルで地面を掘り返していて、私がこの騒音の微妙な変化を聞き取ろうとしているあいだにも作業が不規則に中断と再開を繰り返すので、ソニック結晶の作用などまるでわからなかった。

その夏が終わりに近づいたころ、イングランドを流れるセヴァーン川の堰の近くに《オルガン・オブ・コルティ》が設置された。堰からの落水音のほうが工事の騒音より安定しているおかげで、音の形づくられるようすがよく聞き取れた。効果が最もはっきり感じられるのは作品から出るときだと、フランシス・クロウが教えてくれた。中に入ると、林立する円筒によって特定の周波数帯域の音はわずかに取り除かれているが、それを耳で実感するのは難しいかもしれない。作品の外に出て、消えていた周波数の音が戻ってきたときには、その変化を感じ取ることができる。これは理にかなっている。というのは、私たちの耳は音の微妙な消失ではなく新たに出現した音を感知する早期警報システムとして設計されているからだ。

フランシスの説明によると、この作品の背景にある動機の一つは、音の聞き方を変えたいという考えだったそうだ。「もともと存在していた音を、この作品を通じて新たな切り口で聞くということです」[15]。これはジェイムズ・タレルの《スカイスペース》シリーズの音響版だ。《スカイスペース》というのは天井に開口部を設けた広い部屋で、見学者はこの開口部を通して空を眺めることにより、新たな切り取り方で光と空間をとらえ直すことができる。一方、《オルガン・オブ・コルティ》は、音の新たな聞き方を提示していた。この作品を鑑賞するには時間がかかる。堰の近くでは人がなかなか立ち去らず、物思いにふける人も多かった。ある見学者は、音の新たな聞き方というコンセプトを極限まで突き詰めて三〇分以上も作品の中にとどまり、「私だけのシンフォニーをつくりました」と語った。内部で音が微妙に強まったり弱まったりするようすについて「感覚がおかしくなる」と表現した見学者もいた。サウンドアートを短時間で体験するのは難しい。視覚的なパブリックアート作品をちょっと眺めるほうが、サウンドアート作品をちょっと体験するよりも多くの効果が得られやすい。

ミニマルアートの立体作品には、音をゆがめるものがかなりある。アニッシュ・カプーアは、光を反射する大きな凹面鏡の作品をいくつか発表している。私はイングランドのマンチェスター市立美術館へ《ハー・ブラッド》（一九九八年）を見に行った。直径三・五メートルの巨大な凹面の皿三枚を、展示室の壁にもたせかけるようにして垂直に立てた作品である。皿のうち二枚は磨き上げられた鏡面で、もう一枚は深紅色で塗られている。見学者が皿に近づいていくと、そこに映る自分の姿がゆがんで見える。少し離れたところでは、皿の下半分で自分の姿がにじんだように見える。さらに近づいていくと、不意に自分の姿が皿の周囲を完全に取り囲む円に変わる。このとき見学者が立っている位置

図8.10　リチャード・セラ《時間の問題》

は、皿から反射する光と音の焦点である。反射によって声がどんなふうにゆがむか知っている係員が、皿に向かって声を出してみてくださいと見学者たちに勧めていた。

《ハー・ブラッド》の凹面の皿による作用は、トイフェルスベルクのレードームと大差なかった。対照的に、スペインのビルバオ・グッゲンハイム美術館にあるリチャード・セラの巨大作品群は驚くほど多様な音を出すので、まるで巨大な音響効果装置とたわむれるようなものだった。《時間の問題》（二〇〇五年）は七つの巨大な立体からなるインスタレーションで、錆びた鋼鉄の板でつくられた渦巻き、蛇行する帯、うねるカーブで構成され、頭より何メートルも高いところまでそびえている（図8・10）。褐色の金属でできた斜めの壁が曲がりくねった狭い通路を形づくり、ところどころで逆V字となって頭上をふさぎ、通り抜ける人の空間感覚と平衡感覚を狂わせる。いわば巨大な鋼鉄製の迷路だ。角を曲がったら不思議の国のアリスにぶつかりそうな気がした。

私が訪れたとき、展示室には小学生のにぎやかなおしゃべりが響いていた。いくつかの作品では、中に入ると周囲が部分的に囲い込まれた空間に入ったときの効果を耳で確認することができた。周囲の雑音が静まり、私の耳は鋼鉄製の壁からすばやく反射してくる音をとらえた。その音は《オルガン・オブ・コルティ》の場合と同じく、作品によって新たに構成された音だった。

私は運よく取材許可証をもっていたので、デジタルレコーダーを取り出してほかの人の迷惑にならない瞬間を見計らって手を叩き、音響を確かめることができた。巨大な渦巻きの中心は、直径八メートルほどの広い円形のアリーナ状になっていた。ここでは反射音が中心に向かって集まる。この集音作用によってガトリング機関銃のようなエコーが生じ、手を叩いた音が二〇ミリ秒ごとに私をかすめて往復した。足を踏み鳴らすと、非常に長いばねを行ったり来たりする振動のようなビーンという反復音が生じる場所もあった。第5章で述べたとおり、いくつかは非常によいささやきの回廊となり、鋼鉄製の壁に沿って私の声を端から端まで効率よく伝えていた。

一番よかったのは《スネーク》という作品だ。三枚の長くて高さのある金属の板が蛇行して、全長およそ三〇メートルの狭い通路を二本つくっている。通路の幅は一メートルほどしかなく、この狭い横幅を往復する反響が私の声の音色を変えた。作品のはるか頭上に平坦な天井があると都合がよく、そのような場所に立つと、音は天井と床のあいだを跳ね返りながら往復する。音はまた狭い通路の先へも進み、通路の終わるところに置かれた別の作品から反射されて、散乱エコーとなって戻ってくる。床を踏み鳴らすと非常に楽しかった。というのは、場所をうまく選べばライフルの銃声にそっくりな音を出すことができたからだ。音のゆがみを楽しんでいるのは私だけではなかった。ほかの人たちも歩き回りながら「おーい」とか「ヤッホー」とか「わー」などと叫んでいた。

ピーター・キューサックがロンドン市民に好きな音を尋ねたとき、答えの多くは身近で日常的な音にまつわるものだった。どんな音が好きかという問いは個人と結びついたものなので、体験に色づけされた意味のほうが音波の物理的特性そのものにまさるのがふつうだ。今、この本を読むのをしばらくやめてじっと耳を澄ませたら、何が聞こえるだろうか。今の私には、オフィスの隣室にいる人の声、外の舗道に落ちる雨の音、そして廊下を通る足音が聞こえる。音の発生源も頭に浮かんだだろうか。私の頭には「ボソボソ、ピチャピチャ、コツコツ」ではなく「声、雨、足」が浮かんだ。聞こえた音を表現する場合、私たちはたいてい音そのものではなく音の発生源や隠喩的意味を語るのだ。

しかし、聞こえた音の物理的特性が重要な意味をもつ場合もある。爆発音などの大きな音は、ただちに「闘争－逃走《ファイト・オア・フライト》」反応を引き起こす。上空を飛ぶ飛行機の音は爆発音ほど大きくはないにしても、うるさくて会話がかき消されることがある。メロディーというのは抽象的な楽音の連なりにすぎないが、私たちの感情に深く分け入り、喜びや悲しみや愛情をかき立てることができる。それでも日常的な音で重要なのは、たいてい音の発生源である。脳は可能な限り音源を特定し、私たちの反応はその音の発生源に対する感情によって変わる。街の広場でバスの音が聞こえたら、そのバスに乗りたいかどうかによって反応が強く影響される可能性が高い。また、バスを税金の無駄遣いをして道路をふさぐ邪魔物と見るか、それとも大気汚染や渋滞を緩和して公共を利するものと受け止めるかという、公共交通機関に対する姿勢からも影響を受けるだろう。

これこそ、好きな音についてピーターが質問したときに、それ自体は美的魅力をほとんどもたない音が挙げられた理由だ。ロンドンの地下鉄で流れる「足元にお気をつけください」のアナウンスや、ニューヨーク市警のパトカーのサイレン、それにベルリンのトゥルム通りで屋台に客を呼び込むトルコ人の声などが回答に入っていた。

好きな音を訊かれたときの答えと、アンドリュー・ホワイトハウスが鳥の鳴き声に関する調査で得た回答との類似に、私は強く心を引かれる。街の音や鳥の鳴き声をめぐる話の多くは大それたものではないし、驚くようなものでもなく、また格別に美しいものでもない。タージ・マハルやゴールデン・ゲート・ブリッジやグランド・キャニオンの壮大さに匹敵するような音ではなく、自分にとって特別な場所や時を思い起こさせる音、あるいは日々の暮らしの中で耳にするような音にすぎない。交通機関の音を挙げる人が多かった。なんといっても、街を動き回ることはそこで生活や仕事をしていくうえでとても大事な要素なのだ。仮にこの調査でロンドンの好きなイメージを尋ねたとしよう。おそらく挙がってくるのは、セント・ポール大聖堂やロンドン・アイ観覧車、タワー・ブリッジなど、視覚的な魅力やインパクトをもつ名所だろう。ビッグ・ベンの鐘の音は、音でありながらイギリス人にとって歴史的にも個人的にも社会的にも深い意味をもち、美的価値も備えているという点で、例外的な存在だ。

ピーターが「好きな音プロジェクト」を始めたのは一〇年以上前なので、当初挙げられた音のなかにはもう存在しないものもある。かつてロンドンで列車が駅に到着して乗客が降りるときには、ドアがバタンと閉まるスタッカートの音が続けざまに聞こえたものだが、古い車両が退役するにつれてその音は聞かれなくなった。こうした特徴的な音に代わって聞かれるようになったのは、技術や製品のグローバル化のせいで世界のどこへ行っても似たり寄ったりの音だ。残念なことに、各地の都市でメインストリートの視覚的風景が均質化しているのと同じく、そこで聞こえる音も互いに似通い、個性を失いつつある。

アンドリュー・ホワイトハウスは、鳥の鳴き声を聞くと異国に来たことを強く実感するという移民がいることに気づいた。私も香港で似たような感覚を経験したが、その感覚を引き起こした音は鳥の声ではなかった。最も強烈な音の記憶は、歩道に結集してショッピングモールになだれ込んでいったフィリピン人女性の大集団が発していた騒がしい声だ。香港上海銀行の高層ビルの広々とした一階部分は外と吹き抜けでつながったピロティーになっていて、おしゃべりに興じる女性たちの甲高い声でにぎやかだった。日曜日に街の中心部で集い、レジャーシートを敷いて友人と語らうメイドたちの声は、香港の住民には聞き慣れた音だ。しかしよそ者の私にとって、その音は香港だけの特別なものとして耳についた。

ピロティーの半ば閉鎖された空間が、女性たちのしゃべる声を増幅し、私に与える印象を強めていた。実際、コンクリートやレンガや石でできたスペースは思いがけないかたちで音を変化させるので、都会にはこれらの材料でできたサウンドマークもある。第4章で出てきたグリニッジの地下歩道がロンドンの「好きな音」リストに入ったのは、ここで起きる声や足音のひずみのおかげだ。

イタリア人アーティストのダヴィデ・ティドーニのことを聞いたとき、私は音響界の心の友《ソウルメイト》を見つけたと直感した。彼も都市のランドスケープにおける隠れた音響効果を探求しているからだ。ダヴィデはプロジェクトの一つとして、さまざまな場所で風船を割って、その場所に新たな表情をもたらすということをやっている。短くて強く鋭い破裂音は、音響的特性を解明するのに理想的だ。幸運にも私は彼と会うことができた。彼はロンドンで仕事が一日休みになってしまったので、その空いた時間に私を訪ねてくれたのだ。ロンドンのバービカン地区周辺で風船を割って録音するという彼の計画に、警備員たちが反対したらしい。

私はダヴィデを散歩に連れ出し、マンチェスターを流れる運河をめぐり歩き、産業革命の時代に初めてつくられたアーチ橋やらいろいろな場所の音を収集した。昼食をとってから店に寄って風船を買い、ロッチデール運河の曳船道まで歩いた。一八〇四年に全面開通したとき、この運河はイングランド北部を東西に隔てるペナイン山脈を横断する最初の運河となった。すすけた低いアーチ橋の下まで行くと、私はデジタルレコーダーを地面に置いた。もう少しで、捨てられたコンドームに触れてしまうところだった。ダヴィデが黄色いおもちゃ風船を膨らませると、先端から二本の触覚が突き出た太っちょの長いイモムシの形になった。彼は針を構えて、橋を通過する車の轟音が静まるのをじっと待った。不意にイモムシが破裂してバンと音がしたかと思うと、今度はビーンビーンという連続した反射音がアーチの下を跳ね回った[16]。

私たちは昼食をとりながら、いろいろなタイプの風船を使うメリットについてじっくり話し合っていた。イモムシ風船を試したのはそのためだ。しかし最初の実験のあとはふつうの丸い風船に戻った。こちらのほうが短く鋭い破裂音が出るので、音響効果がはっきりわかって都合がいいからだ。ダヴィデは自分のやっている音響探求について説明し、自分のいる場所と自分とのあいだに関係を構築することがテーマだと語った。さらにこうも言った。「一見同じ動作や音でも、聞く人の位置や気分によって主観的な受け止め方がどれほど異なるかを観察するのはおもしろい[17]」

ダヴィデは風船の破裂音を使って、場所に対する人の意識を高め、音に対する感受性を鍛えようとしている。そうした風船ウォークのようすを映したビデオを見ると、参加者はまず大きな破裂音に驚いてたじろぐ。風船に針を突き刺している人、つまりこれから風船が割れると知っている人さえ、同様の反応を示す。それから奇妙な音やエコーが生じるにつれて、参加者たちは笑顔を浮かべたり、くすくす笑ったり、信じられないといったようすで目を見開いたりする。ダヴィデはこれらの反応を「緊張感を解き放つのに必要な行動」と考えている。あるビデオでは、若い女性が顔を上げて音の出どころを突き止めようとしながら「最高《ベリッシモ》！」と叫んでいる。こうした反応から、私たちの聴覚に関する洞察が得られる。最初に起きるのは、けがを防ぐための無意識的な反射である驚愕反応だ。身体に攻撃を受ける可能性のある場合、人は眼を守るためにまばたきし、攻撃に備えて筋肉を緊張させる。この反射は信じがたいほどすばやく起き、わずか一〇〜一五〇ミリ秒でごく短い神経経路を通過する。くすくす笑いなどのもっと時間のかかる二次的反応が起きるのは、脳が状況をきちんと把握し、切迫した危険は存在しないということが理解できてからだ。

ダヴィデには、音の贈り物というすばらしいアイデアがある。「私はいつも、強い親しみを覚える相手に招待状を送り、私にとって特別に大事な意味をもつ場所の音をいっしょに聞きに行く」。私はダヴィデと特に親しいわけではないが、一緒にマンチェスターを歩き回った探索の目玉として行き着いた場所は、私から彼への贈り物となったのではないだろうか。一七六五年に建設されたキャッスルフィールド・ウォーフは、ブリッジウォーター運河の終端にある。この運河はイングランドで最初につくられた運河だとよく言われ、産業革命の初期に石炭をマンチェスターへ輸送することを目的としていた。一九世紀に建造された鉄道橋が狭くて高いアーチとなって運河の船だまりの上をまたぎ、その下ではあきれるほど長く音が残響する。私たちはこのレンガのアーチの下に立ち、手を叩いたり叫んだりしては鳴り続ける音に驚嘆した。この狭い空間の残響時間は、クラシック音楽用コンサートホールよりもはるかに長い。

鐘の音は多くの人に賛美される一方で、騒音の苦情が寄せられることも多い。イングランドのライントンという村にあるオール・セインツ教会がその一例だ。この教会は一五世紀終盤に建てられたもので、正方形の塔に一〇個の鐘が備えられている。一世紀にわたり昼も夜も一五分ごとに時を告げてきたが、二〇一二年の春に鳴らなくなった。地方当局がこれを法律で定められた騒音公害にあたると判断したためだ。幸い、夜間は一時間に一度だけ鳴らすということで妥協が成立した[18]。

サウンドアート作品を設置する際には、同様の苦情が出ないように場所を慎重に選ぶ必要がある。私はこの問題をめぐって、ロンドン芸術大学でサウンドアートの実践を専門とするアンガス・カーライルと議論したことがある。彼はこう主張した。「私たちは人為的につくられた環境でははっきりと目につく視覚的な醜悪さに対してはどうやら非常に寛容らしい。いろいろな建築様式がごった混ぜになっていても受け入れる。……ところがクリエイティブな音となると、ごった混ぜの度合いが同じくらいであってもなかなか受け入れられそうにない[19]」

元研究者のトニー・ギブズと電話で話したとき、彼も同じようなことを言った。私がトニーに電話したのは、彼がサウンドアートに関する数少ない研究書の一冊を執筆しているからだ。彼の主張によれば、大型のビジュアルアート作品に相当するサウンドアート作品を公共の場に設置するとしたら、ビジュアルアートと同様の大胆なメッセージを音響によって発する必要がある。つまり大量の騒音を出さないといけない。そしてこう説明した。「私たちの社会や文化は大量の騒音を好まない……騒音をアートとして受け止めるように人を説得するのは難しい注文だ[20]」。高さ一二〇メートルの細長いダブリン尖塔のようなビジュアルアートの記念碑的作品については、姿が気に入らなければ目をそむければよい。一方、サウンドアートを排除するには耳栓が必要だ。

残念ながら、公共の場に設置されたサウンドアート作品は数が比較的少ないが、これは地理的場所の象徴的イメージとして世界でよく知られているものの多くが視覚的な立体だからである。ニューヨークには自由の女神像が立ち、エジプトではギザの大スフィンクスがピラミッドを守り、リオデジャネイロにはコルコバードのキリスト像がそびえている。数十年前から、各地の行政当局はコミュニティーの絆の形成や観光客の誘致の手段として、あるいは地域再生を支援したりその象徴としたりするために、パブリックアートを利用している。その成果として目のさめるような作品が生まれている。たとえばアントニー・ゴームリーの《北の天使》がその例だ。ジャンボ機よりも翼幅の広い翼をつけた巨大な錆色の像が、イングランドのゲイツヘッドを見下ろすかのようにそびえ立っている。アーティストがこの巨大な作品に匹敵するサウンドアート、すなわち地域の象徴となるような常設の音響パブリックアートを創作することは可能だろうか。シンボル的な音としてビッグ・ベンに太刀打ちできるようなものはつくれるのか。アンガス・カーライルは、サウンドアートが「音が場所を象徴するという、音と場所の調和的な関係」を生み出せない理由は見当たらないとしながらも、サウンドアートはまだあまりにも未成熟なので、常設してもらうにはもっと高い地位を確立する必要があると感じている。[21]

やかましい騒音ではなくもっと音楽的な音を出せば、サウンドアートは公共の場所でもっと受け入れてもらえるだろうか。カリフォルニア州ランカスター市を出てすぐのところに、ロッシーニの《ウィリアム・テル序曲》を奏でるサウンドマークがある。不思議なことに、電子機器類はいっさい使われていない。これはメロディーロードと呼ばれるもので、タイヤの振動によってメロディーが生じるのだ。大きな道路でドライバーの注意を喚起するため、路肩の路面にライン状の隆起を設けてそこからゴロゴロと音を出すランブルストリップスというのがあるが、メロディーロードはこれと似たようなものだ。メロディーロードでは、ランブルストリップスのような隆起ではなくアスファルトに刻んだ溝を用いるが、音の出る仕組みはよく似ている。音の高さは走行速度と溝の間隔によって決まり、間隔が狭ければ高い音が出て、間隔を広くすれば周波数は下がる。ランカスターの近くを通る道路では、ランブルストリップスを一歩先へ進めて、この音が曲になるように溝の間隔に変化をつけている。[22]

路面の溝は、もともとは自動車の広告のためにつくられた。韓国と日本に十数カ所あるメロディーロードからアイデアを得たのかもしれないし、あるいは一九九〇年代にデンマークのアーティストたちが制作した《アスファルトフォン》がヒントとなったのかもしれない。私はメロディーロードの音を自分で聞くために、ランカスターへ行くことにした。

マンチェスターのあちこちで風船を割ってから半年経った六月のある土曜日、州道一四号を西に降りてアヴェニューGに入った。これはランカスター市から数キロのところを通る平坦で単調な道路だ。少し走ると、並木のそばに「ランカスター市によるメロディーロード　このレーン↘」と書かれた白い道路標識が現れた。タイヤが出だしの音を鳴らし始めたとき、私はこの壮大でばかげた作品に顔をほころばせた。タイヤが路面の溝に当たるたびに、短く鋭い振動がタイヤからサスペンションに伝わり、それからボディーに伝わる。車内では、インテリアの振動によって生じた音が聞こえる。道路は《ウィリアム・テル序曲》を八小節分演奏する。熱狂的なギャロップの〈スイス軍隊の行進〉の主旋律からとった最初のフレーズだ。

もう一度試そうとUターンし、来た方向へ戻った。それからの一時間、私はマイクの位置をあれこれ試しながら溝の上を六回ほど走った。ダッシュボードの小物入れに入れたときの録音が一番よかった。ここなら振動によって曲の音を大きくするインテリアにマイクが近くなる一方で、車が空気を切り裂いて走るときに生じる高周波の風音からは遮断される。曲のテンポが変わらないように走行速度を一定に保つのに、自動速度制御装置が役立った。

振動している車のタイヤとボディーは、車内だけでなく車外にも音を放つ。溝のないふつうの道路でも舗装道路を走るタイヤから騒音が出るので、これを抑えるために多くの研究がなされている。路肩に立つと、通過する車からメロディーがはっきりと聞こえた。さらに、ドライバーが笑顔を浮かべるのを見たり、音高が急に下がるのを聞くという楽しさも味わえた。出だしの音の溝が始まるあたりに立っていると、車が曲の演奏を始めてから遠ざかっていくときに音高が半音三つ分下がるので、まるで最初の音がため息をついているように聞こえた。これは「ドップラー効果」と呼ばれ、パトカーのサイレンや高速で走る列車の音でよく起きる現象である。メロディーロードで車が遠ざかっていくとき、音波が引き伸ばされるのに伴って周波数が低くなるのだ。私はもっと録音したかった。特に二台の車が別々の速度で演奏しているところはぜひとも録音したかった。音高の異なる演奏がぶつかり合っていたからだ。しかし風が強くて立っているのが厳しいうえに、マイクに吹きつける強風によるノイズがひどくて、まともな録音ができなかった。

私はたくさんの人にメロディーロードの音を聞かせた。非常に有名なクラシックの曲で、『ローン・レンジャー』のテーマ曲に使われているにもかかわらず、何の曲かなかなかわからない人が多

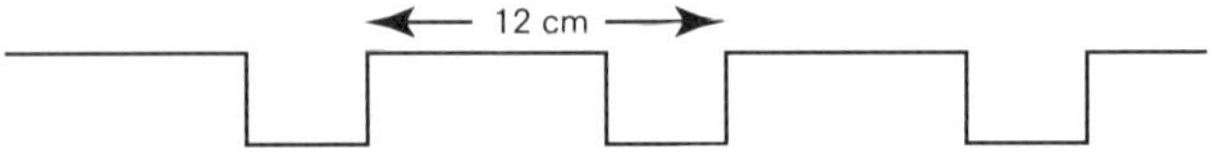

図8.11　メロディーロードの溝

かった。問題は音のチューニングにある。ほとんどの音は周波数がずれているのだ。物理学者のデイヴィッド・シモンズ＝ダフィンはブログにユーモラスな記事を載せて、チューニングがめちゃくちゃなのは設計者が溝の間隔を間違えてしまったからだと説明している。[23]図8・11に示すとおり、曲の冒頭に聞こえる一番低い音の部分では、隣り合った溝の先端の間隔が平均一二センチほどになっている。[24]

走り続けて三六個の音を演奏したところで一番高い音に達し、この音は最初の音より一オクターブ高いことになっている。音程が一オクターブ上がると周波数は二倍になる。そこでタイヤは最初の二倍のペースで溝にぶつかる必要があるから、溝の間隔は半分の六センチにしなくてはいけない。ところが実際の間隔は八センチなのだ。つまり音の開きは一オクターブではなく、音楽家が完全五度と呼ぶ音程に近くなっている。音程を習うときには、音程を自分の知っている曲と結びつけるようにと教わる。それに従えば、この道路を走るドライバーの耳には〈虹の彼方に〉の出だしで大きくジャンプする二音ではなく、映画『炎のランナー』のテーマ曲の冒頭で聞こえる二音に近い音程が聞こえるのだ。

音程が正確な完全五度だったなら、この曲は残念ながら間違っているというだけの話だが、メロディーが聞くに堪えないのは、音の周波数が楽音からずれていて、道路が調子外れだからだ。[25]特定の音程の楽音しか使わず、それら以外の中間の周波数をもつ音は使わないということが、たいていの音楽ではきわめて重要である。理論上は、トロンボーンのように管がスライドする楽器は、音域内のどんな周波数の音も出すことができる。しかし、そんな無秩序から美しい音楽が生まれるとは考えにくい。オクターブの音程はほとんどの音楽文化に存在する。[26] 人間の脳にとって周波数の倍加が処理しやすいのは、一オクターブ離れた二つの音が同じ神経経路を共有するからだ。人間以外でもこの事実のあてはまる動物がいる。たとえばアカゲザルは訓練によって、〈ハッピー・バースデイ・トゥー・ユー〉のような単純ではっきりしたメロディーを一オクターブ移調しても同じ曲だとわかるようになる。[27]

オクターブはさらに多くの楽音に分割される。西洋音楽では、オクターブは「半音」と呼ばれる一二個のもっと狭い音程に分かれ、通常は音階を構成するこれらの音の集合を使ってメロディーがつくられる。一方、ガムランなどのアジア音楽では分割の仕方が異なる。ガムランで用いられるスレンドロ音階では一オクターブが五音に分割されるので、ピアノの黒鍵だけを弾くような響きになる。同じくガムランでも、ペロッグ音階では等間隔でない七つの音程を用いる。つまり、メロディーで使われる音には単に脳の生得的な処理機能だけがかかわるのではなく、実際に音を聞くことで習得した事柄もかかわってくるのだ。例のメロディーロードは私の知るどんな楽音にも一致しない周波数の音を発したが、ひょっとしたらそれが完璧に正しい音程とされる文化もどこかにあるかもしれない。

よそ者として路傍で音を聞くのは楽しかったが、近くに住むとなったらどうだろう。私が立っていた道路は、じつは二代目だ。初代は住宅に近すぎて、たとえばブライアン・ロビンという住民は「夜遅くにこの音が聞こえると、ぐっすり寝ていても目が覚めてしまう。家内など一晩に三回か四回も起こされている」と訴えたそうだ。[28] この道路が演奏する曲はとりわけ迷惑だったに違いない。毎晩、数分おきに調子外れの《ウィリアム・テル序曲》を聞かされながら眠りにつこうとするところを想像してみればよい。

騒音公害に関する基準や規制の多くは、狭帯域騒音と呼ばれる明確な音高をもつ騒音に対して厳格な基準を設けている。脳はザーとかゴロゴロなどという音に対しては著しい順応性を示すが、音高のはっきりした音は無視しにくい。何世紀ものあいだ合図として鐘が使われてきたのはそのためである。つまり、大音量の鐘の音は遠くまでよく響き、無視されにくいからだ。

ビッグ・ベンの鐘楼から降りる途中、私は時計の機構が置かれている部屋に寄った。この機構もさまざまな驚くべき音を出す。たとえば重たい錘《おもり》が塔の内部で下降していく速度を調節する調速機は、騒々しい音がする。この調速機というのは爪車機構とかみ合って高速回転する大きなタービン翼状の装置で、サッカーの応援で使う昔ながらのガラガラがパワーアップしたような音を発する。私たちが耳にする音は機械によって大きく変わったが、機械の音がすべて悪者だと思い込むのはあまりにも短絡的である。次章で見るように、未来の〝音の驚異〟を生み出しているテクノロジーも存在するのだ。

9 未来の驚異

産業革命以来、私たちの耳はテクノロジーとエンジニアリングによる音や騒音に攻め立てられている。電気ポットの沸騰する音、Eメールの着信音、電気掃除機のやかましく甲高い音など、近ごろ私たちが耳にする音の多くは自然界にもともと存在しない人為的なものだ。これらの音は装置の機能に付随する副産物であることが多いが、メーカーが購買者の満足度を高めて売り上げを増やす目的で意図的に購買者の耳に入る音を操作するケースも増えている。

ショールームで自動車を見る場合、最初の聴覚的印象はエンジン音ではなく、乗り込むときに運転席のドアを開閉するカチャ、バタンという音だ。今から一〇年ほど前、自動車メーカーはドアのロックとキャッチがまるで安っぽいつくりになっているような薄っぺらいガチャガチャという音を出すことに気づいた。事故に備えてサイドバーを従来よりも頑丈にすることが新しい安全基準で義務づけられたため、ほかの部分からそのぶんの重量が減らされた。ドアのキャッチもその影響を受けたわけだ。つくりのよい製品は低い音がするという連想が知覚試験で見出されているが、これは大きな物体のほうが力強く、低い周波数の音を出す傾向があるからかもしれない。キャッチから安っぽい音をなくそうと、ドア内の空間に高周波音を弱める吸音材が加えられ、ロック機構もドアを閉めるときの音がもっと質の高さを感じさせる短いものとなるように変更された(1)。

本来は音の出ないはずの電子機器についてはどうだろう。わざと昔の機械装置と同じような音を出す設計になっているものも多い。デジタルカメラで写真を撮るときにボタンを押すと、昔のフィルムカメラと同じシャッター音が聞こえる。私のスマートフォンでは、タッチスクリーンのキーパッドで電話番号を入力すると、昔風のプッシュフォンの音がする。私たちの音の世界を根本から変える可能性のある出来事の一つとして、ガソリンエンジンから代替燃料への移行がある。しかしハイブリッド車や電気自動車は低速走行時の音があまりにも静かなので、歩行者が車の接近に気づきにくくなることが懸念されている。

自動車メーカーは、歩行者に警告するためにボンネットの下に隠したスピーカーから音を出す実験をしている。しかしどんな音を使えばよいだろう。もちろん、歩行者がよく知っていて、すぐに「車だ」と気づく音だ。日産は、『スター・ウォーズ』のルーク・スカイウォーカーが惑星タトゥイーンで乗っていた空中移動装置のようなブーンという音を使うことにした。しかしある科学実験では、ザーとかブーンとかヒューという音よりも車のエンジン音のほうが被験者に好まれた(2)。すたれかかった技術から生き残った古い音の遺産というものがある。「ニュー・サイエンティスト」誌にはこんな投書が寄せられている。「想像してほしい。こんなふうになじみのある音を使うというやり方がもっと早くから広まっていたら、どうなっていただろう。自動車はみな、人をまどわす耳慣れないエンジンの単調なうなり音ではなく、馬のひづめの音を立てているだろうか」(3)

先行する技術が存在せず、音が模倣できない場合にはどうするのか。電子機器メーカーはミュージシャンの力を借りることがある。作曲家のブライアン・イーノがウィンドウズ95の起動時に流れる音楽を作曲してほしいと依頼されたとき、仕様書には形容詞が一五〇個ほど並んでいた。「曲は次のようなものとする。インスピレーションを与え、セクシーで、刺激的で、挑発的で、ノスタルジックで、センチメンタルで……」。なんとも手ごわい依頼である。しかも曲の「長さは三・八秒以内」にしろというのだからなおさらだ(4)。

短い機能音については、デザイナーは「カチッ」や「ビー」あるいは「ブーン」などの音を作製するかもしれない。この場合、自然界の音を録音し、それをソフトウェアで加工することが多い。この音響処理によって、もとの音が何だったかほとんどわからないような音ができあがるかもしれないが、それでも現実の音から始めることで本物らしい自然な音の複雑さが生まれるのだ。iPhoneの「ロック解除」音は、ロッキングプライヤー〔訳注　対象物をつかんだまま保持できる、ペンチに似た工具〕のロックを外すときのカチャッという音によく似ている。デジタル機器の機能音は、同じようなサイズの機械装置がいかにも出しそうな周波数を使って、機器のサイズにふさわしいものにするのがベストだ。音と機能がうまく合っていると、電子機器は機械装置のように感じられてくる(5)。

私たちを取り巻く聴覚的環境は、製品の販売を主たる目的とした音であふれつつある。私はこのことに不安を感じる。テクノロジーのグローバル化に伴って、私たちの暮らしの背景音を構成する音も各地で均質化する。電子機器の音は変更やカスタマイズが可能だが、音の扱いに無制限な自由を認めるというのは必ずしもよい考えではない。幸い流行は下火になったが、各ユーザーが好き好きに設定した携帯電話の着信音が不協和音を生み出していたのを私は覚えている。カスタマイズは個人が好き勝手にするのではなく、その土地の文化や歴史と共鳴する音を使って集団で協調しておこなうことを私は提案したい。バンコクを走る電気自動車ならトゥクトゥクと呼ばれる三輪タクシーのパタパタという音を使ってもよいし、マンチェスターの住民は産業革命の時代に町を変貌させた紡績工場のガタガタという音を着信音にするというのはどうだろう。

今から二〇年ほど経ったころに振り返れば、今日のテクノロジーが発する音のなかにも懐かしい〝音の驚異〟となっているものがあるだろう。私はそう確信できる。というのは、過去にも同じことが起きているからだ。私はコンピューターゲームの「ポン」で使われていたのと同じ二音の電子音を聞くと、一〇代のころに友人の家でそのゲームをしたことを思い出す。鳥の鳴き声に対する人々の反応からわかったとおり、格別に風変わりな音やきれいで心地よい音ばかりが懐かしさをかき立てるわけではない。心に深く刻まれた個人的な記憶と結びつく日常的な音も、そこに含まれるはずだ。ゆくゆくはカップルが「二人の大切な歌」だけでなく「二人の大切な電子音」ももつようになるかもしれない。愛する人からのメッセージがフェイスブックに届いたときの通知音をいとおしく感じるようになったりするのではないだろうか。

私が建築音響学に携わるようになった最初の理由は、物理学の客観性と知覚の主観性が融合しているという点だ。エンジニアが音波の物理学的特性をモデル化する高度なコンピュータープログラムをもっていても、音を聞く側から音響の質が悪いと判断されたり受け入れがたい音だと思われたりするなら、高度な技術など何の意味もない。立派なコンサートホールでは、聴衆は室内の音響によって楽しさが増したかどうかを評価する。騒々しい学生食堂では、仲間とおしゃべりがしたくても声が聞き取りづらいといって学生たちはいやがる。科学者はこうした聴覚の生理学的側面については解明しているが、聞こえた音を脳が処理して情緒的に反応する仕組みについては部分的にしかわかっていない。このように未知の部分はあるものの、コンピューターモデルはやはり非常に有用だ。学生食堂の音を抑えるには吸音材がどのくらい必要か、あるいは音楽の魅力をいっそう引き出すにはコンサートホールをどんな形状にすべきか、エンジニアが計算できるのはコンピューターモデルのおかげなのだ。同時に、科学者はモデルをさらに発展させて、左右の耳のあいだで起きることも予測しようと努めている。

私が訪れた〝音の驚異〟の建造物はいずれも、風船を割ったり手を叩いたり銃を撃ったりしたときの最初のインパルス音に続いて起きる現象ゆえに、きわめて非凡な場所となっていた。物理学に関する私の知識を混乱させるようなことが起きればなおさらだ。心理学者や神経科学者は、音への反応において予想が重要な役割を果たす仕組みを明らかにし始めたところである。それがよく見られる例が音楽で、作曲家は聴き手の予想を裏切ることで私たちの感情をもてあそぶ。科学者は、曲の音やコードが思いがけないものに変わったときの皮膚の電気伝導度の変化を測定するという方法でこの考えを検証している[6]。予想外の音を聞かされると発汗量が若干増える。これは情動反応を表す生理学的証拠である。インチンダウンの石油貯蔵タンクで銃声を聞いたときには、予想が外れたことが確かに重要な役割を果たした（第1章を参照）。残響時間が長いことは予想していたが、私を包み込んでから消失するまであきれるほど長く続いた音の津波には驚愕した。建築音響学の本を開いて教室やコンサートホールや大聖堂の残響時間の載った表を調べても、私がインチンダウンで記録した値に近いものは一つもないはずだ。丘の中腹の地中深くに隠れたあの施設で、私は一世紀前から来訪した探検家の紳士のような気がした。窮屈な管をなんとか通り抜けてコンクリートで固められた油まみれの洞窟に入り、壮大な音に触れ、そして言うまでもないが、自分が唯一無二の存在だと感じた。こんな音響実験をやった人はかつていなかったのだから。

私は廃屋や遺棄された軍の施設、そして産業の残した遺物が、きわめて変わった音響を生み出すことを発見した。私が体験できなかったただ一つの〝音の驚異〟は、イングランドのソープ・マーシュ発電所で使われなくなった冷却塔だ。発電所は一九九四年に閉鎖されたが、レンガでできた砂時計型の高い冷却塔はそのまま残された。この廃炉になった発電所に行くべきだとEメールで勧めてくれた人によると、高さ一〇〇メートルの塔の内部で「すさまじい」エコーが発生するという話だった。さらに好都合なことに、警備員がいないので、近くの道路からそのまま歩いて入れるとメールに書かれていた。ほかの〝音の驚異〟をすべて制覇したあとのある秋の日、私は録音装置を車に積んで現場へ向かった。トイフェルスベルクのレードームでの経験から、冷却塔でどんな音響効果が聞こえるかは想像できた。中心に集まったエコーが頭上で反響するとともに、内壁に沿って「ささやきの回廊」効果が生じるはずだ。エコーとともに即興演奏を試して、演奏家としての私がどんな影響を受けるか確かめたらおもしろいに違いないと思って、サクソフォンも持参した。

ところが、なんたる悲劇！　塔だったものはいくつかの巨大ながれきの山と化していた。一八年間も手つかずで放置されていたのに、一カ月前に解体されてしまったのだ。失意のうちに帰路を走っていると、世界有数の音響を誇るヴェネツィアのオペラハウス、フェニーチェ劇場の話を思い出した。

その建物は一九九六年に焼失したが、火災の二カ月前、幸運にもこの劇場でバイノーラル録音がおこなわれていた。バイノーラル音響測定では、聴取者の外耳道を実際に伝わる音が再現できるように、頭部の両耳の位置にマイクを埋め込んだマネキンを使う。一般的なステレオとは違って、このタイプの録音を再生するとリアルな臨場感が得られる。ヴェネツィアのオペラハウスでおこなわれたバイノーラル録音は、劇場の再建に必要な情報を得る助けとなった(7)。

音響を記録する取り組みでは、ホールや教会、あるいはストーンヘンジなどの古代遺跡に焦点が当てられてきた。音響特性を記録しておけば、後世のために音響を保存し、仮想現実でその音響を再現することによって場所をよみがえらせることが可能になる。だが、もっと最近につくられた場所で生じる非凡な音響も保存すべきではないか。ベルリンのトイフェルスベルクにある使われなくなった通信傍受施設の屋上にはレードームが三つ載っているが、そのうち二つはひどく破壊されている。残された最後のレードームも破壊されて音が永久に失われてしまう前に、ここの音響特性を記録しておいてはどうだろう。文化遺産保護団体は、遺跡を文字や画像で記録するだけでなく、そこで生じる音の重要性も認識すべきだ。人類の進歩の残骸のなかに、〝音の驚異〟を宿すものはほかにもあり、発見されるのを待っているに違いない。そして今この瞬間にもきっと、私が本章で指摘しているように、新しい建造物が期せずして未来の〝音の驚異〟を生み出している。

本書は格別に驚くべき音を見出すことをテーマとしているが、私は変わった音を求めて耳を澄ましているうちに、日常的な音も楽しみ、それらの音にもっと注意を向けるようになったと感じている。常緑樹がどんなざわめきを立てるかを初めて真に知ったのは、モハーヴェ砂漠に行ったときだった。今では近所を歩きながら、街路に並ぶプラタナスの葉ずれに耳を傾けるし、旺盛すぎる成長力で郊外の厄介者と思われているレイランドヒノキを吹き抜ける風の音さえ楽しめるようになった。イギリスで最も奇妙な声を出す鳥と言われるサンカノゴイの鳴き声を聞こうと、すごい早起きをしたこともある。今では自動車のあいだを縫って自転車で出勤するときにも、鳥の鳴き声が少しでも聞こえないかと耳を凝らす。デティフォスの滝の猛烈な轟音から近所の公園を流れる繊細なせせらぎまで、水がどれほど多様な音を出せるかということも理解している。

自然界には、人間に聞かれるのを待っている〝音の驚異〟がほかにもあるに違いない。新種の動物が毎週発見されていて、そのほとんどに聴覚か振動感知能力があることから考えて、新しい鳴き声も確実に見つかるはずだ。アマチュアナチュラリストにとって、今はそんな音を探し出して録音するのにありがたい時代だ。ビデオカメラや携帯電話で録音することがどんどん一般的になっている。今では私たちの多くが〝音の驚異〟をとらえて友人や家族と共有できるテクノロジーを持ち歩いている。進化の結果、ある蔓植物は授粉してくれるコウモリを音で誘引できるようになったが（第3章で扱った）、このような自然界の新たなふるまい、すなわち動植物による音の新たな利用法も発見されるだろう。

私の大学の無響室を訪れた人は、無音状態では自分の心臓や頭の中の音が聞こえることに驚嘆する。もっと多くの人が無音状態を体験できるように、ショッピングモールに無響室を設置したらよいのではないかと、私は常々思っている。壁を透明にするのもおもしろいのではないだろうか。巨大なガラスの壁に囲まれたコンサートホールは、すでに少なくとも一つはつくられている。それなら透明な壁をもつ無響室だってつくれるのではないか。そのためには、従来の設計で室内のあらゆる面を覆っている楔形のフォーム材を透明な吸音材に変更する必要がある。最近、透明な音響処理材への関心が高まっている。ガラスを多用した建築の流行に合うからだ。そのような処理材は、かつて焼きたてのパンを買うと入れてくれたカサカサと音のする穴あきビニール袋にちょっと似た、微細孔が一面に開けられたプラスティックシートでつくることができる。音を完全に消すことはできないが、無響室の透明な壁を金魚鉢の下半分のように湾曲させれば、反射した音をすべて人の頭より上へ向かわせることができるはずだ。この部屋に入れれば、ほかの人たちが買物袋を山ほど抱えて通り過ぎるかたわらで、自分は街の喧騒から逃れて完全な静寂に身を置いて一休みすることができる。

これほど斬新ではないソルフォード大学の無響室で、私はいつも科学実験をしている。私の脳はその音響にいつのまにか慣れてしまったし、そのような部屋で実験するのが当たり前だと、かつては思っていた。しかし聴覚のもつ力を再発見する必要性に気づいて、〝音の驚異〟の収集を始めた。聴覚を覚醒させようと、サウンドウォークに行き、静修に参加し、塩水に体を浮かべた。その過程で、インスピレーションを与えてくれるアーティストや録音技師やミュージシャンから話を聞く機会に恵まれ、音に関するうらやましいほどの感受性と造詣を披露してもらうことができた。彼らから非常に多くのことを教わり、科学者やエンジニアは彼らの言葉にもっと耳を傾けるとともに自分を取り巻く世界の音にももっと耳を澄ますべきだと思うに至った。誰もが周囲の奇妙な音に対して耳を開くようになってほしい。探求が終わりに近づいた今、私は自分が変わったと感じている。今の私が目指しているのと同じように、誰もが身のまわりの〝音の驚異〟に耳を傾けて関心をもつようになれば、私たちはもっとすばらしい音の響く世界を築くための第一歩が踏み出せるに違いない。

謝辞

二五年間にわたってたくさんの偉大な方々と音響学について議論してこられたのはありがたい幸せである。本書のために音響現象について説明してくださった人、音に関する新たな経験を得るのに力を貸してくださった人など、次の方々にお礼を言いたい。キース・アッテンボロー、マーク・エイヴィス、マイケル・バブコック、バリー・ブレッサー、デイヴィッド・ボーエン、スチュアート・ブラッドリー、アンドリュー・ブルックス、アンガス・カーライル、マイク・カヴィーゼル、ドミニク・シェネル、ロブ・コネッタ、フランシス・クロウ、マルク・クリュネル、ジョン・カリング、ピーター・キューサック、ヘレン・チェルスキー、ピーター・ダントニオ、ビル・デイヴィーズ、チャールズ・デーネン、ステファーヌ・ドゥアディ、ジョン・ドレヴァー、ブルーノ・ファゼンダ、リンダ・ゲデマー、ティム・ゲデマー、トニー・ギブズ、ウェンディー・ハーゼンカンプ、マルク・ホルデリート、ダイアン・ホープ、セス・ホロウィッツ、サイモン・ジャクソン、ブライアン・カッツ、ポール・ケンドリック、アラン・キルパトリック、ティム・レイトン、ジェイン・マクレガー、キャサリン・マクリーン、ポール・マルパス、バリー・マーシャル、ヘンリック・マトソン、ブライオニー・マッキンタイア、ダニエル・メニル、アンディー・ムアハウス、マイロン・ネッティンガ、スチュアート・ノーラン、ジェイムズ・パスク、リー・パターソン、クリス・プラック、エレナー・ラトクリフ、ブライアン・ライフ、ジョン・ローシュ、王立鳥類保護協会のダンカン、マルティン・シャファート、アン・シベッリ、クレア・セフトン、ジョナサン・シェイファー、ブリジット・シールド、マット・スティーヴンソン、ダヴィデ・ティドーニ、ルパート・ティル、ランベルト・トロンキン、ラミ・ザバル、ナタリー・フリーント、クリス・ワトソン、ニック・ホイッテイカー、アンドリュー・ホワイトハウス、ヘザー・ホイットニー、パスカル・ワイズ、ルーレイ洞窟、サブテラニア・ブリタニカ会員の皆さん、仏教静修所の導師・コーディネーター・静修仲間・スタッフの皆さん、そしてうっかりここに挙げそびれてしまったすべての人に。

シニアメディアフェローシップを与えてくださった工学物理科学研究会議にも感謝したい。そのおかげで本書の企画を立てる時間が得られた。また、BBCラジオ科学班と「ニュー・サイエンティスト」誌のスタッフをはじめとして多くの方々が、科学コミュニケーターとしての私の成長を助けてくれた。

本書の全体的なトーンを決定し、文章を磨き上げる際には、エージェント、編集者、校閲者が大きな力となってくれた。ステファニー・ヒーバート、トム・マイヤー、ゾーイ・パグナメンタ、ケイ・ペドル、ピーター・タラック、ジェマ・ウェインに感謝する。

図表の作成を手伝ってくれたネイサン・コックスもありがとう。そして最後になったが、コックス家のデボラ、ジェニー、ピーター、スティーヴン、初期の草稿の感想を聞かせてくれてありがとう。

訳者あとがき

ラジオ番組の取材で地下の下水道に入ったら、不思議な音響に遭遇した。それがきっかけで、本書の著者トレヴァー・コックスは〝音の驚異〟のコレクターとなった。マンチェスターのソルフォード大学に勤務するコックス教授は、本来は室内音響学を専門としている。インドア派かと思いきや、世界各地から音に関する情報が寄せられると、自ら体験するために機材を抱えてフットワークも軽やかに現地へ赴く。

行き先は人工の建造物のこともあれば、自然の造形物のこともある。ふだんは建築音響学者として、理想的な音を生み出すために音を制御する方法を考えている著者が、〝音の驚異〟の収集家としては対照的に、音を征服するのではなく、驚異的な音に耳をゆだねる。あるときは世界最長の残響に包まれながら、そこへの道のりに思いを馳せて探検家の気分に浸る。またあるときは人の居住地から遠く離れた砂漠で、砂の歌声に胸を高鳴らせる。こんなふうに音を求めて、スケールの大きな探索を繰り広げる。

しかしそうした音をめぐる冒険を経て、著者はそれまで意識していなかった身近な音の魅力にも気づくようになる。携帯電話など身のまわりにあるものが気持ちを揺さぶる音を出すこともあるし、見慣れた鳥たちも、じつは日常的な光景の中で心に響く鳴き声を聞かせてくれる。著者とともに各地の壮大な〝音の驚異〟をめぐった読者も、音に対する意識が研ぎ澄まされ、宝物のような音が自分のそばにあふれていることに気づいて、はっとするのではないだろうか。

私自身、本書の翻訳に取り組んだ数カ月で、音に対する認識がずいぶん変わった。何気なく聞き流していた環境音が、じつは気持ちに大きく影響していることを知った。著者が随所で披露してくれる音響学の知見のおかげで、自分の周囲で生じるさまざまな音響効果の仕組みが理解できた。土砂降りの雨音や道路を走る車の音、電線にとまったカラスの鳴き声さえ、ときには心をとらえる響きとなった。耳を澄ませば、〝音の驚異〟はいたるところに存在する。

自分の暮らす街でどんな音が好きか、市民に答えてもらう「好きな音プロジェクト」が本書で紹介されている。私ならどんな音を挙げるだろう。そう考えたら、〈夏色〉が心に浮かんだ。フォークデュオ「ゆず」の曲である。ただし私の頭に流れるのは、歌詞のないインストルメンタルの、短い一節だ。南関東の某私鉄駅では、列車が近づくとホームにこのメロディーが流れる。仕事に向かうとき、各駅停車から特急に乗り換えるためにホームで待っていると、上りホームでこの曲のサビの部分が流れる。帰宅時に特急を降りて各駅停車の列車を待つ下りホームでは、出だしの部分が流れる。出かけていくときにはこのメロディーで仕事に向けたスイッチが入り、帰ってきたときにはほっとした気分になる。

人にはそれぞれこんなふうに、特別な意味をもつ音がある。個人だけでなく社会にも、やはり特別な音がある。そのような音の存在に気づき、必要ならばそれを守る手段を考えるべき、と著者は本書で呼びかけている。こうして音を大切に扱うことが、心地よく豊かな暮らしへの一歩になるのだと。

白揚社の阿部明子氏は、本書を翻訳する機会をくださり、訳稿をきわめて緻密にチェックしてくださった。また同社の鷹尾和彦氏からも、訳稿に対してさまざまなご提案をいただいた。お二方に心からお礼を申し上げる。

田沢恭子

二〇一六年早春

をつくり、最初にかじったときにこれが口の中で崩れるようなレシピにする必要がある。

2 P. Nyeste and M. S. Wogalter, “On Adding Sound to Quiet Vehicles,” in *Proceedings of the Human Factors and Ergonomics Society 52nd Annual Meeting—2008* (Human Factors and Ergonomics Society, 2008), 1747–50.

3 “Feedback: Cars That Go Clippetty Clop,” *New Scientist*, no. 2823 (July 29, 2011).

4 2009年5月4日にBBCラジオ4で放送された*The Museum of Curiosity*シリーズ2エピソード1。

5 “99% Invisible-15- Sounds of the Artificial World,” *PodBean*, February 11, 2011, http://99percentinvisible.org/episode/episode-15-the-sound-of-the-artificial-world/.

6 S. Koelsch, “Effects of Unexpected Chords and of Performer's Expression on Brain Responses and Electrodermal Activity,” *PLoS One* 3, no. 7 (2008): e2631.

7 バイノーラルで録音した音を再生すると、音が頭の中で鳴っているように感じられるという問題がしばしば生じる。現在、すべての聴取者においてこの問題が克服できる方法の研究が進められている。オペラハウスの話はFarina and R. Ayalon, “Recording Concert Hall Acoustics for Posterity”（2003年6月26〜28日、第24回音響工学回国際会議「マルチチャネルオーディオ——新たなリアリティー」にて発表された論文）による。

Absorber Based on Metamaterials," *Applied Physics Letters* 100 (2012): 144103. 同僚のオルガ・ウムノヴァはこの装置の巨大なものを作製し、これによって爆発音から耳を保護する方法を研究した。

15 2012年11月7日、フランシス・クロウとの私的なやりとり。

16 この音の伝播の仕組みはおそらく第4章で扱ったマサチューセッツ州のエコー・ブリッジと同じようなものと考えられる。

17 ここでの議論における引用は、もともと2012年にロンドンのバービカンで開催された展示「バン！　建造物であること」で注釈として用いられたもの（ダヴィデ・ティドーニによる若干の修正が加わっている）。

18 "Somerset Church Bell to Ring Again After Agreement Reached," *BBC News*, December 2, 2012, http://www.bbc.co.uk/news/uk-england-somerset-20572854.

19 2012年10月19日、アンガス・カーライルとの私的なやりとり。

20 2012年10月23日、トニー・ギブズとの私的なやりとり。

21 北ウェールズでは「バンガー・サウンド・シティー」というプロジェクトが展開されており、彫刻公園に音響要素を加えた常設のサウンドアート公園を目指す壮大なビジョンを掲げている。このプロジェクトでは、音響パブリックアートに対する人々の姿勢を調べるために、一時的に公園内の条件をいろいろと変えてみた。その結果、音の展示物はそれなりの評価を受けていることが判明した。もっと一般的な立体作品や絵画のほうがよいという強い希望は感じられなかった。

22 もっと環境にやさしいメロディーロードが好みなら、ロッテルダムのシャウブルグプレインに、さまざまなタイプの舗装が施されていて足音に合わせて音の出る床面の作品がある。

23 2008年12月23日付のデイヴィッド・シモンズ＝ダフィンのブログ記事。

24 端数を丸めている。正確には、最も低い音で12.3センチ、最も高い音で8.0センチ。

25 音楽用語で言えば、最後の音は最初の音に対して5度上の音と6度上の音のあいだだった。

26 オクターブを使わない文化が少なくとも1つは存在し、5度を用いない文化もいくつかある。P. Ball, "Harmonious Minds: The Hunt for Universal Music," *New Scientist*, no. 2759 (May 10, 2010): 30–33.

27 M. Hamer, "Music Special: Flexible Scales and Immutable Octaves," *New Scientist*, no. 2644 (February 23, 2008): 32–34.

28 "Lone Ranger Road Music Heads into the Sunset," *CBC News*, September 21, 2008, http://www.cbc.ca/news/arts/lone-ranger-road-music-heads-into-the-sunset-1.731446. 引用の出典は "Honda Makes GROOVY Music," *Daily Breeze*, September 20, 2008, http://www.dailybreeze.com/ci_10514483.

9 未来の驚異

1 食品業界でも、ビスケットやスナック菓子がほどよいパリパリ感やカリカリ感をもつように製品の音を調節している。パリパリ感については、食品の内部にもろい骨組みにニューヨークで開催されたInterNoise 2012にて発表された論文)。
34 2009年4月、スチュアート・ブラッドリーとの私的なやりとり。
35 W. Hasenkamp and L. W. Barsalou, "Effects of Meditation Experience on Functional Connectivity of Distributed Brain Networks," *Frontiers in Human Neuroscience* 6 (2012): 38.
36 ウェンディーの説明によると、かつての研究が個々の脳領域に着目していたのに対し、最近の脳画像化技術を用いた研究では、脳の特定領域が単独で特定の機能をつかさどることはなく、脳の複数領域がネットワークを形成してさまざまな機能を担うことが明らかにされている。
37 K. A. MacLean, E. Ferrer, S. R. Aichele, D. A. Bridwell, A. P. Zanesco, T. L. Jacobs, B. G. King, et al., "Intensive Meditation Training Improves Perceptual Discrimination and Sustained Attention," *Psychological Science* 21 (2010): 829–839.

8 音のある風景

1 4世紀にわたる音楽のリズムにおけるランダム性の分析については、D. J. Levitin, P. Chordia, and V. Menon, "Musical Rhythm Spectra from Bach to Joplin Obey a 1/f Power Law," *Proceedings of the National Academy of Sciences of the USA* 109 (2012): 3716–20を参照。
2 "New Organ Will Be Played by the Sea," *Lancashire Telegraph*, June 14, 2002.
3 S.-H. Kima, C.-W. Lee, and J.-M. Lee, "Beat Characteristics and Beat Maps of the King Seong-deok Divine Bell," *Journal of Sound and Vibration* 281 (2005): 21–44.
4 基音のない音を出す楽器もあるが、その場合は欠如している情報を脳が補う。
5 周波数は「風速÷ワイヤの太さ」に比例する。
6 A. Hickling, "Blowing in the Wind: Pierre Sauvageot's Harmonic Fields," *Guardian* (London), June 2, 2011, http://www.guardian.co.uk/music/2011/jun/02/harmonic-fields-pierre-sauvageot.
7 M. Kamo and Y. Iwasa, "Evolution of Preference for Consonances as a By-product," *Evolutionary Ecology Research* 2 (2000): 375–83.
8 N. Bannan, ed., *Music, Language, and Human Evolution* (Oxford: Oxford University Press, 2012)を参照。
9 A. Corbin, "Identity Bells and the Nineteenth Century French Village," in M. M. Smith, *Hearing History* (Athens: University of Georgia Press, 2004), 184–200.
10 私がマンチェスター近郊のセント・ジェイムズ教会を訪れたのは2011年9月10日。
11 「黒パン (brown bread)」のくだりは2012年6月26日付の「デイリーメール」紙の見出しからとった。
12 T. J. Cox, "Acoustic Iridescence," *Journal of the Acoustical Society of America* 129 (2011): 1165–72.
13 P. Ball, "Sculpted Sound," *New Scientist*, no. 2335 (March 23, 2002): 32.
14 A. Climente, D. Torrent, and J. Sánchez-Dehesa, "Omnidirectional Broadband Acoustic

cre/publish/discussionpapers/pdfs/dp5.pdf.

19 G. Hempton and J. Grossmann, *One Square Inch of Silence: One Man's Search for Natural Silence in a Noisy World* (New York: Free Press, 2009)の著者のコメント。

20 "What Is One Square Inch?" *One Square Inch: A Sanctuary for Silence at Olympic National Park*, http://onesquareinch.org/about.

21 R. M. Schafer, *The Tuning of the World* (Toronto: McClelland and Stewart, 1977).（『世界の調律』R・マリー・シェーファー著、鳥越けい子ほか訳、平凡社）

22 US National Park Service, *Management Policies* (Washington, DC: US Department of the Interior, 2006), 56.

23 その根拠となる研究について、以下に詳細な記述がある。S. Jackson, D. Fuller, H. Dunsford, R. Mowbray, S. Hext, R. MacFarlane, and C. Haggett, *Tranquillity Mapping: Developing a Robust Methodology for Planning Support* (Centre for Environmental and Spatial Analysis, Northumbria University, 2008).

24 B. L. Mace, P. A. Bell, and R. J. Loomis, "Aesthetic, Affective and Cognitive Effects of Noise on Natural Landscape Assessment," *Social & Natural Resources* 12 (1999): 225–42.

25 M. D. Hunter, S. B. Eickhoff, R. J. Pheasant, M. J. Douglas, G. R. Watts, T. F. Farrow, D. Hyland, et al., "The State of Tranquility: Subjective Perception Is Shaped by Contextual Modulation of Auditory Connectivity," *NeuroImage* 53 (2010): 611–18.

26 S. Maitland, *A Book of Silence* (London: Granta, 2008).

27 S. Arkette, "Sounds like City," *Theory, Culture & Society* 21 (2004): 159–68.

28 Jackson et al., *Tranquillity Mapping*.

29 イギリスでの調査結果にもとづく。C. J. Skinner and C. J. Grimwood, The UK *National Noise Incidence Study* 2000/2001, vol.1, *Noise Levels* (London: Department for Environment, Food & Rural Affairs, 2001).

30 "Directive 2002/49/EC of the European Parliament and of the Council of 25 June 2002 Relating to the Assessment and Management of Environmental Noise," *Official Journal of the European Communities* L189/12, July 18, 2002, http://eur-lex.europa.eu/LexUriServ/LexUriServ.do?uri=OJ:L:2002:189:0012:0025:EN:PDF.

31 音響マニアのために言えば、最初の音量はL_{den}（時間帯補正等価騒音レベル）= 55 dB [*Research into Quiet Areas: Recommendations for Identification* (London: Department for Environment, Food & Rural Affairs, 2006)]で、2つ目は$L_{A,eq}$（等価騒音レベル）= 42 dB [R. Pheasant, K. Horoshenkov, G. Watts, and B. Barrett, "The Acoustic and Visual Factors Influencing the Construction of Tranquil Space in Urban and Rural Environments Tranquil Spaces-Quiet Places?" *Journal of the Acoustical Society of America* 123 (2008): 1446–57]である。

32 2009年4月19日、ヒルデガード・ウェスターカンプとの私的なやりとり。

33 「活気」や「心地よさ」と類似した条件を見出した研究はほかにもある。W. J. Davies and J. E. Murphy, "Reproducibility of Soundscape Dimensions"（2012年8月19〜22日

3 R. Schaette and D. McAlpine, "Tinnitus with a Normal Audiogram: Physiological Evidence for Hidden Hearing Loss and Computational Model," *Journal of Neuroscience* 31 (2011): 13452–57.

4 C. Watson, "No Silence Please," *Inside Music* (BBC blog), December 2006, http://www.bbc.co.uk/music/insidemusic/nosilenceplease/.

5 正確に言えば－9.4dBA。「A」は、低周波のほうが聴覚の感度が鈍くなるという事実（A特性）を考慮して補正された数値であることを表す。

6 それでもホール自体を高度に静音化するのは有用である。なぜならホールが静かなほうが、聴衆は雑音を控えるからだ。C.-H. Jeong, M. Pierre, J. Brunskog, and C. M. Petersen, "Audience Noise in Concert Halls during Musical Performances," *Journal of the Acoustical Society of America* 131 (2012): 2753–61.

7 M. Botha, "Several Futures of Silence: A Conversation with Stuart Sim on Noise and Silence," *Kaleidoscope* 1, no. 1 (2007), https://www.dur.ac.uk/kaleidoscope/issues/i1v1/sim_1_1. スチュアート・シムは*A Manifesto for Silence* (Edinburgh: Edinburgh University Press, 2007)の著者。

8 J. A. Grahn, "Neural Mechanisms of Rhythm Perception: Current Findings and Future Perspectives," *Topics in Cognitive Science* 4 (2012): 585–606.

9 D. Levitin, *This Is Your Brain on Music* (London: Atlantic, 2006).（『音楽好きな脳――人はなぜ音楽に夢中になるのか』ダニエル・J・レヴィティン著、西田美緒子訳、白揚社）

10 2012年6月24日、チャールズ・デーネンとの私的なやりとり。

11 K. Young, "Noisy ISS May Have Damaged Astronauts," *New Scientist*, June 2006またはC. A. Roller and J. B. Clark, "Short-Duration Space Flight and Hearing Loss," *Otolaryngology—Head and Neck Surgery* 129 (2003): 98–106を参照。

12 Young, "Noisy ISS."

13 T. G. Leighton and A. Petculescu, "The Sound of Music and Voices in Space Part 2: Modeling and Simulation," *Acoustics Today* 5 (2009): 17–26.

14 A. Moorhouse, *Environmental Noise and Health in the UK* (Oxfordshire, UK: Health Protection Agency, 2010).

15 J. Voisin, A. Bidet-Caulet, O. Bertrand, and P. Fonlupt, "Listening in Silence Activates Auditory Areas: A Functional Magnetic Resonance Imaging Study," *Journal of Neuroscience* 26 (2006): 273–78.

16 D. Van Dierendonck and J. T. Nijenhuis, "Flotation Restricted Environmental Stimulation Therapy (REST) as a Stress-Management Tool: A Meta-analysis," *Psychology and Health* 20 (2005): 405–12.

17 H. Samuel, "French Told Not to Complain about Rural Noise," *Daily Telegraph* (London), August 22, 2007.

18 C. Ray, "Soundscapes and the Rural: A Conceptual Review from a British Perspective," Centre for Rural Economy Discussion Paper no. 5, February 2006, http://www.ncl.ac.uk/

43 水の噴出速度は音速を上回る場合もあり、その場合には弱いソニックブームによってドンという音がする。T. S. Bryan, *The Geysers of Yellowstone*, 4th ed. (Boulder: University Press of Colorado, 2008), 5–6を参照。
44 Darwin, *Voyage of the Beagle*.（邦訳は『新訳　ビーグル号航海記』チャールズ・R・ダーウィン著、荒俣宏訳、平凡社など。本文引用の訳は訳者による）
45 T. Hardy, *Under the Greenwood Tree* (Stilwell, KS: Digireads.com, 2007), 7.（本文引用は『緑樹の陰で——もしくはメルストックの聖歌隊　オランダ派の田園風景画』トマス・ハーディ著、藤井繁訳、千城、12ページより）
46 O. Fégeant, "Wind-Induced Vegetation Noise. Part I: A Prediction Model," *Acustica united with Acta Acustica* 85 (1999): 228–40.
47 2011年5月20日にBBCラジオ4のためにインタビューした際、庭園デザイナーのポール・ハーヴィー・ブルックスからこう聞いた。
48 C. M. Ward, "Papers of Mel (Charles Melbourne) Ward," AMS 358, Box 3, Notebook 31 (Sydney: Australian Museum, 1939). 2つの引用は C. A. Pocock, "Romancing the Reef: History, Heritage and the Hyper-real" (PhD dissertation, James Cook University, Australia, 2003)による。
49 Y. Qureshi, "Tower Blows the Whistle on Corrie," *Manchester Evening News*, May 24, 2006.
50 "Beetham Tower Howls Again after Another Windy Night in Manchester," *Manchester Evening News*, January 5, 2012. かつてタワーは風速が時速50キロ前後になると騒音を発していたが、現在では時速110キロを超えるときだけとなっている。
51 G. Sargent, "I'm Sorry about the Beetham Tower Howl, Says Architect Ian Simpson," *Manchester Evening News*, January 6, 2012. 建物が騒音を出すこれ以外の仕組みについては、M. Hamer, "Buildings That Whistle in the Wind," *New Scientist*, no.2563 (August 4, 2006): 34–36を参照。
52 A. R. Gold, "Ear-Piercing Skyscraper Whistles Up a Gag Order," *New York Times*, April 13, 1991.
53 音響コンサルタント会社アラップのサイモン・ジャクソンが「ビーサム・タワーの簡易騒音測定——78dBLaeq, 1s main freq in 250Hz 3rd/oct band」とツイートした(@stjackson, 2012年1月3日)。
54 2012年2月17日、ナタリー・フリーントとの私的なやりとり。
55 Curzon of Kedleston, Marquess, *Tales of Travel* (New York: George H. Doran, 1923), 261–339.

7　世界で一番静かな場所

1 C. D. Geisler, *From Sound to Synapse: Physiology of the Mammalian Ear* (New York: Oxford University Press, 1998), 194.
2 J. J. Eggermont and L. E. Roberts, "The Neuroscience of Tinnitus," *Trends in Neurosciences* 27 (2004): 676–82.

25 R. van der Spuy, *AdvancED Game Design with Flash* (New York: friendsofED, 2010), 462.

26 G. Lundmark, "Skating on Thin Ice—and the Acoustics of Infinite Plates" (2001年8月27〜30日、オランダのハーグで2001年度騒音抑制工学に関する国際会議および展示会として開催されたInternoise 2001にて発表された論文)。

27 S. Dagois-Bohy, S. Courrech du Pont, and S. Douady, "Singing-Sand Avalanches without Dunes," *Geophysical Research Letters* 39 (2012): L20310.

28 E. R. Yarham, "Mystery of Singing Sands," *Natural History* 56 (1947): 324–25.

29 C. Grant, *Rock Art of the American Indian* (Dillon, CO: VistaBooks, 1992).

30 "Sound Effects: Castle Thunder," *Hollywood Lost and Found*, http://www.hollywoodlostandfound.net/sound/castlethunder.html.

31 2012年6月24日、ティム・ゲデマーとの私的なやりとり。

32 衝撃波が生じる理由は熱で説明するのがふつうである。たとえば F. Blanco, P. La Rocca, C. Petta, and F. Riggi, "Modelling Digital Thunder," *European Journal of Physics* 30 (2009): 139–45を参照。ただし、化学結合を壊すことで音波のエネルギーが生じるとする説もある。P. Graneau, "The Cause of Thunder," *Journal of Physics D: Applied Physics* 22 (1989): 1083–94を参照。

33 H. S. Ribner and D. Roy, "Acoustics of Thunder: A Quasilinear Model for Tortuous Lightning," *Journal of the Acoustical Society of America* 72 (1982): 1911–25.

34 D. P. Hill, "What Is That Mysterious Booming Sound?" *Seismology Research Letters* 82 (2011): 619–22.

35 D. Ramde and C. Antlfinger, "Wis. Town Longs for Relief from Mysterious Booms," *Associated Press*, March 21, 2012.

36 J. Van Berkel, "Data Point to Earthquakes Causing Mysterious Wis. Booms," *USA Today*, March 22, 2012.

37 C. Davidson, "Earthquake Sounds," *Bulletin of the Seismological Society of America* 28 (1938): 147–61.

38 L. Bogustawski, "Jets Make Sonic Boom in False Alarm," *Guardian* (London), April 12, 2012.

39 クラカタウの話をもっと読みたい人は、S. Winchester, *Krakatoa: The Day the World Exploded: August 27, 1883* (New York: Harper-Collins, 2005)(『クラカトアの大噴火——世界の歴史を動かした火山』サイモン・ウィンチェスター著、柴田裕之訳、早川書房)を参照(本文引用は邦訳265ページより)。この件に関するほかの引用もこの本による。

40 音の大きさを正確に測定できる装置は存在しなかったが、目撃者の報告にもとづき、火山から160キロの地点で180デシベルという数値がよく引き合いに出される。ただし私はこの推定値の出どころを見つけられずにいる。

41 D. Leffman, *The Rough Guide to Iceland* (London: Rough Guides, 2004), 277.

42 2012年3月1日、ティム・レイトンとの私的なやりとり。

7 J. Knelman, "Did He or Didn't He? The Canadian Accused of Inventing CIA Torture," *Globe and Mail* (Canada), November 17, 2007.
8 J. Muir, *John Muir: The Eight Wilderness Discovery Books* (Seattle, WA: Diadem, 1992), 623.
9 G. R. Watts, R. J. Pheasant, K. V. Horoshenkov, and L. Ragonesi, "Measurement and Subjective Assessment of Water Generated Sounds," *Acta Acustica united with Acustica* 95: 1032–39 (2009); L. Galbrun and T. T. Ali, "Perceptual Assessment of Water Sounds for Road Traffic Noise Masking," in *Proceedings of the Acoustics 2012 Nantes Conference, 23–27 April 2012, Nantes, France*, 2153–2158.
10 2012年5月25日、リー・パターソンとの私的なやりとり。
11 気泡のサイズは半径1〜3ミリという狭い範囲に収まっているので、発生する周波数の範囲も1000〜3000ヘルツと狭い。気泡が昆虫の放出するガスに由来する可能性もあるが、光の強さによって気泡の発生量が変動するというリーの説明から考えると、気泡は非常に活発な水草の光合成によるものである可能性のほうが高いと思われる。
12 L. Rohter, "Far from the Ocean, Surfers Ride Brazil's Endless Wave," *New York Times*, March 22, 2004.
13 潮津波については、G. Pretor-Pinney, *Wavewatcher's Companion* (London: Bloomsbury, 2010)が非常に詳しい。本節で取り上げた情報のいくつかはこのすぐれた書籍による。
14 Z. Dai and C. Zhou, "The Qiantang Bore," *International Journal of Sediment Research* 1 (1987): 21–26.
15 W. U. Moore, "The Bore of the Tsien-Tang-Kiang," *Proceedings of the Institution of Civil Engineers* 99 (1890): 297–304.
16 H. Chanson, "The Rumble Sound Generated by a Tidal Bore Event in the Baie du Mont Saint Michel," *Journal of the Acoustical Society of America* 125 (2009): 3561–68.
17 2011年11月7日、王立ノーザン音楽大学（イングランド・マンチェスター）での演奏会にて、テリエ・イースングセットが聴衆に語った言葉。
18 L. R. Taylor, M. G. Prasad, and R. B. Bhat, "Acoustical Characteristics of a Conch Shell Trumpet," *Journal of the Acoustical Society of America* 95 (1994): 2912.
19 P. Wyse, "The Iceman Bloweth," *Guardian* (London), December 3, 2008.
20 これに関連して、私はオーディオ雑誌にめちゃくちゃな記事が出ていたのを思い出す。CDプレイヤーを置く棚の材質によって音が著しく変わり、木製の棚なら温かみのある音、ガラス製の棚ならクリアな音になると書いてあったのだ！
21 B. L. Giordano and S. McAdams, "Material Identification of Real Impact Sounds: Effects of Size Variation in Steel, Glass, Wood, and Plexiglass Plates," *Journal of the Acoustical Society of America* 119 (2006): 1171–81.
22 O. Chernets and J. R. Fricke, "Estimation of Arctic Ice Thickness from Ambient Noise," *Journal of the Acoustical Society of America* 96 (1994): 3232–33.
23 2012年1月7日、ピーター・キューサックとの私的なやりとり。
24 2011年11月15日、クリス・ワトソンとの私的なやりとり。

1820), 104–5.
28 A. Bigelow, *Travels in Malta and Sicily: With Sketches of Gibraltar, in MDCCCXXVII* (Boston: Carter, Hendee and Babcock, 1831), 303.
29 J. Verne, *A Journey to the Centre of the Earth* (London: Fantastica, 2013), 125–6.（邦訳は『地底旅行』ヴェルヌ著、高野優訳、光文社古典新訳文庫など。本文引用は高野訳、299〜300ページより）
30 北京の天壇に「回音壁」（エコーの壁）と呼ばれる壁があるが、これはじつはささやきの壁である。
31 E. C. Everbach and D. Lubman, "Whispering Arches as Intimate Soundscapes," *Journal of the Acoustical Society of America* 127 (2010): 1933.
32 Lord Rayleigh, *Scientific Papers. Volume V* (Cambridge: Cambridge University Press, 1912), 171.
33 Raman, "On Whispering Galleries."
34 S. Hedengren, "Audio Ease Releases Acoustics of Indian Monument Gol Gumbaz, One of the Richest Reverbs in the World," *ProTooler* (blog), September 21, 2007, http://www.protoolerblog.com/2007/09/21/audio-ease-releases-acoustics-of-indian-monument-gol-gumbaz-one-of-the-richest-reverbs-in-the-world.
35 同上。
36 "The Missouri Capitol: The Exterior of the Jefferson City Structure Was Built Entirely of Missouri Marble," *Through the Ages Magazine* 1 (1924): 26–32.
37 *A Handbook for Travellers in India, Burma, and Ceylon*, 8th ed. (London: John Murray, 1911).

6 砂の歌声

1 M. L. Hunt and N. M. Vriend, "Booming Sand Dunes," *Annual Review of Earth and Planetary Sciences* 38 (2010): 281–301. 歌う砂丘でまだ見つかっていないものはほかにもおそらく存在する。
2 C. Darwin, *Voyage of the Beagle* (Stilwell, KS: Digireads.com, 2007), 224.（邦訳は『新訳　ビーグル号航海記』チャールズ・R・ダーウィン著、荒俣宏訳、平凡社、下巻205ページなど）
3 L. Giles, "Notes on the District of Tun-Huang," *Journal of the Royal Asiatic Society* 46 (1914): 703–28.
4 M. Polo, *The Travels of Marco Polo* (New York: Cosimo, 2007), 66.（邦訳は『完訳　東方見聞録1』マルコ・ポーロ著、愛宕松男訳注、平凡社ライブラリー、179ページなど。本文引用の訳は訳者による）
5 S. Dagois-Bohy, S. Ngo, S. C. du Pont, and S. Douady, "Laboratory Singing Sand Avalanches," *Ultrasonics* 50 (2010): 127–32.
6 データは"World's Largest Waterfalls by Average Volume," *World Waterfall Database,* http://www.worldwaterfalldatabase.com/largest-waterfalls/volumeによる。

9 R. A. Metkemeijer, "The Acoustics of the Auditorium of the Royal Albert Hall before and after Redevelopment," *Proceedings of the Institute of Acoustics*, 19, no.3 (2002): 57–66.

10 私がこの実験に関する記述を初めて目にしたのは、L. Cremer and H. A. Muller. *Principles and Applications of Room Acoustics*. Translated by T. J. Schultz (London: Applied Science, 1982)においてである。

11 "Tests Explain Mystery of 'Whispering Galleries,'" *Popular Science Monthly* 129 (October 1936): 21.

12 "Tourists Fill Washington: Nation's Capital the Mecca of Many Sightseers," *New York Times*, April 16, 1894.

13 "A Hall of Statuary: An Interesting Spot at the Great Capitol," *Lewiston Daily Sun*, December 9, 1893.

14 Cremer and Muller, *Principles and Applications*.

15 この設計方法については、このテーマを扱った私の学術書が詳しい。T. J. Cox and P. D'Antonio, *Acoustic Absorbers and Diffusers*, 2nd ed. (London: Taylor & Francis, 2009).

16 M. Kington, "Millennium Dome 3, St Peter's Dome 1," *Independent* (London), October 23, 2000.

17 W. Hartmann, H. S. Colburn, and G. Kidd, "Mapparium Acoustics"（2006年6月5日、ロードアイランド州プロヴィデンスで開催された第151回米国音響学会にて発表された一般向けの論文）、http://acoustics.org/pressroom/httpdocs/151st/Hartmann.html.

18 J. Sánchez-Dehesa, A. Håkansson, F. Cervera, F. Mesegner, B. Manzanares- Martínez, and F. Ramos-Mendieta, "Acoustical Phenomenon in Ancient Totonac's Monument"（2004年5月28日、ニューヨークで開催された第147回米国音響学会にて発表された一般向けの論文）、http://acoustics.org/pressroom/httpdocs/147th/sanchez.htm.

19 R. Godwin, "On a Mission with London's Urban Explorers," *London Evening Standard*, June 15, 2012; A. Craddock, "Underground Ghost Station Explorers Spook the Security Services," *Guardian* (London), February 24, 2012; and B. L. Garrett, "Place Hacking: Explore Everything," *Vimeo*, http://vimeo.com/channels/placehacking.

20 戦後のベルリン市内には、処理すべきがれきが5500万〜8000万立方メートルあったと推定されている。この山の下にはナチスの軍事訓練学校が埋まっている。

21 Cremer and Muller, *Principles and Applications*.

22 Hartmann, Colburn, and Kidd, "Mapparium Acoustics."

23 同上。

24 2011年5月13日、バリー・マーシャルとの私的なやりとり。

25 M. Crunelle, "Is There an Acoustical Tradition in Western Architecture?" http://www.wseas.us/e-library/conferences/skiathos2001/papers/102.pdf.

26 G. F. Angas, *A Ramble in Malta and Sicily* (London: Smith, Elder, and Co., Cornhill, 1842), 88.

27 T. S. Hughes, *Travels in Sicily, Greece & Albania, Volume 1* (London: J. Mawman,

44 2011年12月3日、マルク・クリュネルとの私的なやりとり。

45 2012年1月7日、ピーター・キューサックとの私的なやりとり。

46 通常、サクソフォンは金属でできている。音を支配するのは、円錐状の管内形状による効果と、音の始まり方と終わり方を決めるリードの振動の仕方である。マウスピースの形状がきわめて重要で、チャーリー・パーカーはプラスティックのサクソフォンを吹くときでもマウスピースはいつもと同じものを使っただろう。私は直管のソプラノサクソフォンを吹くが、これは（木製の）オーボエとよく似た音が出せる。どちらも管内が円錐状で、音を出すのにリードを使うからだ。

47 "Whistling Echoes from a Drain Pipe," *New Scientist and Science Journal* 51 (July 1, 1971): 6.

48 手と耳が管の中心線からずれていると説明はもう少し複雑になるが、効果は同様である。E. A. Karlow, "Culvert Whistlers: Harmonizing the Wave and Ray Models," *American Journal of Physics* 68 (2000): 531–39を参照。

49 2011年秋、ニコ・デクラークとの私的なやりとり。

50 D. Tidoni, "A Balloon for Linz" [video], http://vimeo.com/28686368.

51 "Remarkable Echoes," in *The Family Magazine* (Cincinnati, OH: J. A. James, 1841), 107.

5 曲がる音

1 W. C. Sabine, *Collected Papers on Acoustics* (Cambridge, MA: Harvard University Press, 1922), 257.

2 C. V. Raman, "On Whispering Galleries," *Bulletin of the Indian Association for the Cultivation of Science* 7 (1922): 159–72.

3 E. Boid, *Travels through Sicily and the Lipari Islands, in the Month of December, 1824, by a Naval Officer* (London: T. Flint, 1827), 155–56. W・C・セイビンは自身の論文集において、この話の真偽について興味深い議論をしている。

4 T. J. Cox, "Comment on article 'Nico F. Declercq et al.: An Acoustic Diffraction Study of a Specifically Designed Auditorium Having a Corrugated Ceiling: Alvar Aalto's Lecture Room,'" *Acta Acustica united with Acustica* 97 (2011): 909.

5 N. Arnott, *Elements of Physics* (London: Printed for Thomas and George Underwood, 1827), xxix–xxx.

6 D. Zimmerman, *Britain's Shield: Radar and the Defeat of the Luftwaffe* (Stroud, Gloucestershire: Sutton, 2001), 22; J. Ferris, "Fighter Defence before Fighter Command: The Rise of Strategic Air Defence in Great Britain, 1917–1934," *Journal of Military History* 63 (1999): 845–84.

7 "Can Sound Really Travel 200 Miles?" *BBC News*, December 13, 2005, http://news.bbc.co.uk/1/hi/magazine/4521232.stm.

8 "Buncefield Oil Depot Explosion 'May Have Damaged Environment for Decades,' Hears Health and Safety Trial," *Daily Mail*, April 15, 2010, http://www.dailymail.co.uk/news/article-1266217/Buncefield-oil-depot-explosion-damaged-environment-decades.html.

Delarozière, and Luizard, "Ceiling Case Study" に英訳が掲載されている。

29 D. Shiga, "Telescope Could Focus Light without a Mirror or Lens," *New Scientist*, May 1, 2008, http://www.newscientist.com/article/dn13820-telescope-could-focus-light-without-a-mirror-or-lens.html?full=true.

30 "Echo Saved Ship from Iceberg," *Day* (London), June 22, 1914.

31 H. H. Windsor, "Echo Sailing in Dangerous Waters," *Popular Mechanics* 47 (May 1927): 794–97.

32 同上。

33 H. H. Windsor, "They Steer by Ear," *Popular Mechanics* 76 (December 1941): 34–36, 180.

34 D. Kish, "Echo Vision: The Man Who Sees with Sound," *New Scientist*, no. 2703 (April 11, 2009): 31–33.

35 Tor Halmrast, "More Combs," *Proceedings of the Institute of Acoustics* 22, no. 2 (2011): 75–82.

36 J. A. M. Rojas, J. A. Hermosilla, R. S. Montero, and P. L. L. Espí, "Physical Analysis of Several Organic Signals for Human Echolocation: Oral Vacuum Pulses," *Acta Acustica united with Acustica* 95 (2009): 325–30.

37 L. D. Rosenblum, *See What I'm Saying* (New York: W. W. Norton, 2010).(『最新脳科学でわかった五感の驚異』ローレンス・D・ローゼンブラム著、齋藤慎子訳、講談社)

38 A. T. Jones, "The Echoes at Echo Bridge," *Journal of the Acoustical Society of America* 20 (1948): 706–7.

39 M. Twain, "The Canvasser's Tale," in *The Complete Short Stories of Mark Twain* (Stilwell, KS: Digireads.com, 2008), 90.(邦訳は「山彦」龍口直太郎訳(『とっておきの話——ちくま文学の森15』安野光雅ほか編、筑摩書房に収録)など。龍口訳、113ページを一部改めて引用)

40 ハントは(*Origins in Acoustics*, p. 96[『音の科学文化史』、150ページ]にて)これが詩の第1連だと記しているが、ラドーは(*Wonders of Acoustics*, p. 93にて)第1行だと述べている。私が後者の説を採用するのは、ハントの言うとおり32秒間でエコーが8回起きたとすると、第1連を8回繰り返したにしては短すぎるが、第1行を8回繰り返したのなら信憑性があるからだ。

41 M. Crunelle, "Is There an Acoustical Tradition in Western Architecture?"(2005年7月11〜14日、ポルトガルのリスボンで開催された第12回音響と振動に関する国際会議にて発表された論文)。

42 I. Lauterbach, "The Gardens of the Milanese Villeggiatura in the Mid-sixteenth Century," in *The Italian Garden: Art, Design and Culture*, ed. D. Hunt (Cambridge: Cambridge University Press, 1996), 150. アタナシウス・キルヒャーもこの点を指摘している。L. Tronchin, "The 'Phonurgia Nova' of Athanasius Kircher: The Marvellous Sound World of 17th Century," *Proceedings of Meetings on Acoustics* 4 (2008): 015002を参照。

43 Crunelle, "Is There an Acoustical Tradition?"

10 Hunt, *Origins in Acoustics*, 96.（『音の科学文化史』F・V・ハント著、平松幸三訳、海青社、149ページ。本文引用の訳は訳者による）

11 ヨーデルはただの低俗な芸ではない。おそらく山間部でのコミュニケーションを容易にするために生まれたのであろう。裏声からふつうの歌い方に移行しながら高音から低音に切り替わる独特の歌い方のおかげで、長距離を伝わってきてほとんど聞き取れなくなったような音でも理解しやすい。

12 J. McConnachie, *The Rough Guide to the Loire* (London: Rough Guides, 2009), 105.

13 R. Radau, *Wonders of Acoustics* (New York: Scribner, 1870), 82.

14 M. Riffaterre, *Semiotics of Poetry* (Bloomington: Indiana University Press, 1978), 20.（本文引用は『詩の記号論』M・リファテール著、斎藤兆史訳、勁草書房、27ページより）

15 キルヒャーの描いた装置では、聴取者からおよそ267、445、657、767メートルの位置にパネルを設置する必要がある。最も離れたパネルはあまりにも遠いので、最初の「clamore」をどれほど大声で叫んでも最後のエコーはおそらく聞き取れない。しかしキルヒャーの描いた平らなパネルの代わりに凹面のパネルを使えば、反射音が増幅されるので問題も克服できるはずである。

16 S. B. Thorne and P. Himelstein, "The Role of Suggestion in the Perception of Satanic Messages in Rock-and-Roll Recordings," *Journal of Psychology* 116 (1984): 245–48.

17 I. M. Begg, D. R. Needham, and M. Bookbinder, "Do Backward Messages Unconsciously Affect Listeners? No," *Canadian Journal of Experimental Psychology* 47 (1993): 1–14.

18 テレビ番組『ザ・シンプソンズ』シーズン19エピソード8（2007年11月25日に初放映）、http://movie.subtitlr.com/subtitle/show/190301.

19 Radau, *Wonders of Acoustics*, 85–86.

20 P. Doyle, *Echo and Reverb: Fabricating Space in Popular Music*, 1900–1960 (Middletown, CT: Wesleyan University Press, 2005), 208.

21 C. Wiley, *The Road Less Travelled: 1,000 Amazing Places off the Tourist Trail* (London: Dorling Kindersley, 2011), 121.

22 R. M. Schafer, *The Soundscape: Our Sonic Environment and the Tuning of the World* (Rochester, VT: Destiny Books, 1994), 220.（『世界の調律』R・マリー・シェーファー著、鳥越けい子ほか訳、平凡社、442ページ）

23 2011年10月20日、ルーク・ジェラムとの私的なやりとり。

24 短音階が陰気に感じられるかどうかは、音楽に関する経験や嗜好によって決まる。私が東欧出身だったなら、この音はさほど邪悪で不気味には聞こえなかったかもしれない。

25 R. Jovanovic, *Perfect Sound Forever* (Boston: Justin, Charles & Co., 2004), 23.

26 2011年秋、音響コンサルタントのニック・ホイッテイカーとの私的なやりとり。

27 B. F. G. Katz, O. Delarozière, and P. Luizard, "A Ceiling Case Study Inspired by an Historical Scale Model," *Proceedings of the Institute of Acoustics* 33 (2011): 314–24.

28 A. Lepage, "Le Tribunal de l'Abbaye," *Le Monde Illustré* 19 (1875): 373–76. Katz,

マイクが拾ったとき、放送が中断された〔訳注　本文中では番組が1936年まで続いたとされているが、その後もハリソンのチェロなしで鳥の鳴き声のみの番組が続けられた〕。機転の利く技師が、生放送を続けるとドイツ側に早期警報を与えてしまうことに気づいたのだ。"The Remarkable Moment the BBC Were Forced to Pull Plug on World War II Birdsong Broadcast as Bombers Flew Overhead," *Daily Mail*, January 28, 2012, http://www.dailymail.co.uk/news/article-2093108/The-remarkable-moment-BBC-forced-pull-plug-World-War-II-birdsong-broadcast-bombers-flew-overhead.html を参照。

68　仮に私がアンドリュー・ホワイトハウスに体験談を送るなら、ニシツノメドリのことを書くだろう。この海鳥は黒と白の体に鮮紅色のくちばしをもち、あまりにもこっけいな姿ゆえに「海のピエロ」と呼ばれている。地中に巣穴をつくり、薄い土壁ごしに近くにいる鳥と会話する。その際にはうなったりのどを鳴らしたりして、嫌みな笑い声をスロー再生しているような声を出す。

4　過去のエコー

1　このフレーズが初めて使われたのはユーズネットグループのtalk.politics.mideast（1993年1月8日）で、ある投稿の署名のところに「アヒルは鳴くことはできるがその鳴き声は決してエコーしない」と書かれていた。

2　R. Plot, *The Natural History of Oxford-shire, Being an Essay towards the Natural History of England*, 2nd ed. (Oxford: Printed by Leon Lichfield, 1705), 7.

3　anechoic（無響）という語はギリシャ語で「無」を意味するanと「エコーに関する」を意味するechoicに由来する。

4　この洞窟は今でも見学でき、誰もが異口同音にこの驚くべきサウンドスケープはぜひとも訪れるべきだと言う。鳥の反響定位に関する小論が、Mahler and H. Slabbekoorn, eds., *Nature's Music: The Science of Birdsong* (Amsterdam: Elsevier, 2004), 275に掲載されている。

5　*Encyclopaedia Britannica*, "Marin Mersenne," http://www.britannica.com/EBchecked/topic/376410/Marin-Mersenne.

6　ロイヤルフィートは昔の距離の単位。ここでは1ロイヤルフィートを0.3287メートルとした。

7　F. V. Hunt, *Origins in Acoustics: The Science of Sound from Antiquity to the Age of Newton* (New Haven, CT: Yale University Press, 1978), 97.（『音の科学文化史』F・V・ハント著、平松幸三訳、海青社、150ページ）秒速340メートルとなるのは気温が摂氏15度のとき。音の速度は気温によって変わる。

8　ここではアヒルの鳴き声は1回が約0.19秒で、足（フィート）のサイズは5センチと想定している。この場合、古い分類法によれば鳴き声は「二音節エコー」となるはずだ。

9　やや単純すぎる計算だが、鳴き声の減衰を抑えてもっと遠くまで伝えることを可能にする気温の逆転が起きない限り、おそらくそれなりに正確である。多くのデータ表には、田園地域の音は30デシベル、ささやき声は20デシベルと記されている。

Whales," *Proceedings of the Royal Society of London. B, Biological Sciences* 279 (2012): 2363–68.

53 L. G. Ryan, *Insect Musicians & Cricket Champions: A Cultural History of Singing Insects in China and Japan* (San Francisco: China Books & Periodicals, 1996), XIII.

54 2011年9月15日、ワトソンとの私的なやりとり。

55 フィル・スペクターは、1960年代に複数の楽器をしばしばユニゾンで演奏させて音を何重にも重ねることにより厚みのあるポピュラー音楽を制作したことで知られる。その好例がクリスタルズのヒット曲〈ハイ・ロン・ロン〉である。

56 2011年9月15日、ワトソンとの私的なやりとり。

57 E. Nemeth, T. Dabelsteen, S. B. Pedersen, and H. Winkler, "Rainforests as Concert Halls for Birds: Are Reverberations Improving Sound Transmission of Long Song Elements?" *Journal of the Acoustical Society of America* 119 (2006): 620–26.

58 H. Sakai, S.-I. Sato, and Y. Ando, "Orthogonal Acoustical Factors of Sound Fields in a Forest Compared with Those in a Concert Hall," *Journal of the Acoustical Society of America* 104 (1998): 1491–97. この著者らは別の論文で竹林についても調べ、残響時間が1.5秒であることを突き止めている。

59 H. Slabbekoorn, "Singing in the Wild: The Ecology of Birdsong," in *Nature's Music: The Science of Birdsong*, ed. P. Marler and H. Slabbekoorn (Amsterdam: Elsevier, 2004), 198.

60 E. P. Derryberry, "Ecology Shapes Birdsong Evolution: Variation in Morphology and Habitat Explains Variation in White-Crowned Sparrow Song," *American Naturalist* 174 (2009): 24–33.

61 H. Slabbekoorn and A. den Boer-Visser, "Cities Change the Song of Birds," *Current Biology* 16 (2006): 2326–31. スラベコールンらは、シジュウカラが都市の閑静な地域と騒々しい地域で鳴き方を変えることも示している。2009年8月20日にBBCラジオ4で放送された*A Problem with Noise*を参照。以下も参照。H. Brumm, "The Impact of Environmental Noise on Song Amplitude in a Territorial Bird," *Journal of Animal Ecology* 73 (2004): 434–40; and R. A. Fuller, P. H. Warren, and K. J. Gaston, "Daytime Noise Predicts Nocturnal Singing in Urban Robins," *Biology Letters* 3 (2007): 368–70.

62 2009年8月20日にBBCラジオ4で放送された*A Problem with Noise*でハンス・スラベコールンが語った言葉。

63 D. Stover, "Not So Silent Spring," *Conservation Magazine* 10 (January–March 2009).

64 D. Kroodsma, "The Diversity and Plasticity of Birdsong," in *Nature's Music: The Science of Birdsong*, ed. P. Marler and H. Slabbekoorn (Amsterdam: Elsevier, 2004), 111.

65 ほかの種でも適応度を示すのにレパートリーが重要であることが示されている。R. I. Bowman, "A Tribute to the Late Luis Felipe Baptista," in *Nature's Music: The Science of Birdsong*, ed. P. Marler and H. Slabbekoorn (Amsterdam: Elsevier, 2004), 15を参照。

66 同上、33.

67 1942年、空襲のために飛び立ったウェリントン爆撃機とランカスター爆撃機の音を

and How Are They Adapted to This Activity?" December 21, 1998, http://www.scientificamerican.com/article.cfm?id=how-do-bats-echolocate-an による。

40 この反射にはいくらかの保護作用はあるが、爆発音のようにいきなり起きる音に対してはすばやく反応できない。また、大きな音が長く続きすぎると疲労してしまう。S. Gelfand, *Essentials of Audiology*, 3rd edition (New York: Thieme, 2009), 44を参照。

41 2013年2月28日、BBCラジオ4で放送された*The Listeners*でのクリス・ワトソンの言葉。

42 R. Simon, M. W. Holderied, C. U. Koch, and O. von Helversen, "Floral Acoustics: Conspicuous Echoes of a Dish-Shaped Leaf Attract Bat Pollinators," *Science* 333 (2011): 631–33.

43 2011年9月15日、ワトソンとの私的なやりとり。

44 同上。

45 この音はおそらくイルカどうしの社会的な呼びかけであり、反響定位シグナルではない。通常、反響定位シグナルは周波数が高すぎて人間には聞こえない。"Bottlenose Dolphins: Communication & Echolocation," *SeaWorld/Busch Gardens Animals*, http://www.seaworld.org/animal-info/info-books/bottlenose/communication.htm などを参照。

46 E. R. Skeate, M. R. Perrow, and J. J. Gilroy, "Likely Effects of Construction of Scroby Sands Offshore Wind Farm on a Mixed Population of Harbour *Phoca vitulina* and Grey *Halichoerus grypus* Seals," *Marine Pollution Bulletin* 64 (2012): 872–81.

47 E. C. M. Parsons, "Navy Sonar and Cetaceans: Just How Much Does the Gun Need to Smoke Before We Act?" *Marine Pollution Bulletin* 56 (2008): 1248–57.

48 私がこの引用を初めて目にしたのは、D. C. Finfer, T. G. Leighton, and P. R. White, "Issues Relating to the Use of a 61.5 dB Conversion Factor When Comparing Airborne and Underwater Anthropogenic Noise Levels," *Applied Acoustics* 69 (2008): 464–71においてである。

49 この換算にも異論があり、空気中と水中のデシベル値は決して比較すべきでないと主張する人もいる。

50 私がこの「ニューヨーク・タイムズ」紙の引用に初めて接したのは、T. G. Leighton, "How Can Humans, in Air, Hear Sound Generated Underwater?" においてである。空気中のジェットエンジンの標準的な音は1メートル離れたところで200 dB re 2×10^{-5} Paである。水中のソナーの音が1メートル離れたところで233 dB re 1×10^{-6} Paだとすれば、およその換算で空気中では$233 - 61.5 = 171.5$ dB re 2×10^{-5} Paに相当する。つまり実際にはジェットエンジン1基よりも静かなのだ！　D. M. F. Chapman and D. D. Ellis, "The Elusive Decibel: Thoughts on Sonars and Marine Mammals," *Canadian Acoustics* 26 (1998): 29–3を参照。

51 G. V. Frisk, "Noiseonomics: The Relationship between Ambient Noise Levels in the Sea and Global Economic Trends," *Scientific Reports* 2 (2012): 437.

52 R. M. Rolland, S. E. Parks, K. E. Hunt, M. Castellote, P. J. Corkeron, D. P. Nowacek, S. K. Wasser, and S. D. Kraus, "Evidence That Ship Noise Increases Stress in Right

フ・ジョルダーニアは、私たちが鼻歌を聞くと安心するのは静寂が危険の兆候だからだと主張している。J. Jordania, "Music and Emotions: Humming in Human Prehistory," in *Problems of Traditional Polyphony. Materials of the Fourth International Symposium on Traditional Polyphony*, held at the International Research Centre of Traditional Polyphony at Tbilisi State Conservatory on September 15-19, 2008, ed. R. Tsurtsumia and J. Jordania (Tbilisi, Republic of Georgia: Nova Science, 2010), 41–49.

29 J. Letzing, "A California City Is into Tweeting—Chirping, Actually—in a Big Way," *Wall Street Journal*, January 17, 2012.

30 B. Manilow, "Barry's Response to Australia's Plan," *the BarryNet*, July 18, 2006, http://www.barrynethomepage.com/bmnet000_060718.shtml.

31 本節の引用はすべてアンドリュー・ホワイトハウスの研究ブログ*Listening to Birds*, http://www.abdn.ac.uk/birdsong/blogによる。

32 むちの音とムナグロシラヒゲドリの鳴き声は、録音したものを照らし合わせて比べると、じつはかなり違っている。本物のむちは衝撃波によってピシッという音を出すだけで、ムナグロシラヒゲドリのようなグリッサンドや出だしの音はない。

33 このグリッサンドは周波数の高いほうから低いほうへと逆方向に進むこともある。

34 ダニエル・メニルはエイミー・ロジャーズとともにある論文で適応度について論じている。D. J. Mennill and A. C. Rogers, "Whip It Good! Geographic Consistency in Male Songs and Variability in Female Songs of the Duetting Eastern Whipbird *Psophodes olivaceus*," *Journal of Avian Biology* 37 (2008): 93–100. しかしダニエルは私へのEメールで適応度仮説は推測にすぎないと指摘した。一方、エイミー・ロジャーズは雌と雄に録音した鳴き声を聞かせて反応を観察することによって、デュエット仮説を立証した。A. C. Rogers, N. E. Langmore, and R. A. Mulder, "Function of Pair Duets in the Eastern Whipbird: Cooperative Defense or Sexual Conflict?" *Behavioral Ecology* 18 (2007): 182–88. おそらくデュエットは縄張りを守る目的でも用いられる。

35 サンカノゴイのデシベル値は、M. Wahlberg, J. Tougaard, and B. Møhl, "Localising Bitterns *Botaurus stellaris* with an Array of Non-linked Microphones," *Bioacoustics* 13 (2003): 233–45による。トランペットのデシベル値は、O. Olsson and D. S. Wahrolén, "Sound Power of Trumpet from Perceived Sound Qualities for Trumpet Players in Practice Rooms" (master's thesis, Chalmers University of Technology, Sweden, 2010)による。

36 A. C. Doyle, *The Hound of the Baskervilles* (Hertfordshire: Wordsworth Editions, 1999), 70.（邦訳は『バスカヴィル家の犬』コナン・ドイル著、駒月雅子訳、KADOKAWAなど。本文引用の訳は訳者による）

37 TEDxイベントは、アイデアの拡散と世界の変革を目的としたカンファレンスであるTEDイベントのローカル版。http://www.ted.comを参照。

38 たいていのコウモリ探知機は、人間が聞き取れるように「うなり」（第8章で説明する）を使って音を調整する。

39 周波数の差を勘案したうえでの比較。A. van Ryckegham, "How Do Bats Echolocate

13 2012年6月24日、ネッティンガとの私的なやりとり。

14 M. Stroh, "Cicada Song Is Illegally Loud," *Baltimore Sun*, May 16, 2004.

15 同上。

16 この虫は体長比でいえば既知の水生動物のなかで最もうるさいが、陸生動物との比較はしないほうがよい。メディアはこの虫が「通過中の貨物列車に匹敵する78.9デシベルに達した」と主張しているが、この比較は不正確である。T. G. Leighton, "How Can Humans, in Air, Hear Sound Generated Underwater (and Can Goldfish Hear Their Owners Talking)?" *Journal of the Acoustical Society of America* 131 (2012): 2539–42を参照。既発表の原著論文J. Sueur, D. Mackie, and J. F. C. Windmill, "So Small, So Loud: Extremely High Sound Pressure Level from a Pygmy Aquatic Insect (Corixidae, Micronectinae)," *PLoS One* 6 (2011): e21089では、空気と水の密度差およびそれぞれにおける音の速度の差が考慮されていない。

17 J. Theiss, "Generation and Radiation of Sound by Stridulating Water Insects as Exemplified by the Corixids," *Behavioral Ecology and Sociobiology* 10 (1982): 225–35.

18 M. Versluis, B. Schmitz, A. von der Heydt, and D. Lohse, "How Snapping Shrimp Snap: Through Cavitating Bubbles," *Science* 289 (2000): 2114–17.

19 2011年9月15日、ワトソンとの私的なやりとり。

20 同上。

21 "Snapping Shrimp Drown Out Sonar with Bubble-Popping Trick, Described in *Science*," *Science News*, September 22, 2000, http://www.sciencedaily.com/releases/2000/09/000922072104.htmを参照。

22 D. Livingstone, *Missionary Travels and Researches in South Africa* (London: J. Murray, 1857).

23 実際の測定値は50センチ離れたところで106.7デシベルだが、本章のほかの部分と整合させるために、私が推定して1メートル離れたところの値を出した。J. M. Petti, "Loudest," in *University of Florida Book of Insect Records*, ed. T. Walker, chap. 24 (Gainesville: University of Florida, 1997), http://entnemdept.ufl.edu/walker/ufbir/chapters/chapter_24.shtml.

24 Livingstone, *Missionary Travels*.

25 振動して音を発する部位は種によって異なる。ウシガエルの場合は鼓膜が重要な働きをする。A. P. Purgue, "Tympanic Sound Radiation in the Bullfrog *Rana catesbeiana*," *Journal of Comparative Physiology. A, Sensory, Neural, and Behavioral Physiology* 181 (1997): 438–45を参照。

26 A. S. Rand and R. Dudley, "Frogs in Helium: The Anuran Vocal Sac Is Not a Cavity Resonator," *Physiological Zoology* 66 (1993): 793–806.

27 M. J. Ryan, M. D. Tuttle, and L. K. Taft, "The Costs and Benefits of Frog Chorusing Behavior," *Behavioral Ecology and Sociobiology* 8 (1981): 273–78.

28 J. Treasure, "Shh! Sound Health in 8 Steps," *TED Talks*, September 2010, http://www.ted.com/talks/julian_treasure_shh_sound_health_in_8_steps.html. 音楽学者のジョーゼ

62 マシュー・ライトは墓室と自動車の類似について考えてもよかったかもしれない。数年前、私は広告キャンペーンのためにエセ科学実験をやってもらえないかと頼まれた。車内で歌うのに最適なのはどの車か明らかにしてくれと言われたが、その依頼は断った。

3 吠える魚

1 鳴き鳥の減少については、おそらく集約農業に起因する餌と生息地の喪失が原因である可能性のほうが高い。英国鳥類学協会（BTO）による調査で、カササギの多い地域と少ない地域とで鳴き鳥の数に差はないことが判明している。S. E. Newson, E. A. Rexstad, S. R. Baillie, S. T. Buckland, and N. J. Aebischer, "Population Changes of Avian Predators and Grey Squirrels in England: Is There Evidence for an Impact on Avian Prey Populations?" *Journal of Applied Ecology* 47 (2010): 244–52.

2 2011年9月15日、クリス・ワトソンとの私的なやりとり。

3 R. S. Ulrich, "View through a Window May Influence Recovery from Surgery," *Science* 224 (1984): 420–21. 自然がオフィスワーカーや囚人のストレスを軽減することを示した研究もある。G. N. Bratman, J. P. Hamilton, and G. C. Daily, "The Impacts of Nature Experience on Human Cognitive Function and Mental Health," *Annals of the New York Academy of Sciences* 1249 (2012): 118–36を参照。

4 自然による有益な効果は、自然に直接触れなくても写真を見るだけでも生じる。"A Walk in the Park a Day Keeps Mental Fatigue Away," *Science News*, December 23, 2008, http:// www.sciencedaily.com/releases/2008/12/081218122242.htmを参照。

5 R. S. Ulrich, R. F. Simons, B. D. Losito, E. Fiorito, M. A. Miles, and M. Zelson, "Stress Recovery during Exposure to Natural and Urban Environments," *Journal of Environmental Psychology* 11 (1991): 201–30.

6 J. J. Alvarsson, S. Wiens, and M. E. Nilsson, "Stress Recovery during Exposure to Nature Sound and Environmental Noise," *International Journal of Environmental Research and Public Health* 7 (2010): 1036–46. この研究では心拍数への影響は見られなかった。

7 S. Kaplan and R. Kaplan, *The Experience of Nature: A Psychological Perspective* (New York: Cambridge University Press, 1989).

8 2012年6月24日、マイロン・ネッティンガとの私的なやりとり。

9 H. C. Gerhardt and F. Huber, *Acoustic Communication in Insects and Anurans: Common Problems and Diverse Solutions* (Chicago: University of Chicago Press, 2002).

10 L. Elliot, *A Guide to Wildlife Sounds* (Mechanicsburg, PA: Stackpole Books, 2005), 86. 摂氏に換算するには、1分間に鳴く回数を7で割って4を足す。

11 音が1オクターブ下がると周波数は半分になる。最初の音は1300ヘルツ付近で、これはピッコロの音域の中央あたりに相当する。

12 P. C. Nahirney, J. G. Forbes, H. D. Morris, S. C. Chock, and K. Wang, "What the Buzz Was All About: Superfast Song Muscles Rattle the Tymbals of Male Periodical Cicadas," *FASEB Journal* 20 (2006): 2017–26.

ニャック洞窟に行こうとしたときで、洞穴に電車が入れるように地面が掘られたせいで音響が変わり、いかなる音響調査も無意味となっていた。

43 D. Wilson, *Hiking Ruins Seldom Seen: A Guide to 36 Sites across the Southwest*, 2nd ed. (Guilford, CT: Falcon Guides, 2011), 16–17. この本では考古学者ドナルド・E・ウィーヴァーによる研究が報告されており、彼は岩刻画の年代を西暦900年から1100年のあいだと推定している。

44 同上。

45 P. Schaafsma, "Excerpts from *Indian Rock Art of the Southwest*," in *The Archeology of Horseshoe Canyon* (Moab, UT: Canyonland National Park, date unknown), 15.

46 Waller, "Sound and Rock Art."

47 2012年6月25日、ラブマンとの私的なやりとり。

48 ピラミッドの高さは24メートル、正方形の底面は一辺が56メートル。

49 私の同僚は、トタン屋根でもさえずり音が出せるのではないかと主張している。

50 2012年6月25日、ラブマンとの私的なやりとり。

51 C. Scarre, "Sound, Place and Space: Towards an Archaeology of Acoustics," in *Archaeoacoustics*, ed. C. Scarre and G. Lawson (Cambridge: McDonald Institute for Archaeological Research, 2006), 6.

52 T. Hardy, *Tess of the D'Urbervilles* (Rockville, MD: Serenity Publishers, 2008), 326.（邦訳は『トマス・ハーディ全集12　ダーバヴィル家のテス』トマス・ハーディ著、高桑美子訳、大阪教育図書など。本文引用は高桑訳、432ページより）

53 D. Barrett, "Review: Collected Works," *New Scientist*, no. 2118 (January 24, 1998), 45.

54 ストーンヘンジが実際に供犠の儀式に使われたかどうかは不明。真の用途については今も議論が決着していない。

55 2011年10月、ブルーノ・ファゼンダとの私的なやりとり。

56 同上。

57 P. Devereux, *Stone Age Soundtracks: The Acoustic Archaeology of Ancient Sites* (London: Vega, 2001), 103.

58 円環状に並んだ石柱からのエコーを聞き取ることは可能である。テネシー州ナッシュヴィルにあるバイセンテニアル・モール州立公園のコート・オブ・スリー・スターズという円形広場には、高さ7.6メートルの石灰岩の柱50本が互いに向かい合った2列のC字型に並んでいる。石柱には鐘が組み込まれていて、15分おきに〈テネシー・ワルツ〉が奏される。私の聞いた話では、2つのC字がつくる円の中心に立つと石柱からはっきりとエコーが聞こえるそうで、インターネット上の動画を見るとどうやらその話は本当らしい。

59 Jahn, Devereux, and Ibison, "Acoustical Resonances."

60 Devereux, *Stone Age Soundtracks*, 86–89.

61 私はマシューとの議論を通じてこの論文の存在を知った。この論文の内容を一般向けの言葉で書いたものがhttp://www.acoustics.org/press/153rd/wright.html（2011年10月25日にアクセス）で閲覧できる〔2016年4月1日、確認できず〕。

aspx, 2012年6月17日にアクセス〔2016年4月1日、確認できず〕。

22 H. H. Windsor, "The Organ That Plays Stalactite," *Popular Mechanics*, September 1957.

23 初期の記事には「1954年6月、洞窟を見学していた4歳のロバート・スプリンクルが鍾乳石に頭をぶつけた。そのとき石が放った深く響く音にロバートと父親は心を奪われた」と書かれている。"Stalactite Organ Makes Debut," *Pittsburgh Post-Gazette*, June 9, 1957. 話としてはおもしろいが、ルーレイ洞窟の広報室によるとひどく不正確とのことである。

24 "The Rock Harmonicon," *Journal of Civilization* (1841).

25 同上。

26 同上。

27 J. Blades, *Percussion Instruments and Their History* (London: Kahn & Averill, 2005), 90.

28 Allerdale Borough Council, "The Musical Stones of Skiddaw: The Richardson Family and the Famous Musical Stones of Skiddaw," http://www.allerdale.gov.uk/leisure-and-culture/museums-and-galleries/keswick-museum/the-musical-stones-of-skiddaw.aspx.

29 Blades, *Percussion Instruments*, 90.

30 M. Wainwright, "Evelyn Glennie's Stone Xylophone," *Guardian* (London), August 19, 2010.

31 "Online Special: Ruskin Rocks!" *Geoscientist Online*, October 4, 2010, http://www.geolsoc.org.uk/ruskinrocks.

32 Hunt, *Origins in Acoustics*, 152.（『音の科学文化史』F・V・ハント著、平松幸三訳、海青社、226ページ）

33 厳密に言えば、この説明があてはまるのは、階段スペースの中央で両側の壁から等距離の位置にいるときのみである。

34 Tatton Park Biennial 2012の展示会カタログ（http://www.tattonparkbiennial.org/detail/ 3070, 2011年3月17日にアクセス）からの引用〔2016年4月1日、確認できず。http://www.tattonparkbiennial.org/2010/artists/jem-finer.aspxで閲覧可能〕。

35 I. Reznikoff, "On Primitive Elements of Musical Meaning," *Journal of Music and Meaning* 3 (Fall 2004/Winter 2005).

36 S. J. Waller, "Sound and Rock Art," *Nature* 363 (1993): 501.

37 2012年6月25日、デイヴィッド・ラブマンとの私的なやりとり。

38 2004年9月14日に放送されたBBCラジオ4の番組*Acoustic Shadows*でS・J・ウォラーの語った言葉。私もこの番組に出演し、第7章で説明する無響室などの音響試験室について話したことがある。

39 L. Dayton, "Rock Art Evokes Beastly Echoes of the Past," *New Scientist*, no. 1849 (November 28, 1992), 14.

40 ラジオ番組*Acoustic Shadows*でのウォラーの言葉。

41 Dayton, "Rock Art."

42 音響がらみで失敗に終わった旅行はこれが2度目だった。1度目はフランスのルフィている。たとえばJ. Kang and K. Chourmouziadou in “Acoustic Evolution of Ancient Greek and Roman Theatres,” *Applied Acoustics* 69 (2008): 514–29など。

9 B. Blesser and L.-R. Salter, *Spaces Speak, Are You Listening?: Experiencing Aural Architecture* (Cambridge, MA: MIT Press, 2007). 建築音響学が私たちにどんな影響をもたらすか教えてくれる名著。

10 ウィトルウィウスは、敵がアポロニアの城壁の地下にトンネルを掘り進めてきたらわかるように、音が共鳴する壺を使うという案も支持した。F. V. Hunt, *Origins in Acoustics* (New Haven, CT: Yale University Press, 1978), 36（『音の科学文化史――ピュタゴラスからニュートンまで』F・V・ハント著、平松幸三訳、海青社、66ページ）によると、青銅製の壺を天井から吊り下げておき、地下で工具が振るわれたら共鳴するようにさせるというものだった。

11 Thayer, “Marcus Vitruvius Pollio.”

12 M. Kayili, *Acoustic Solutions in Classic Ottoman Architecture* (Manchester, UK: FSTC Limited, 2005).

13 A. P. O. Carvalho, V. Desarnaulds, and Y. Loerincik, “Acoustic Behavior of Ceramic Pots Used in Middle Age Worship Spaces—A Laboratory Analysis”（2002年7月8～11日、フロリダ州オーランドで開催された第9回音と振動に関する国際会議にて発表された論文）。

14 P. V. Bruel, “Models of Ancient Sound Vases,” *Journal of the Acoustical Society of America* 112 (2002): 2333. 壺に関する測定をおこなって同様の結論に達した研究者はかなりの数にのぼる。

15 L. L. Beranek, *Music, Acoustics and Architecture* (New York: Wiley, 1962), 5.（『音楽と音響と建築』レオ・L・ベラネク著、長友宗重・寺崎恒正訳、鹿島研究所出版会、10ページ）

16 D. Richter, J. Waiblinger, W. J. Rink, and G. A. Wagner, “Thermoluminescence, Electron Spin Resonance and 14C-Dating of the Late Middle and Early Upper Palaeolithic Site of Geissenklösterle Cave in Southern Germany,” *Journal of Archaeological Science* 27 (2000): 71–89. この研究は世界中で大きく報道されたので、ニュースサイトでも情報が得られる。たとえば P. Ghosh, “‘Oldest Musical Instrument’ Found,” BBC News, June 25, 2009, http://news.bbc.co.uk/1/hi/8117915.stm.

17 F. d’Errico and G. Lawson, “The Sound Paradox,” in *Archaeoacoustics*, ed. C. Scarre and G. Lawson (Cambridge: McDonald Institute for Archaeological Research, 2006), 50.

18 I. Morley, *The Evolutionary Origins and Archaeology of Music*, Darwin College Research Report DCRR-002 (Cambridge: Darwin College, Cambridge University, 2006).

19 N. Boivin, “Rock Art and Rock Music: Petroglyphs of the South Indian Neolithic,” *Antiquity* 78 (2004): 38–53.

20 L. Dams, “Palaeolithic Lithophones: Descriptions and Comparisons,” *Oxford Journal of Archaeology* 4 (1985): 31–46.

21 Luray Caverns, “Discovery,” http://luraycaverns.com/History/Discovery/tabid/529/Default.

音の聞こえ方の違いはこれで説明できるかもしれない。

47 この違いの正確な原因は不明だが、私が風船を使って測定したインパルス応答から、この貯水槽では聴取の助けとなる初期反射音が大量に生じることが示唆される。

48 W. Montgomery, "WIRE Review of Resonant Spaces," *Wire* 299 (January 2009).

49 同上。

50 本章で後述するもっと正確な残響時間の推定方法によると、トロンボーンの周波数域では10デシベル減衰するのに3秒かかる。

51 "Album Reviews," *Billboard*, September 16, 1995.

52 D. Craine, "Strangeness in the Night," *Times* (London), November 16, 2001.

53 "Stuart Dempster Speaks about His Life in Music: Reflections on His Fifty Year Career as a Trombonist, in Conversation with Abbie Conant," http://www.osborne-conant.org/Stu_Dempster.htm.

54 対象としたのは125～2,500ヘルツという半端な周波数帯域だが、これはアルバムで使われた楽器によるもの。抽出方法は、P. Kendrick, T. J. Cox, F. F. Li, Y. Zhang, and J. A. Chambers, "Monaural Room Acoustic Parameters from Music and Speech," *Journal of the Acoustical Society of America* 124 (2008): 278–87に記されている。実際の音は、この27秒という推定値よりも短いはずである。なぜならこのように残響の多い場所で複数の奏者が音を何層にも重ねている状況では、奏者が音を出すのをやめた瞬間を識別するのが難しいからだ。

55 W. D. Howells, *Italian Journeys* (publisher unknown, 1867), 233.

2 鳴り響く岩

1 古代遺跡の音響を扱った論文の多くは疑念を向けられている。ここで私が言及している論文は、R. G. Jahn, P. Devereux, and M. Ibison, "Acoustical Resonances of Assorted Ancient Structures," *Journal of the Acoustical Society of America* 99 (1996): 649–58である。

2 J. L. Stephens, *Incidents of Travel in Greece, Turkey, Russia and Poland* (Edinburgh: William and Robert Chambers, 1839), 21.

3 M. Barron, *Auditorium Acoustics and Architectural Design*, 2nd ed. (London: Spon Press/Taylor & Francis, 2010), 276.

4 B. Thayer, "Marcus Vitruvius Pollio: de Architectura, Book V" [translation], http://penelope.uchicago.edu/Thayer/E/Roman/Texts/Vitruvius/5*.html.

5 保護者を招いた学芸会で演技をするときにはお客さんに顔を向けて話しなさいと教師が児童に口やかましく言うのはこのためである。

6 Barron, *Auditorium Acoustics*, 277.

7 E. Rocconi, "Theatres and Theatre Design in the Graeco-Roman World: Theoretical and Empirical Approaches," in *Archaeoacoustics*, ed. C. Scarre and G. Lawson (Cambridge: McDonald Institute for Archaeological Research, 2006), 72.

8 多くの研究者が、劇場の発展を読み解くことによって音響について理解しようと試み

Reader, ed. M. M. Smith (Athens: University of Georgia Press, 2004), 209.

32 この推定は、Barron, *Auditorium Acoustics*, 19にもとづく。

33 S. J. van Wijngaarden and R. Drullman, "Binaural Intelligibility Prediction Based on the Speech Transmission Index," *Journal of the Acoustical Society of America* 123 (2008): 4514–23. この現象は、パーティーで客のざわめきの中から特定の話し手の声を聞き取ることのできる「カクテルパーティー効果」という不思議な作用と同じようなものである。

34 司祭の位置が正面でなくても、脳がこの両耳による処理をおこなえる方法はいろいろある。

35 教会以外の例については、H. M. Goddard, "Achieving Speech Intelligibility at Paddington Station," *Journal of the Acoustical Society of America* 112 (2002): 2418を参照。音響学的な原理は同じである。

36 P. F. Smith, *The Dynamics of Delight: Architecture and Aesthetics* (London: Routledge, 2003), 21.

37 Beranek, *Concert Halls and Opera Houses*, 9.（『コンサートホールとオペラハウス』ベラネク・日高孝之・永田穂著、シュプリンガー・フェアラーク東京、9ページを一部改めて引用）。ちなみに作曲家のリヒャルト・ワーグナーは、1876年に完成したバイロイト祝祭劇場の設計に一役買って、音響技師としても手腕を発揮した。画期的なオーケストラピットは最大130人の演奏者を収容することができ、舞台下の奥まで広がっている。観客からオーケストラが直接見えない構造のため、高音域の音がかなり失われる。この設計によって、ワーグナー特有の控えめで忘れがたい音色が生じるだけでなく、歌手は大編成のオーケストラの音に負けずに声を聴かせることができる。

38 T. H. Lewers and J. S. Anderson, "Some Acoustical Properties of St. Paul's Cathedral, London," *Journal of Sound and Vibration* 92 (1984): 285–97.

39 F. Jabr, "Gunshot Echoes Used to Map Caves' Interior," *New Scientist*, no. 2815 (June 9, 2011): 26.

40 R. Newmarch, *The Concert Goer's Library of Descriptive Notes* (Manchester, NH: Ayer, 1991), 72.

41 この測定は、BBCのテレビ番組『コースト』第6シリーズの第4回「ウェスタンアイルズとシェットランド」（2011年7月3日に初放映）で取り上げられている。

42 B. Blesser and L.-R. Salter, *Spaces Speak, Are You Listening?: Experiencing Aural Architecture* (Cambridge, MA: MIT Press, 2007), 180.

43 *Resonant Spaces*, "What's It All About?" http://arika.org.uk/resonant-spaces/what/? およびジェイムズ・パスクのオフィスにあったツアーの宣伝ポスターからの引用。

44 2011年5月13日、マイク・カヴィーゼルとの私的なやりとり。

45 この寸法は、現場を訪れた私のごくおおまかな推定。

46 これは例のアメリカの貯水槽やマイク・カヴィーゼルによるその説明とは著しく対照的である。ウォーミットの貯水槽が直方体であるのに対し、アメリカの貯水槽は巨大な円筒形である。円筒形の場合にはその形状から音の焦点が生じる可能性があるので、

17 ロンドンのサウス・バンク・センターで2001年に催された展示*Concert Hall Acoustics: Art and Science*からの引用。出典は不明。

18 L. L. Beranek, *Concert Halls and Opera Houses*, 2nd ed. (New York: Springer, 2004), 7–8.（本文引用は『コンサートホールとオペラハウス――音楽と空間の響きと建築』ベラネク・日高孝之・永田穂著、シュプリンガー・フェアラーク東京、8ページより）

19 Barron, *Auditorium Acoustics*, 153.

20 S. Quinn, "Rattle Plea for Bankrupt Orchestras," *Guardian* (London), July 13, 1999.

21 D. Trevor-Jones, "Hope Bagenal and the Royal Festival Hall," *Acoustics Bulletin* 26 (May 2011): 18–21.

22 このホールで残響が不十分となった最大の原因は、聴衆による音の吸収を過小評価していたことだった。B. M. Shield, "The Acoustics of the Royal Festival Hall," *Acoustics Bulletin* 26 (May 2011): 12–17を参照。

23 R. A. Laws and R. M. Laws, "Assisted Resonance and Peter Parkin," *Acoustics Bulletin* 26 (May 2011): 22–29.

24 ウェブでタージ・マハルの残響時間のデータをいくつか見つけたが、数値は10秒から30秒まで開きがあり、信頼できるソースは見つけられなかった。ゴール・グンバズについても残響時間が20秒だとする記述が複数あるが、この数字の出どころが確認できる情報はない。

25 2011年10月3日、トール・ハルムラストとの私的なやりとり。

26 この残響時間は、A. Buen, "How Dry Do the Recordings for Auralization Need to Be?" *Proceedings of the Institute of Acoustics* 30 (2008): 108による。室内に人が25人いる状態で記録された数値である。部屋が無人の状態でAltiverbというソフトウェアでインパルス応答を用いて推定すると、中周波音では約11秒というもっと大きな値になる。

27 または残響時間など、最初の音の大きさに依存しない尺度を用いる必要がある。

28 この詩は、1907年初版のヒレア・ベロック作『子供のための教訓詩集』（横山茂雄訳、国書刊行会）に収録されており、「女の子のする悪さで誰もが嫌うのは／扉をバタンと閉めること」という言葉で始まる。レベッカは、戸口の上から落ちてきた胸像の下敷きになって死ぬという罰を受ける。

29 オーディオマニアのために言えば、これは中心周波数が500、1000、2000ヘルツのオクターブバンドの平均である。私が訪れたときは室内に人（音を吸収する）が多すぎたので、計算はヨーク大学のデイミアン・マーフィーの測定データにもとづく（http://www.openairlib.net/auralizationdb/content/hamilton-mausoleum）。

30 P. Darlington, "Modern Loudspeaker Technology Meets the Medieval Church," *Proceedings of the Institute of Acoustics*, 2002, または控えめなタイトルの論文D. Lubman and B. H. Kiser, "The History of Western Civilization Told through the Acoustics of Its Worship Spaces"（2007年9月2〜7日、スペインのマドリードで開催された第19回国際音響学会議にて発表された論文）を参照。

31 R. C. Rath, "Acoustics and Social Order in Early America," in *Hearing History: A*

1　世界で一番よく音の響く場所

1　A. Tajadura-Jiménez, P. Larsson, A. Väljamäe, D. Västfjäll, and M. Kleiner, "When Room Size Matters: Acoustic Influences on Emotional Responses to Sounds," Emotion 10 (2010): 416–22.

2　*Encyclopaedia Britannica*, "Wallace Clement Sabine," http://www.britannica.com/EBchecked/topic/515073/Wallace-Clement-Sabine.

3　W. C. Sabine, "Architectural Acoustics: Correction of Acoustical Difficulties," *Architectural Quarterly of Harvard University*, March 1912.

4　R. T. Beyer, *Sounds of Our Times: Two Hundred Years of Acoustics* (New York: Springer, 1998). もとの出典はH. Matthews, *Observations on Sound* (London: Sherwood, Gilbert & Piper, 1826).

5　部屋の体積も変更する場合がある。クラシック音楽用のコンサートホールを設計する場合には、1座席につき少なくとも10立方メートルが必要という経験則が役に立つ。

6　引用は、講堂がさらなる改修工事で改良される直前の1972年の言葉。B. F. G. Katz and E. A. Wetherill, "Fogg Art Museum…Room Acoustics"（2005年8月29日～9月2日にハンガリーのブダペストで開催されたForum Acusticumにて発表された論文)。講堂は学生寮建設のため1973年に取り壊された。

7　満席時の中周波音域の値。

8　L. L. Beranek, *Music, Acoustics & Architecture* (Hunting, NY: Krieger, 1979)（『音楽と音響と建築』レオ・L・ベラネク著、長友宗重・寺崎恒正訳、鹿島研究所出版会、85ページ）からの引用。この本の冒頭には、コンサートホールの音響をめぐるいくつかの通説について詳しく述べたすばらしい章が置かれている。

9　P. Doyle, *Echo and Reverb: Fabricating Space in Popular Music*, 1900–1960 (Middletown, CT: Wesleyan University Press), 143.

10　M. Barron, *Auditorium Acoustics and Architectural Design*, 2nd ed. (London: Spon Press/Taylor & Francis, 2010), 103.

11　G. A. Soulodre, "Can Reproduced Sound Be Evaluated Using Measures Designed for Concert Halls?"（2006年4月6～7日にイギリスのギルフォードで開催された空間音響および感覚評価技術ワークショップにて発表された論文)。

12　『オール・マイ・チルドレン』はABCネットワークで41年間にわたって放映された連続ホームドラマ。引用はJ. C. Jaffe, *The Acoustics of Performance Halls* (New York: W. W. Norton, 2010)による。

13　これ以外にも音響に影響した変更点がある。L. L. Beranek, "Seeking Concert Hall Acoustics," *IEEE Signal Processing Magazine*, 24 (2007): 126–30を参照。

14　同上。

15　この効果においては音量も重要である。たとえばオーケストラが音量を上げると、包み込み感と広がり感が強まる。

16　2004年9月14日、BBCラジオ4で放送された*Acoustic Shadows*でブライアン・イーノが語った言葉。

註

※URLは2016年4月に確認

プロローグ

1 M. Spring, "Bexley Academy: Qualified Success," *Building*, June 12, 2008.

2 『ニューヨーカー』誌は『マイロのふしぎな冒険』(斉藤健一訳、PHP研究所)を「アメリカ文学において『不思議の国のアリス』に最も近い作品」と評している。A. Gopnik, "Broken Kingdom: Fifty Years of the 'Phantom Tollbooth,'" *New Yorker*, October 17, 2011, http://www.newyorker.com/magazine/2011/10/17/broken-kingdom.

3 British Library Sounds, "Programme II: B—Part 1: Listening. Soundscapes of Canada," http://sounds.bl.uk/View.aspx?item=027M-W1CDR0001255-0200V0.xml.

4 R. M. Schafer, *The Soundscape: Our Sonic Environment and the Tuning of the World* (Rochester, VT: Destiny Books, 1994), 208.(本文引用は『世界の調律――サウンドスケープとはなにか』R・マリー・シェーファー著、鳥越けい子ほか訳、平凡社、419ページより)

5 2011年9月、ビル・デイヴィーズとの私的なやりとり。

6 C. Spence and V. Santangelo, "Auditory Attention," in *The Oxford Handbook of Auditory Science: Hearing*, ed. C. J. Plack (Oxford: Oxford University Press, 2010). チャールズ・スペンスは、聴覚の注意力について執筆しているとき以外は、音が味覚に与える影響の研究をしている。

7 話者の性別が変わった場合のみ、被験者は話者の変更に気づく。

8 イギリスのデータは、MORI Social Research Institute: *Neighbour Noise: Public Opinion Research to Assess Its Nature, Extent and Significance* (Department for Environment, Food and Rural Affairs, 2003)による。アメリカのデータは、L. Goines and L. Hagler, "Noise Pollution: A Modern Plague," *Southern Medical Journal* 100 (2007): 287–94で報告された2000年の国勢調査による。EUのデータは、*Future Noise Policy*, European Commission Green Paper, COM (96) 540 final (Brussels: Commission of the European Communities, 1996)による。

9 V. J. Rideout, U. G. Foehr, and D. F. Roberts, *Generation M*^{2}*: Media in the Lives of 8-to 18-Year-Olds* (Menlo Park, CA: Kaiser Family Foundation, 2010).

10 マイク・カヴィーゼル(2011年5月13日、私的なやりとり)からの引用。彼の経験について詳しくは本書で後述する。

11 R. Campbell-Johnston, "Hockney Works Speak of Rapture," *Times* (London), January 21, 2012.

トレヴァー・コックス（Trevor Cox）
イギリス・マンチェスターにあるソルフォード大学の音響工学教授。英国音響学会より2004年にティンダル・メダル、2009年に音響工学の普及貢献賞を受賞。BBCラジオやディスカバリーチャンネルなどのテレビ番組にも数多く出演し、音響について一般向けにわかりやすく解説している。本書で米国音響学会のサイエンスライティング賞を受賞。
theSoundbook.net（http://soundcloud.com/sonicwonderland）で“音の驚異”を聴くことができる。

田沢恭子（たざわ・きょうこ）
翻訳家。お茶の水女子大学大学院人文科学研究科英文学専攻修士課程修了。訳書にマンデルブロ『フラクタリスト』、スヒルトハウゼン『ダーウィンの覗き穴』、マスビェア＆ラスムセン『なぜデータ主義は失敗するのか？』（以上、早川書房）、レヴィン『バッテリーウォーズ』（日経BP社）ほか多数。

ISBN978-4-8269-0189-5

世界《せかい》の不思議《ふしぎ》な音《おと》

二〇一六年六月三十日　第一版第一刷発行
二〇一六年九月二十日　第一版第二刷発行

著　者　トレヴァー・コックス

訳　者　田沢恭子《たざわきょうこ》

発行者　中村幸慈

発行所　株式会社　白揚社　© 2016 in Japan by Hakuyosha
東京都千代田区神田駿河台一―七　郵便番号一〇一―〇〇六二
電話＝(03)五二八一―九七七二　振替〇〇一三〇―一―二五四〇〇

装　幀　岩崎寿文

印刷所　株式会社　工友会印刷所

製本所　中央精版印刷株式会社

アレクサンドラ・ホロウィッツ著　竹内和世訳

犬から見た世界

その目で耳で鼻で感じていること

犬には世界がどんなふうに見えているのだろう？　8年に及ぶ研究の結果、見えてきたのは思いがけない豊かな犬の心の世界でした。ＮＹタイムズベストセラー第1位の全米長期ベストセラー、愛犬家必読の待望の翻訳です。　四六判　３７６頁　２５００円

デイヴィッド・トゥーミー著　越智典子訳

ありえない生きもの

生命の概念をくつがえす生物は存在するか？

生物はどこまで多様になることができるのか？　水が要らない生物、ヒ素を食べる生物、メタンを飲む生物、水素で膨らむ風船生物、雲形の知的生命、恒星で暮らす生物……最新科学を駆使して、生物の多様性と可能性を探る。　四六判　３２０頁　２５００円

クリストファー・ボーム著　斉藤隆央訳

モラルの起源

道徳、良心、利他行動はどのように進化したのか

なぜ人間にだけ道徳が生まれたのか？　気鋭の進化人類学者が進化論、動物行動学、狩猟採集民の民族誌など、さまざまな知見を駆使して人類最大の謎に迫り、エレガントで斬新な新理論を提唱する。（解説　長谷川眞理子）　四六判　４８８頁　３６００円

ダニエル・Ｊ・レヴィティン著　西田美緒子訳

音楽好きな脳

人はなぜ音楽に夢中になるのか

音楽業界から神経科学者へ転身した変わり種の著者が、音楽と人の脳の関係を論じ、音楽が言葉以上に人という種の根底を成すことを明らかにする。ＮＹタイムズをはじめ、数多くのメディアで絶賛された長期ベストセラー。　四六判　３７６頁　２８００円

バリー・パーカー著　藤原多伽夫訳

戦争の物理学

弓矢から水爆まで兵器はいかに生みだされたか

弓矢や投石機から大砲、銃、飛行機、潜水艦、さらには原爆まで、次第に強力になっていく兵器はいかに開発されたのか？　戦争の様相を一変させた驚異の兵器とそれを生み出した科学的発見を多彩なエピソードと共に解説する。　四六判　４３２頁　２８００円

経済情勢により、価格が多少変更されることがありますのでご了承ください。
表示の価格に別途消費税がかかります。